·人工智能技术丛书·

机器人
智能视觉感知
与深度学习应用

梁桥康 秦海 项韶 著

$\mathcal{R}$obot
Intelligent Visual Perception and
Deep Learning Applications

机械工业出版社
CHINA MACHINE PRESS

图书在版编目（CIP）数据

机器人智能视觉感知与深度学习应用 / 梁桥康，秦海，项韶著 . —北京：机械工业出版社，2023.3
（人工智能技术丛书）
ISBN 978-7-111-72872-6

I. ①机… II. ①梁… ②秦… ③项… III. ①机器人 – 计算机视觉 ②机器学习 IV. ① TP242 ② TP181

中国国家版本馆 CIP 数据核字（2023）第 052172 号

机械工业出版社（北京市百万庄大街 22 号　邮政编码 100037）
策划编辑：李永泉　　　　　　责任编辑：李永泉
责任校对：樊钟英　　李　杉　　责任印制：常天培
北京铭成印刷有限公司印刷
2023 年 7 月第 1 版第 1 次印刷
186mm×240mm・15.5 印张・345 千字
标准书号：ISBN 978-7-111-72872-6
定价：89.00 元

电话服务　　　　　　　　网络服务
客服电话：010-88361066　机　工　官　网：www.cmpbook.com
　　　　　010-88379833　机　工　官　博：weibo.com/cmp1952
　　　　　010-68326294　金　书　网：www.golden-book.com
封底无防伪标均为盗版　机工教育服务网：www.cmpedu.com

推 荐 序

让机器人"感同身受"

机器人是"制造业皇冠顶端的明珠",其研发、制造、应用是衡量一个国家科技创新和高端制造业水平的重要标志。工业机器人作为智能制造装备和高端装备的典型代表,以高效率、高可靠性和智能化为标志,通过集成智能化感知、人机交互、决策和执行技术,替代人类完成高精度和高强度的重复作业任务。

智能机器人是集环境感知、动态决策和规划、行为控制与执行等多功能于一体的智能装备,其智能特征主要表现为智能感知、人机交互,以及作业环境和控制者的自然交互。智能机器人系统非常复杂,且所处环境的未知因素很多,控制变量具有不确定性。因此,智能机器人更加依赖于其感知系统及其采用的相关信息获取、融合、理解以及控制方法和机制。

机器人感知技术通过获取和分析视觉、力觉、触觉、位置等信息,实现对外部环境和内部状态的理解,为人机的智能交互和柔性作业提供决策依据,是机器人实现智能自主操作的关键。

视觉感知是机器人众多感知中非常重要的手段,也是发展非常迅速的感知方法。如何攻克智能机器人视觉感知关键技术,为工业环境下机器人的目标视觉成像与识别、目标检测与跟踪、视觉引导和伺服控制等智能化功能提供核心技术支撑,提升我国机器人技术核心竞争力,是当前每一位机器人领域研究者应该考虑的问题。

深度学习等人工智能技术的飞速发展给机器人视觉的智能化提供了重要的技术支持,人工智能技术与机器人视觉感知系统的融合是当前的研究热点。《中国制造2025》《"十四五"机器人产业发展规划》《新一代人工智能发展规划》等国家重大发展战略规划都强调机器人技术和智能技术及两者的深度结合,发展机器人与智能系统,推动机器人产业的不断推广和进步。因而开展机器人感知与人工智能的研究符合国家重大需求,具有重大的理论意义和应用价值。

本书基于机器人视觉感知与控制技术国家工程研究中心多年的研究积累,从原理方法、算法开发、模型搭建、实验验证和对比分析等方面概述了机器人视觉感知系统和深度学习技术,详细阐述了自然场景下文本检测与识别、视觉目标检测、视觉多目标跟踪等内容,希望本书的出版能进一步推动深度学习技术和机器人智能视觉感知系统的融合发展。

王耀南

2022 年 7 月

前　言

　　智能人机协作机器人能自主适应复杂动态环境，并通过与作业环境 / 人 / 协作机器人自然交互，在共同工作空间通过近距离互动完成更加复杂的作业任务，因此受到了广泛的重视。根据 BlueWeave 公司的市场分析报告，2021 年全球协作机器人市场达到 7.6 亿美元，到 2028 年，全球协作机器人市场增长到 39.9 亿美元。如何高效可靠地获取和理解机器人与作业环境信息并有效交互是智能机器人实现合理的人机交互和智能操控的迫切需求。

　　机器人感知和智能是制约机器人技术发展与应用的核心瓶颈，未知环境中的智能操作与自主作业很大程度上依靠对环境的认识程度。虽然近年来作为机器人重要手段的视觉感知获得了快速的发展，但机器人的整体感知水平和智能化程度还有待进一步提升。此外，人工智能的迅速发展正深刻地改变着机器人视觉等信号的处理方式，国务院印发的《新一代人工智能发展规划》指出：人工智能是引领未来的战略性技术，世界主要发达国家把发展人工智能作为提升国家竞争力、维护国家安全的重大战略。图像及视频等视觉处理技术作为人工智能下的一大技术领域，不仅可用于复杂、危险场景下的视觉感知获取，近年来还被广泛应用于防控预警、抢险救灾和军事领域，得到了世界各国的广泛重视。

　　本书旨在深入介绍基于深度学习的机器人智能视觉感知技术，为广大工程技术人员学习视觉感知方面的应用和最新理论方法奠定基础，同时也可作为高年级本科生、研究生或博士生的参考书。本书主要内容包括机器人智能视觉感知系统概述、深度学习技术概述、自然场景下文本检测与识别、视觉目标检测、多目标跟踪、图像语义分割等。全书从方法到实际应用，从算法分析到模型搭建等多角度介绍深度学习技术在智能视觉感知方面的研究，并深度结合了当前国内外最新研究热点，为业内人士从事相关研究与应用工作提供重要参考。

　　本书基于团队多项机器人感知与控制技术相关的国家级项目（2021YFC1910402，NSFC. 62073129、NSFC.U21A20490、NSFC.61673163、湖南省自然科学基金 – 杰出青年基金项目 2022JJ10020 国家重点研发计划）、湖南省科技计划项目（2020GK2025）、深圳科技计划项目 (2021Szvup035) 的研究成果，聚焦机器人视觉感知前沿和国家战略需求，从应用背景、需求分析、原理方法、算法开发、模型搭建、实验验证、对比分析等方面展开论述。全书共分为 7 章：第 1 章概述了机器人视觉感知系统的发展和挑战；第 2 章对机器人智能视觉感知系统的组成、主要实现步骤和典型应用进行了阐述；第 3 章对机器人视觉感知系统广泛应用的深度学习技术进行了概述；第 4 章简述了自然场景下基于图像分割的文本检测和基于序列的场景文本识别技术；第 5 章阐述了视觉目标检测技术，重点描述了基于 R-FCN 的目标检测和基于 Mask RCNN 的目标检测方法；第 6 章简述了多目标跟踪技术，重点阐述了基于序列特征的多目标跟踪方法和基于上下文图模型的多目标跟踪方法；第 7 章简述了图像分割方法，重点描述了基于自适应特征选择网络的遥感影像语义分割方法和基于 SU-SWA 的区域分割方法。

在本书的核心内容准备过程中，团队的梁桥康、谭艾琳、郭东妮负责了机器人视觉感知系统和深度学习技术概述的相关内容；朱为、葛俏、彭建忠负责了喷码识别系统的相关内容；项韶、金晶负责了自然场景下文本检测与识别的相关内容；梅丽、伍万能负责了视觉目标检测的相关内容；谭旭、伍万能负责了多目标跟踪的相关内容；项韶、梁桥康负责了机器人视觉感知系统的典型应用的相关内容；南洋、汤鹏、项韶、秦海负责了图像语义分割的相关内容；梁桥康、邹坤霖、邓淞允、谢冰冰等为对比实验和网络框架等做出了贡献；梁桥康、秦海负责统稿。

本书适合机器人视觉感知技术的初学者或爱好者阅读，也非常适合机器人感知、深度学习、人工智能等相关从业者参考。希望读者在阅读完本书后能根据实际的应用场景需求搭建对应的智能机器人视觉感知系统，为提升我国机器人核心感知技术创新水平贡献自己的力量。

本书受到国家自然科学基金项目（NSFC.62073129、NSFC.U21A20490）、国家重点研发计划（2021YFC1910402）和湖南省自然科学基金－杰出青年基金项目（2022JJ10020）的资助，特此感谢。最后特别感谢机械工业出版社编辑们对本书出版的大力支持。

作者

湖南大学机器人视觉感知与控制技术国家工程研究中心

2023 年 1 月

CONTENTS

目　录

第 1 章

绪　论

机器人因高效率、高可靠性等特性成为智能制造装备和高端装备的典型代表。机器人系统集机电一体化、检测与传感、材料和仿生学、控制科学与工程、信息技术、人工智能等多学科于一体，是先进制造业中不可替代的高新技术装备，是国际先进制造业的发展趋势，被誉为"制造业皇冠顶端的明珠"，已经成为衡量一个国家和地区制造业水平和科技水平的重要标志之一。

传统的工业机器人通过无差别的劳动模式，保证产品的稳定和质量可控性，降低生产制造对于人工的依赖性，剔除劳动因素对产品制造的影响。波士顿咨询公司的一份研究报告显示，2020 年全球机器人市场规模为 250 亿美元，预计全球机器人市场规模在 2030 年将达到 1600 亿至 2600 亿美元。我国的机器人产业规模增长迅速，年均复合增长率约 15%，2020 年机器人产业营业收入突破 1000 亿元，工业机器人产量达 21.2 万台（套）。"十三五"期间，我国机器人运动控制、高性能伺服驱动等关键技术获得突破，整机功能和性能显著增强。

智能机器人通过智能化感知、人机交互与协作、决策和执行技术，替代人类完成更高精度、更灵活的定制化或小批量作业任务，成为高端制造技术发展的重要方向。智能机器人技术涉及的传感器种类繁多，主要包括机器人视觉、力觉、触觉、接近觉、距离觉、姿态觉、位置觉等传感器；目前比较成熟的机器人感知与检测手段（见图 1-1）主要包括图形/图像分析、图像重构、立体视觉、传感器动态分析和补偿、多传感器信息融合、人机交互、虚拟现实临场感技术等。

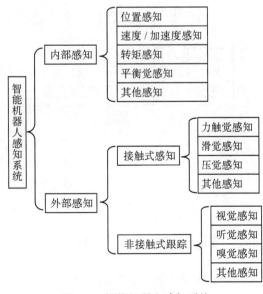

图 1-1　智能机器人感知系统

1.1   机器人视觉感知系统

在众多的感知手段中，机器人视觉感知系统是最重要的感知手段之一。人类获取的信息 83% 来自视觉系统，而机器人视觉感知系统是人类视觉在机器人上的延伸。作为机器人的眼睛，视觉感知系统能自动获取视觉信息，并基于获取的视觉信息实现自动测量、检测、跟踪、分析判断和决策控制等功能。

机器人智能视觉感知系统具有信息快速获取、高集成度、智能化等优点，正逐渐成为智能交通、工业自动化检测、生物医学成像与分析、国防安全、航空航天等关系国计民生重要领域的核心系统。如智能移动机器人需要在非结构化环境中完成自主导航，需要实时、可靠、准确地获取非结构化环境的相关信息。移动机器人中常用的传感器有超声传感器、红外传感器、激光测距仪、激光雷达和视觉传感器等。这些传感器虽然能检测到一维距离或二维图像等信息，但在非结构化环境中的移动机器人还很难通过这两类不完整性信息描述环境。

为此，研究者分别提出基于 3D 视觉技术的信息获取、基于激光雷达的视觉信息获取、基于 TOF 相机的三维信息获取、基于 RGBD 相机的三维信息获取等新的方案实现环境的结构化。图 1-2 描述了机器人视觉感知系统的主要构成。机器人视觉感知系统由硬件系统和软件系统组成，硬件系统包括采集控制装置、图像采集系统、视频信号数字化设备、视觉信号处理器，其中，视觉处理器可以由嵌入式系统、PC、工控机和具备 GPU 单元的高性能服务器等构成，而嵌入式系统可以完成 I/O 数据采集、运动控制、图像处理和识别等核心功能。软件系统包括机器人控制软件、视觉处理软件、计算机系统软件，其中，视觉处理软件能实现视觉信息的预处理、分割、检测、识别、解释等功能。

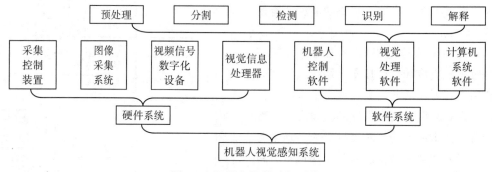

图 1-2   机器人视觉感知系统

1.2   机器人视觉感知发展趋势

随着半导体技术、图像传感技术、图像处理器及图像处理技术的进步，视觉成像系统及获取的图像处理方法获得了很大的发展，已由模拟成像模式发展到当前的数字成像系统，并且正朝着智能化、小型化和集成化的方向发展。然而目前国内在该领域的成果主要集中在图像处理算法研究方面，但是对成像硬件系统、高速高质量图像传感器等核心硬件的研发能力非常薄弱，这些元器件基本上靠国外进口。

由工信部、国家发改委、科技部等 15 个部门正式印发《"十四五"机器人产业发展规划》对"十四五"时期机器人产业发展做出了全面部署和系统谋划。如专栏 1 机器人核心技术攻关行动的共性技术和前沿技术中的信息感知与导航技术、多机器人协同作业技术、机器人仿生感知与认知技术、人机自然交互技术、情感识别技术；专栏 2 机器人关键基础提升行动中的三维视觉传感器、大视场单线和多线激光雷达等都与视觉感知紧密相关。

Lecun 于 1998 年首次提出基于卷积神经网络 LeNet-5 的手写数字识别方法[1]，使得卷积神经网络逐渐获得重视。Geoff Hinton 的博士生 Alex Krizhevsky 等人[2]于 2012 年设计 AlexNet，并获得 ImageNet 分类竞赛的冠军。此后，基于一定深度的卷积神经网络的研究获得了空前的关注，并在语音识别、图像处理、模式识别等领域取得了突破性的研究成果。越来越多的机器人视觉感知方法都依赖于深度学习等人工智能方法的设计和应用。

深度学习近年来在图像、自然语言、智能决策等领域获得了快速的发展，与数据挖掘、云计算、边缘计算等技术一起加速了人工智能在不同领域的落地应用。深度学习网络能更好地表征高维度特征，通过对海量图像数据进行学习，自动获取有效的高层次语义特征信息。相比于传统的神经网络，深度卷积神经网络（Convolutional Neural Network, CNN）的主要特点是局部感知和参数共享机制，使其能很好地处理复杂背景的图像。卷积神经网络首先读取原始图像，通过模型训练从大量样本中学习到对任务最有效的抽象特征，不再需要工程师手动设计相关特征提取方法。特征提取方式的不同是深度学习与传统图像处理方法最大的不同。与传统的人工特征提取相比，基于深度学习的图像处理系统大大简化了工程师的工作任务，且可以提取到更加丰富和有效的特征。具体而言，深度学习网络与模型从底层开始，组合每一层获取的特征，不断地筛选更加抽象的特征并传递到下一层网络，最终获得高维和抽象的特征。深度学习具有特殊的模型结构组织方式，随着网络结构的不断加深，结合新型网络模型结构、特殊模型训练技巧、反向传播算法和随机梯度算法，在理论上深度学习可以表达任何函数的网络模型。

1.3　机器人视觉感知研究挑战

机器人视觉感知系统得到了广大研究者的关注，取得了突出的进展和结果，但仍然面临着诸多挑战和发展。

1. 二维视觉向三维视觉转换

目前工业现场绝大多场景应用机器人二维视觉检测和感知系统获取目标物体的平面特征，难以获得空间坐标信息，不能实现与三维形状有关的测量。如图 1-3 所示，三维视觉感知除了能获取二维视觉的 RGB 信息，还能获得深度信息（D），构成 RGB-D 三维视觉，比如检测目标物的三维位置信息。三维信息获取后可以实现环境和场景的结构化建模，实现场景的完整几何模型描述。三维视觉感知还可以进一步实现三维理解。

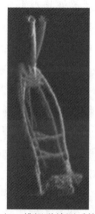

a）二维视觉检测系统　　　　　　b）三维视觉检测系统

图1-3　机器人二维/三维视觉感知系统

机器人作业环境中的很多金属/橡胶/塑料等目标外观具有光滑的大表面形特征，这些纹理单一的特征往往会呈现出全反射、局部耀光、吸光、反射不规则、遮挡等特点，给传统的基于光学原理的机器人视觉感知系统带来了极大的挑战。如局部的大面积耀光可能使得机器人图像传感器出现过饱和与灰度溢出，使得这些局部数据信息丢失，导致后续的重建出现局部的数据空洞。同样，纹理稀疏也可能导致提取的特征点不够，使得重建结果仅能得到边缘轮廓信息。在实际的应用中，可以针对不同材质的光照和成像特点，开发多角度光源解决反射不佳等问题，结合激光与视觉融合的高速高精度三维成像技术和光度立体视觉辅助的多形态结构光三维成像原理，实现复杂场景的三维图像信息获取。如将TOF深度相机用于大场景的三维建模，其实时性强、分辨率高，且受光照和表面纹理影响小，采用多相机布置方式可以解决大范围机器人作业空间中目标和障碍物相互遮挡的问题。

2. 传统机器视觉方法向基于深度学习架构的视觉感知系统转换

越来越多的机器人视觉感知场景存在检测和识别等任务复杂、精准模板创建困难、特征难以人工选择等问题，导致传统的机器视觉方法难以适应，而基于深度学习的机器人视觉感知能有效地解决这些实际的现场问题。深度学习依靠数以万计的参数对高维目标函数进行学习优化，从而获得有效的特征信息。如深度神经网络根据不同像素的值提取不同层次的特征，由高层到低层，由像素到边缘，再由各种边缘组合成目标的不同部位，最终实现目标检测和跟踪等功能，这些是传统的机器视觉方法难以完成的。但是，由于深度学习往往需要大量的数据作为训练数据集、依赖强大算力的GPU等硬件、参数量大、可解释性差等问题，因此传统的机器视觉感知系统在未来很长一段时间内仍然是不可完全取代的解决方案。

如图1-4所示，传统的喷码字符缺陷检测方法首先进行喷码图像的预处理，然后用图像处理方法对其字符区域进行定位和分割，最后把得到的字符输入基于机器学习的识别器中进行识别。基于深度学习的喷码检测系统通过目标检测架构得到每个喷码字符所属的类别和位置，再设置相关质量检测标准，最后比较字符检测结果和检测标准得到整体喷码图像的检测结果。

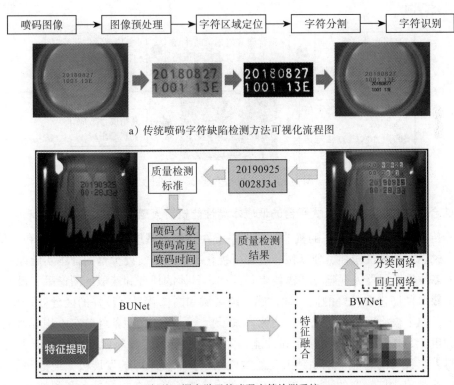

a) 传统喷码字符缺陷检测方法可视化流程图

b) 基于深度学习的喷码字符检测系统

图 1-4　传统机器视觉方法和基于深度学习架构的喷码字符检测

3. 协作机器人对视觉感知系统提出了更多更高的要求

协作机器人与人工智能技术融合发展意义重大，融合人工智能的协作机器人被 *Science Robotics* 综述列为机器人十大发展挑战。在工业现场，机器人协助人类进行生产已经成为一种迫切的需求，人机协作能兼顾人的灵巧性和机器人的高可靠重复性完成柔性、灵活性等要求高的工作任务。根据英国银行巨头巴克莱的预测，到 2025 年，全球工业协作机器人的销售额将以年增长率 50.31% 的速度增长到 123.03 亿美元。2020 年全球爆发的新冠疫情对全世界造成了巨大的冲击，也让人们更加深刻地认识到协作机器人的重要性。如协作机器人可以自主完成配药、咽拭子检测、医用垃圾处理、公共环境下病毒消杀等任务，极大降低了病毒传染风险。未来研究将聚焦协作与共融机器人对智能感知与控制关键理论、技术的迫切需求，有效地解决环境恶劣、劳动强度大、单调易错等工作岗位用工荒等问题，提高航空航天、海洋工程、轨道交通、新能源等高端制造行业自动化加工制造水平，在保障工业产品质量等方面发挥巨大作用，并且为疫情防控等公共卫生安全提供可靠的技术手段，产生显著的经济社会效益。

如图 1-5 所示，通过将三维视觉、六维力触觉信息等不同类型感知任务获取的结果相互融合，搭建多类感知融合与协同处理架构，为人机协作与共融提供可靠的感知支撑，是未来的研究方向。

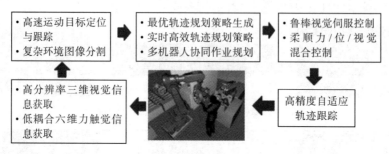

图 1-5   协作机器人感知与控制

4. 结合轻量化网络与嵌入式平台的低成本高性能机器人感知系统

基于传统的机器视觉方法的机器人感知系统在诸多领域取得了很好的应用和效果，技术已较为成熟，理论性较强、速度快、过程可视化，并且只需要少量的样本实验即可实现。然而，大多数传统机器人视觉方法需要工程师结合具体的任务和获取的图像手工设计特征，而且要求获取的图像有较好的同一性，感兴趣区域和图像背景有较好的区分度，在实际系统开发中，如果被检区域背景复杂、图像背景干扰大、图像光照条件分布不均等情况发生，将很大程度上影响感知系统的结果和性能。深度学习是人工智能研究上的一项重大突破，也是使得人工设计的智能得以超越人类的重要原因。深度学习的发展极大地推动了计算机视觉和机器学习领域研究的进步。深度学习和传统机器学习在数据准备和预处理方面有许多相似之处，二者主要区别在于特征提取方面。传统机器学习依赖于人工选择特征，在一些简单的任务场景下，人工选择的特征简单有效，但泛化能力弱。深度学习的特征则不需要人工提取，在深度神经网络（Deep Neural Network，DNN）的学习过程中便可以自动获得。深度神经网络是在传统神经网络上的升级，它有更深的网络层数和更加复杂的计算过程，理论上可以映射到任意函数，所以能够解决很复杂的问题。深度学习极大依赖于数据驱动，理论上数据量越大，深度神经网络模型的表现就越好。目前深度学习算法在图像分类、目标分割和光学字符识别等方面都优于传统机器学习算法，深度学习技术也被广泛用于文字检测和识别领域。

自 AlexNet 在 2012 年的 ImageNet 竞赛上获得冠军，卷积神经网络（Convolutional Neural Network，CNN）在图像分类、图像分割和目标检测等经典计算机视觉领域的任务上获得了广泛的应用。随着人们对性能的要求越来越高，CNN 的精度也在被不断提升。深度神经网络为获得更好的性能，其网络层数不断增加，如前期研究的 7 层 AlexNet 结构，依次发展到 19 层 VGG、22 层 GoogLeNet、152 层 ResNet 甚至上千层的 DenseNet。模型深度的增加在一定程度上提升了性能，但并未很好地解决复杂模型引起的效率问题，一方面大型深层的网络结构有大量权重参数，参数保存需要有更大的设备内存；另一方面大型深层网络在推理过程中有更多的计算操作，耗费时间更长。实验室环境下可以通过不断提升设备内存和处理器性能，来提高深层网络的运行效率，但为保证深层网络能被广泛应用于移动端或嵌入式系统中，网络模型除了要满足相关性能指标外，还要根据实际条件设计出轻量化的网络结构。因此，轻量化神经网络模型的设计一直是工业上和学术界的研究重点。

嵌入式系统是由软件和硬件组成的综合体，是能够独立运行的器件。与一般的计算机处理系统相比，嵌入式系统具有高性能、低功耗、低成本和体积小等优势。嵌入式系统以应用为中心，专用性强。早期由于受到硬件水平的限制，嵌入式系统的硬件平台一般是基于 8 位机的简单系统，系统的设计者们在开发过程中需要同时考虑硬件和程序之间的配合。随着计算机软硬件技术的发展和更加复杂的应用需求，没有操作系统成了传统嵌入式的最大缺陷。随后，嵌入式系统的设计中提出了"片上系统"（System on Chip，SoC），SoC 是信息系统核心的芯片集成，是指将完整的系统集成在一块芯片上，包括集成处理器（如 CPU、GPU、DSP）、存储器、各种接口控制模块以及互联总线等。在 SoC 上软件和硬件之间可以实现无缝的结合，为高性能的嵌入式系统开发提供了功能丰富的硬件平台，而这些平台强大的运算能力和存储能力，足以支持复杂嵌入式操作系统（Embedded Operating System，EOS）的运行。

目前国内外主要使用的嵌入式平台架构有 ARM、x86、MIPS、RISC-V 等，它们大都使用的是单核处理器，对于处理一些传统领域的算法基本可以满足性能要求，但对于深度学习领域中大量数据的运算效率很低。为了提升算力，多核处理器芯片开始出现，不仅提高了 CPU 的处理性能，同时还能保持嵌入式系统低功耗的特点。人工智能的高速发展离不开大数据、计算机运算能力和算法这三个层面，一些良好的深度学习算法也对处理器提出了更高的要求。GPU 是片上系统的重要组成部分，不同于 CPU 擅长调度、管理、协调等统领全局的复杂操作，GPU 则擅长处理图形方面以及大数据的计算。GPU 关键性能是并行计算，且有大量的核心数支持，同时它还具有更高的访存速度和浮点运算速度。因此，GPU 非常适合用于提升深度学习中神经网络模型的计算效率。人工智能的发展突飞猛进，大数据计算领域正在经历重大变革。为此，NVIDIA 公司推出了一系列人工智能超级计算平台、GPU 加速器等。其中 Jetson 系列的嵌入式平台（见图 1-6）以其高效性能运算、体积小、功耗低等特点在许多人工智能场景中得以应用，例如机器人、无人机、工业 PC 和数字医疗设备等智能终端产品。

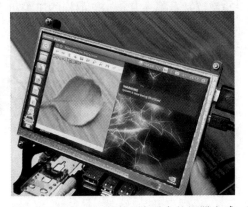

图 1-6　基于 Jetson 嵌入式平台的机器人感知处理终端

1.4 喷码识别系统应用实践

在食品和饮料等行业的灌装现场中，喷码已被广泛用于产品包装环节，如生产日期、保质期和产品批号等字符信息，使得购买者能从清晰的字符中查看所购买产品的重要信息。对生产厂家来说，可以通过喷码信息实现对产品的查询、核对、录入及追踪等功能，如图 1-7 所示为印有喷码字符信息的产品。因此，印刷质量合格的喷码对生产商来说十分重要。然而喷码字符的质量会受到喷码机自身设备的性能和环境等外部因素的干扰，不可避免地出现多种缺陷，如字符的重印、错印、漏印、部分缺失以及喷墨污染等。如果未能及时对具有缺陷喷码的产品质量进行把关，流入市场后的缺陷产品不仅会对企业声誉造成危害，且会严重降低消费者对该产品的购买欲望。可见，为保证产品喷码质量合格，生产商需要对产品上的喷码字符进行检测和识别，进而剔除有字符缺陷或字符错误喷涂的产品。

图 1-7   印有喷码字符信息的产品

目前，传统机器视觉的识别方法已被广泛运用在对一些背景简单、字符清晰、区分度大的喷码产品上。而随着产品的多元化和形态多样的产品包装出现，也存在着一些具有复杂背景的喷码产品，如图 1-8 所示的喷码产品对象。该产品上的喷码字符间隔小、背景图案复杂，且存在字体倾斜、畸变等特征，传统机器视觉的识别方法容易出现特征泛化能力弱等问题，不能有效、正确地识别。因此，如何准确地对工业上各类产品喷码字符进行识别，且能提高识别效率，对消费者和生产商来说都具有重大的意义。目前常见的机器人感知系统基本都在基于 x86 架构的工控机上实现，其具备性价比高、低耗节能、体积小等特点，可移动部署等优势。

a）喷码产品彩色图像   b）工业相机采集的喷码灰度图像

图 1-8   具有背景复杂、倾斜畸变字符等特征的喷码

针对上述问题，本例以深度学习技术为基础，结合嵌入式系统实现对喷码产品字符准确、快速的识别，进而判断字符的质量是否达到合格标准。本例的研究内容为实现深度学习技术在工业上的运用提供了一种可行的解决思路和方案 [3-4]，也有助于工业智能化水平的提升。

1.4.1 喷码检测方法概述

1. 基于传统机器视觉方法的喷码检测技术

在早期的工业现场中，对产品质量合格的把关大都是采用人工质检的方式，但人工的检测效率有限，不仅检测速度慢，且耗费成本高，诸多的弊端早已无法满足高速自动化罐装生产线的要求。随着机器视觉技术的发展，对于这种工作强度大且重复机械式的任务，采用机器视觉的方法可以完成在线实时检测，很好地代替了落后的人工检测方式，极大地提升了厂家的生产效率。

近年来，对喷码质量的检测首要任务是对喷码的字符内容进行识别，进而通过喷码字符的高度、个数以及内容是否匹配等标准来评判喷码的质量是否合格。传统字符识别的方法主要包含以下步骤：

① 对工业相机捕获的图像进行预处理；

② 对字符区域定位并提取；

③ 分割提取单个字符；

④ 对单个字符片进行识别。

外界环境因素的干扰和设备性能的好坏等原因会直接影响获取图像的质量，而低质量的图像会增大后续步骤算法设计的难度，也会影响算法的实现效果。因此图像的预处理工作显得极为重要，其主要目的在于改善图像质量，同时根据算法的设计需要，还可以起到增强图像重要信息的可检测性与简化数据的作用。图像预处理的方法主要有灰度变化、图像增强等。灰度变化算法是将彩色的 RGB 三个通道的图像，通过加权平均的方式得到单通道的灰度图像，可以减少图像处理过程中的数据量；图像增强算法可以对图像的亮度、对比度、饱和度等进行调节，突出图像中更有价值的信息，也能达到减少噪声的作用。如灰度变换法、直方图均衡化、直方图匹配等算法，一般用于图像对比度的增强；高斯滤波等图像平滑的算法可用于消除图像中的噪点。

字符区域的提取目的是定位图像中的字符位置，常用的有二值化法和边缘检测法。二值化法是数字图像处理中最常用的方法之一，通过设定一个阈值将大于和小于阈值的像素部分分为感兴趣区域和背景区域，因此也称为阈值分割法。二值化处理后的图像只存在黑白两种颜色信息，图像的数据量减少，且使得感兴趣区域的轮廓信息更为突出。二值化法简单明了，但缺点是对整体图像空间缺乏考虑。有研究采用基于逼近思想的迭代法，根据每一幅图像的灰度值分布来逼近一个最佳的阈值，从而确定每一幅喷码图像的最佳分割阈值。研究者采用二值化 Arimoto 熵进行阈值分割，在考虑像素点的空间分布特征情况下，又完成了像素点的灰度分布信息的统计。通过采用计算机视觉软件库 OpenCV 中的自适应阈值二值化算法（Adaptive Threshold 函数），研究者根据图像的局部特征自适应地计算喷码图像局部区域的阈值，通过对局部区域的逐个分割过程完成对喷码图像整体的分割。基于边缘检测的方法从图像整体的空间布局信息着手，通过边缘检测算子，如 Sobel 算子、Canny 算子、Laplace 算子、Robert 算子等确定感兴趣区域的边缘信息，缺点是对于一些对比度低和复杂背景的图像无法保证边缘信息的连续和封闭。图像分割后如若存在字符旋转的图像，还需要对字符区域的图像进行倾斜校正。此外，还有研究者通过计算字符的倾斜角对图像进行仿射变换，从而达到喷码图像倾斜校正的目的。有研究者运用双线性拟合与错切变换相结合的方法，实现基于彩色车牌图像的倾斜校正。

字符分割的目的是从字符区域中得到单个字符切片。有研究者采用了基于投影分割的方法，根据二值化处理的图像得到水平方向和垂直方向上的投影直方图，然后利用直方图的局部最小值找到字符的间隔位置。但该方法在出现字符连接、复杂背景的干扰下很难找到最佳的分割字符位置。还有的研究提出基于聚类分析切割车牌字符的方法，根据与字符相关的先验知识，如固定尺寸、宽高和间距等信息，利用相同字符的像素构建一个连通域，较好地解决了车牌照在复杂背景下的字符分割问题。

最后，单个字符切片的识别可以采用模板匹配、KNN 等方法从字符模板库中选择对应的字符，进而识别出字符符号；也可以通过图像的特征信息来设计分类器，如 BP 神经网络、卷积神经网络、SVM 等来提升字符识别的准确率。

总的来说，目前基于传统机器视觉的喷码字符识别技术已较为成熟，理论性较强、速度快、过程可视化，并且只需要少量的样本实验即可实现。由于传统机器视觉方法需要根据当前任务场景的特点来手工设计特征，并且对于待检测图像的质量要求较高，通常适用于在单一背景或者具有高区分度的背景图像中。然而，对于图像背景干扰较大、字符出现连接或者图像光照条件分布不均等情况，喷码识别的准确率会受到严重影响。

2. 基于深度学习的字符识别研究现状

深度学习在字符检测与识别领域获得了显著的成效和广泛的应用，取得了传统机器视觉方法无法媲美的性能和结果。

Wu Jixiu 等提出了雷管喷码自动识别网络（ADCR-Net），通过集成定位模型和识别模型两种深度神经网络结构，完成了对雷管字符码快速和准确的识别。在字符定位网络中提出了多尺度级联块和特征集成模块，改进了特征提取的表现；在识别网络中提出了多级递进注意力模块，以帮助网络注意力集中在多级激活图上。

艾梦琴等[5]采用深度学习的方法对钢材表面字符进行检测和识别，设计了基于 MobileNet 的轻量化字符检测模型和 CRNN 字符识别模型。其中设计的轻量化字符检测网络结合了 MobileNet 模型和 SSD 目标检测算法核心，通过对 SSD 框架进行剪枝和优化，有效地提升了检测速度。

史健伟等扩展了 YOLOv3 模型中多尺度检测的功能，融合了多级细粒度的特征，使其对较小车牌的检测更为准确。采用了门控循环神经元 GRU 和 CTC 的组合方式对传统的 CRNN 序列识别模型进行了改进，实现了端到端的车牌字符识别精度的提升。

Singh 等[6] 采用深度学习和传统图像处理方法的结合，完成了对生产流水线上包装箱喷码的识别。检测部分采用 CTPN 完成复杂场景下的字符定位，通过形态学处理的方法得到单个字符，最后用改进的 CapsNet 对单个字符图像分类识别。

Li Hui 等[7] 为了实现端到端的车牌检测和识别，提出了一种联合训练的网络。与将字符检测和识别作为两个单独的任务并逐步解决的现有方法相反，该网络是基于 Faster R-CNN 和 CRNN 的结合，同时解决了这两个子任务，可以实现端到端的训练与识别。

深度学习技术的引入有效提升了喷码字符检测和识别的准确率，但在现实场景下，模型预测的准确性并不只是唯一要考虑的因素。一方面由于深度学习需要大量的数据计算，对计算机算力的要求很高，普通 GPU 已经无法满足深度学习的要求。而目前主流的算力都是基于 GPU 和 TPU 平台，导致了硬件成本和设备功耗增加。另一方面大量的数据计算使得模型运行的时间更长，实时性不如一些传统的机器视觉方法。且庞大的深度神经网络模型不适合在移动设备上部署，便携性差。因此，目前的发展趋势在于通过网络轻量化的方法，使得深度网络在低设备硬件条件下也能发挥高效性能。

3. 轻量化深度神经网络的发展

模型的轻量化在早期常使用的方法是模型压缩，即对网络中不重要的参数进行剪枝，减少了网络过拟合的风险，提升了模型学习速率。Han 等[8] 研究者提出的 Deep Compression 通过剪枝、权值共享和权值量化、哈夫曼编码，从压缩模型参数的角度降低模型的计算量。另外，模型轻量化的研究主要集中在轻量化的模型架构设计上，改进的神经网络如 MobileNet、Sufflenet、Xception 通过深度可分离卷积、组卷积、通道混洗、空间相关性与通道相关性的改进等操作，提高了 CNN 网络结构的计算效率，在等效传统卷积方式效果的前提下减少了网络参数。而轻量化神经网络结构的设计依赖于人工设计网络的经验，以及在设计模型和超参数上投入大量的时间，因此近年来在神经网络架构搜索（Neural Architecture Search，NAS）技术上也得到了研究关注，并取得了一定成果。如 NasNet、MnasNet 通过强化学习控制器对神经网络架构与超参数进行搜索，可以自动地完成轻量级网络模型的搭建。

1.4.2 喷码识别系统需求分析

喷码识别系统采用机器视觉技术对生产线上的喷码产品进行识别，系统的主要功能要求如下：

①有可靠的图像采集设备和良好的光照条件，确保采集到清晰、高质量的喷码图像；

②系统能够长时间、稳定地运行，对于喷码字符的识别率要达到 99.9% 以上；

③喷码产品的生产线运行速度大约在 400~800 罐 / 分钟，对于系统实时性的检测要求达到 10 FPS 以上；

④对识别不合格的产品进行剔除，保证离开生产线上的产品都是合格的。

基于以上喷码识别系统功能需求，设计的喷码识别系统主要由图像采集单元、图像处理单元和控制单元组成，如图 1-9 所示。

图像采集单元由相机、镜头、条形光源、光电传感器、光源控制器等组成，主要功能是在高速生产线上完成清晰和高质量的喷码图像的采集。图像处理单元由显示器和嵌入式系统组成，其中嵌入式系统是完成 I/O 数据采集、运动控制、图像处理和识别等核心功能的设备。控制单元主要包括 PLC 控制器和剔除器，其中 PLC 控制器作为下位机，主要功能是控制其他部件，如光源控制器、剔除器等，剔除器用于将识别的不合格产品从指定工位上剔除。

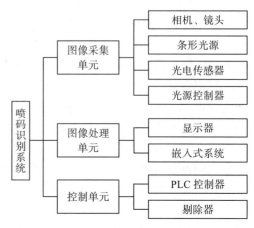

图 1-9　喷码识别系统组成

图 1-10 为喷码识别系统的工作示意图。当生产线上的产品随着传送带运送到指定检测位置时，触发光电传感器传递 I/O 信号给控制器，控制器收到指示信号后触发相机的图像采集开关，并通过数据接口传输到图像处理单元完成对喷码图像的识别。识别结果在显示器上显示，并通过输入字符串判断识别结果是否正确。如果识别结果不符合要求，则控制器将接收到剔除信号，指示剔除器将该产品从传送带上剔除。

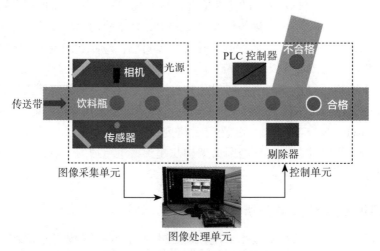

图 1-10　喷码识别系统工作流程

1.4.3　喷码识别系统硬件选型

在设计完成喷码识别系统的功能和实现路线之后，需要完成系统硬件平台的搭建。由于硬件的选型以及硬件系统将直接影响采集图像的稳定性，进而对喷码识别算法的性能造成影响。

1. 图像处理单元

目前有许多针对人工智能场景部署算法的嵌入式平台，比传统工控机有更强的算力优势，使得深度学习算法在嵌入式平台上的运行速度得到极大的提升。英伟达公司生产的开发板 Jetson TX2 是适合于深度学习算法部署的嵌入式平台，计算能力大概是 NVIDIA GTX1080 的五分之一。Jetson TX2 嵌入式开发平台延续了 Jeston 系列体积小、功耗低的特点，产品实物如图 1-11 所示，主要参数配置如表 1-1 所示。

图 1-11　NVIDIA Jetson TX2 开发板

表 1-1　Jetson TX2 硬件参数配置

硬件参数	参数值
GPU	256-core NVIDIA Pascal 架构
CPU	双核 NVIDIA Denver 2 + 四核 ARM Cortex-A57
内存	8GB 128-bit LPDDR4
存储	32 GB eMMC 5.1
视频编码	2x 4K @30 (HEVC)
视频解码	2x 4K @30，12 位支持
网络连接	板载 Wi-Fi 和千兆以太网
摄像头	12 通道 MIPI，CSI-2，D-PHY 1.2 (30 GB/ 秒)
显示	HDMI 2.0 / eDP1.4 / 2x DSI / 2x DP 1.2
UPHY	Gen 2	1 × 4 + 1 × 1 或 2 × 1 + 1 × 2，USB 3.0 + USB 2.0
尺寸	87 mm × 50 mm
规格尺寸	配有热转印板（TTP）的 400 针连接器

Jetson TX2 出厂时已经自带了 Ubuntu 操作系统，该系统基于 Debian 发行版和 GNOME 桌面环境。其背后有强大的社区和专业团队的支持，稳定性高，因此很适合在嵌入式开发板上运行。但一般开发过程中会选择对开发板进行刷机，以便获取到最新的

JetPack 版本（Jetson Development Pack）。JetPack 是一个一体化的软件包，其中包含了 NVIDIA Jetson 嵌入式平台所有的软件开发工具，并自动更新安装最新的驱动，使得主板的硬件功能和接口充分发挥作用，同时减少了因为软件之间的兼容性而导致程序易崩溃的风险。JetPack SDK 构建了 AI 应用程序最全面的解决方案，除了有深度学习库、GPU 计算，还支持 BSP、计算机视觉和多媒体处理等功能，其工作模式如表 1-2 所示。

表 1-2　Jetson TX2 中的 5 种工作模式

模式	模式名称	Denver 2	频率	ARM A57	频率	GPU 频率
0	MAX-N	2	2.0 GHz	4	2.0 GHz	1.30 GHz
1	MAX-Q	0	—	4	1.2 GHz	0.85 GHz
2	MAX-P Core-All	2	1.4 GHz	4	1.4 GHz	1.12 GHz
3	MAX-P ARM	0	—	4	2.0 GHz	1.12 GHz
4	MAX-P Denver	1	2.0 GHz	1	2.0 GHz	1.12 GHz

为了满足喷码识别系统的离线化和实时性，从性能和软件开发的方面考虑，本案例采用 NVIDIA Jetson TX2 作为喷码识别系统的核心，完成对喷码图像的处理和识别功能。

2. 相机和光源的选型

图像的采集是机器视觉系统中的一个重要环节，其中工业相机和光源起到了关键的作用。在有合适的相机和合理的光照条件下，能够很方便地获取到高质量的图像，减少后续的许多预处理操作，提升检测和识别精度。因此在使用工业相机进行检测等任务时，要根据实际情况做出合理的选型。工业相机的选择一般从以下几个方面考虑。

（1）感光元件

感光元件是相机的核心，也是最关键的技术。感光元件是利用光电器件的光电转换功能，将感光面上的光像转换为与光像成相应比例关系的电信号。目前市场上工业相机的核心成像部件主要分为两种：一种是 CCD（Charge Coupled Device）元件，它的使用相对更加地广泛；另一种是 CMOS（Complementary Metal Oxide Semiconductor）器件。CCD 的优势在于成像质量好，抗噪声能力强且不受磁场的影响，但是价格相对昂贵。在达到相同分辨率的条件下，CMOS 价格要比 CCD 便宜许多，还有功耗低、帧率高等优点，但是 CMOS 器件产生的图像质量相比 CCD 来说要低一些。考虑到图像的质量对本例检测算法的重要性，CCD 相机作为本系统的首选。

（2）分辨率和色彩模式

相机所能够捕捉到的图像的细节度称为分辨率，用像素来衡量。相机的像素越高，拍摄出来的图像中的细节就越多。如分辨率大小为 640 × 480 的相机可以拍摄出 307 200 个像素点信息。分辨率越大，图像就越清晰，能够获取的信息也就越多。但图像保存所需的存储空间也就越大，在数据的传输和后期的处理过程中所要花费的时间也就越长。低分辨率的相机以损失图像更多的细节为代价，来换取占用存储空间小、传输快、处理快等优势。

工业相机的类型可以分为彩色相机和黑白相机两种。彩色相机捕获的图像与人的肉眼所能看到的一样，其图像中每个点的像素值是由三个基色分量：红（Red）、绿（Green）、蓝（Blue）叠加而成的，分量值介于 0～255 之间。黑白相机采集到的图像称为灰度图像，它保存的信息相对彩色图像较少。灰度图像的主要特点在于它只包含图像一个通道的信息，而彩色图像包含三个通道的信息。灰度图像中每个点的像素值通常用 8 个二进制数表示，这样可以有 256 级灰度。因此，在相同分辨率的情况下，灰度图像所占用的存储空间更小，传输时间也更短。考虑到本系统主要关注喷码字符形态、位置和对算法处理速度上的要求，不需要太高分辨率的相机，灰度图像也可满足要求。

（3）数据传输接口

数据传输接口是相机传递图像信息的重要手段，在工业上常用的接口主要有 4 种，分别是 USB 2.0、USB 3.0、Camera Link 和千兆以太网（Gigabit Ethernet，GigE）。

① USB 2.0：USB 2.0 接口是早期在工业相机上广泛使用的数字接口之一。该接口开发周期短、成本低，目前已广泛应用于计算机和嵌入式系统等设备中，成为硬件厂商的必备接口；但缺点是传输速率最高只有 60 MB/s，传输距离近，信号容易衰减等。

② USB 3.0：USB 3.0 接口在 USB 2.0 的基础上进行了改进，增加了并行模式的物理总线和新的传输协议，以此充分发挥 5 Gbps 的高速带宽优势；但其传输距离近、信号容易衰减等问题依然存在。

③ Camera Link：该接口的传输速度比 USB 3.0 更快，但需要额外购买图像采集卡，不便携，且成本过高。

④ 千兆以太网：千兆以太网接口是目前工业相机上的主流选择。该接口通过连接千兆以太网卡便可实现信号的传输工作，不仅传输速率高，而且用户可以通过网线实现长距离的图像传输任务。

综合以上各个因素的考虑，本系统最终选择了 Baumer 工业相机，型号为 VLG-02C，如图 1-12 所示为选型相机的实物图。其分辨率为 656×490 像素，有彩色和黑白两种模式，支持 GigE 长距离传输方式，信息传输速度可达千兆比特。最大帧率可达 160 FPS，远超工业现场对实时检测性的需求。具体的相机参数见表 1-3。

表 1-3　Baumer VLG-02C 工业相机参数

相机参数	参数值	相机参数	参数值
传感器类型	面阵 CCD	数据接口	Gigabit Ethernet, Fast Ethernet
分辨率	656×490 像素	像素点尺寸	$5.6 \times 5.6 \ \mu m$
曝光时间	0.004 ms～60000 ms	物理尺寸	$33 \times 33 \times 48 \ mm^3$
最大帧率	160 FPS	色彩模式	RGB、YUV、Mono

有了相机还需要光学镜头将待测物体的图像聚焦映射到相机靶面上，与靶面像素相对应。光学镜头对于系统中图像的视野范围和成像质量起到了关键性的作用。选择与 Baumer 工业相机 VLG-02C 相匹配的镜头，能充分发挥相机的性能。根据所需要的视野范围和工作

距离的考虑，最终选用了焦距为 8 mm 的 Computar 镜头，如图 1-12 所示，靶面尺寸 2/3 英寸，光圈范围 F1.4 ～ F16，C 型接口。

喷码字符识别的过程中需要有均匀的光照环境，良好的光照环境有利于高质量图像的采集，减少图像的预处理步骤，也有助于提高算法识别的准确率。LED 光源具有光照范围广、稳定性强和使用年限长等优势，在工业界得到了广泛使用。因此，本设计选用了图 1-13a 所示的 LED 条形光源。为了使瓶身上的喷码字符清晰且亮度均匀，采用了 4 个 LED 条形光源均匀分布在饮料瓶周围，打光方式如图 1-13b 所示。

图 1-12　工业相机和镜头实物图

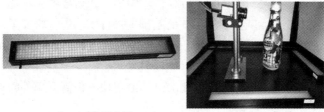

a）LED 条形光源　　　　　　b）打光方式

图 1-13　LED 条形光源与打光方式

1.4.4　基于轻量级 Ghost-YOLO 模型的喷码识别

要实现多类小目标对象的高精度检测，需要强大的特征提取网络。轻量化 Ghost-YOLO 网络以轻量化网络 YOLOv5 为核心，结合 Ghost 模块来替换普通卷积层，可极大地减少模型的计算量，同时也减少了硬件资源使用量。

1. YOLOv5 网络

YOLOv5 是 YOLO 网络系列较新的版本，它在前期 YOLOv3、YOLOv4 的基础上使用了更多训练技巧来提升模型的复杂程度，从而实现了更加强大的检测能力。YOLOv5 的网络结构主要从骨干网络和 Neck 中做了大量的细节改进。骨干网络采用了 Focus 结构和 CSP 结构。其中 Focus 结构中关键的是切片操作，如图 1-14 所示。

假定原始输入图像大小为 $320 \times 320 \times 3$，输入 Focus 结构中，先采用切片操作变成 $160 \times 160 \times 12$ 大小的特征图，再经过一次 32 个卷积核的卷积计算，最终得到维度为 $160 \times 160 \times 32$ 的输出特征图。CSPNet（Cross Stage Partial Network）是从网络结构设计的角度来解决以往工作在推理过程中需要很大计算量的问题。CSPNet 结构可以降低卷积神经网络中 20% 的推理计算量，同时还能增强网络的特征提取能力，非常适合应用于轻量化的网络当中。CSPNet 结构通过将梯度的变化从头到尾地集成到特征图中，它的这种处理思想可以很方便地与 ResNet 和 DenseNet 等网络结合进一步地提高模型的准确率。如图 1-15 所示为 YOLOv5 中的 CSP 结构，其中结合了 ResNet 中的残差块，可以极快地加速深层神经网络的训练过程。

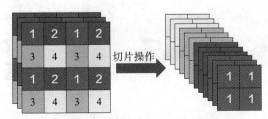

图 1-14　Focus 结构中的切片操作

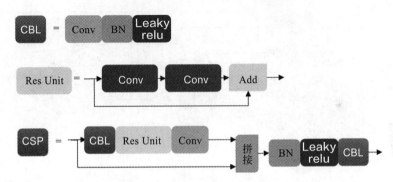

图 1-15　YOLOv5 中 CSP 结构

Neck 部分采用了 FPN（Feature Pyramid Networks）+PAN（Path Aggregation Network）结构形式。通常目标检测算法只利用顶层的特征信息作为输出层，如图 1-16a 所示，主要因为高层的语义特征信息较为丰富。但图像经过多次下采样之后，高层的感受野扩大，使得目标的预测位置较为粗略，而低层的特征图感受野小，但它的语义特征信息较少。为了实现不同尺度的语义特征信息的融合，FPN 结构通过自底向上的网络前向过程，采用下采样构成不同尺度的特征金字塔，然后通过另外一条自顶向下的上采样过程，与自底向上生产的大小相同的特征图的信息融合，其中具有多层语义信息融合的网络层可以用来同时预测多个尺度信息，如图 1-16b 所示。

PAN 结构在 FPN 的基础上，又采用了自底向上的方式融合 FPN 产生的特征信息，从而保留更多的浅层特征，如图 1-17 所示。

YOLO 系列的网络在推理得到的结果中同时包含目标类别、置信度和边框的位置、大小信息，所以 YOLO 系列网络损失函数的设计主要由三部分构成：类别损失 L_{clc}、目标置信度损失 L_{obj} 和边框损失 L_{box}。例如在 YOLOv1 中，Loss 的计算可以通过以下公式获得

$$L_{clc} = \sum_{i=0}^{S^2} 1_{ij}^{obj} \sum_{c \in classes} (p_i(c) - \hat{p}_i(c))^2 \qquad (1.1)$$

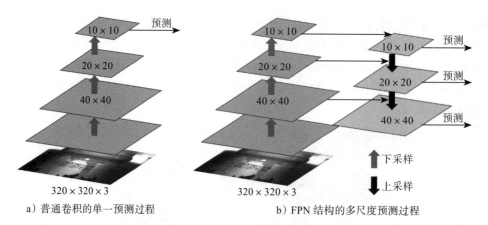

a）普通卷积的单一预测过程　　　　　　b）FPN 结构的多尺度预测过程

图 1-16　不同的特征预测形式

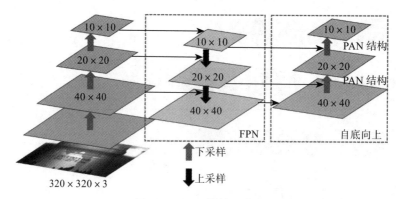

图 1-17　PAN结构示意图

$$L_{\mathrm{obj}} = \sum_{i=0}^{S^2}\sum_{j=0}^{B}1_{ij}^{\mathrm{obj}}(C_i-\hat{C}_i)^2 + \lambda_{\mathrm{noobj}}\sum_{i=0}^{S^2}\sum_{j=0}^{B}1_{ij}^{\mathrm{noobj}}(C_i-\hat{C}_i)^2 \qquad (1.2)$$

$$L_{\mathrm{box}} = \lambda_{\mathrm{coord}}\sum_{i=0}^{S^2}\sum_{j=0}^{B}1_{ij}^{\mathrm{obj}}[(x_i-\hat{x}_i)^2+(y_i-\hat{y}_i)^2] +$$

$$\lambda_{\mathrm{coord}}\sum_{i=0}^{S^2}\sum_{j=0}^{B}1_{ij}^{\mathrm{obj}}[(\sqrt{w_i}-\sqrt{\hat{w}_i})^2+(\sqrt{h_i}-\sqrt{\hat{h}_i})^2] \qquad (1.3)$$

$$\mathrm{Loss} = L_{\mathrm{clc}} + L_{\mathrm{obj}} + L_{\mathrm{box}} \qquad (1.4)$$

其中 S^2 表示将预测端划分成 $S \times S$ 个网格，例如 10×10、20×20、40×40。B 代表每个网格的真实框（Box），1_{ij}^{obj} 和 1_{ij}^{noobj} 的值与预测框在网格 (i,j) 是否存在目标相关。如没有目标落入对应网格中，则 1_{ij}^{obj} 为 0，1_{ij}^{noobj} 为 1；反之 1_{ij}^{obj} 为 1，1_{ij}^{noobj} 为 0。

　　在设计边框损失 L_{box} 的问题上，YOLOv1 ~ YOLOv3 都采用的是均方误差来定义真实框与预测框的距离大小。但实际上每个边框 Box 的中心点和宽、高之间存在着联系，而均方误差损失函数将其中的每个参数都作为独立的变量来考虑。目标检测中常用的 IoU 距离评价方式可以很好地反映预测框的检测效果。

$$IoU(A,B) = \frac{|A \cap B|}{|A \cup B|} \qquad (1.5)$$

其中 A 和 B 分别代表预测框和真实框，$IoU(A, B)$ 为预测框和真实框的交集面积与并集面积的比值，称为交并比。交并比有效地利用了 Box 的中心点和宽、高之间的关系，是一种很好的衡量预测框和真实框之间距离的方式。而采用 IoU 设计为边框损失，当预测框和目标框不相交时，$IoU(A, B)=0$，无法反映 A、B 距离的远近，此时损失函数不可导，IoU 损失无法优化。且当 A 与 B 的大小都确定和 A 与 B 的交值是确定值时，其 $IoU(A, B)$ 是相同的，无法辨别不同的相交方式。

因此，YOLOv5 中采用了 GIoU 来定义边框损失

$$L_{\text{GIoU}} = 1 - \text{GIoU} = 1 - (IoU(A,B) - \frac{|C - A \cup B|}{|C|}) \qquad (1.6)$$

L_{GIoU} 是以 GIoU 来设计边框损失函数，其中 A 和 B 分别代表预测框和真实框，C 是 A 和 B 的最小外接边框，如图 1-18 所示为 A、B、C 之间的位置关系。可以看出 GIoU 与 IoU 相似，也是一种距离度量，对物体的尺度大小不敏感。由于 GIoU 引入了最小外接边框 C，所以在 A，B 位置不重叠的情况下，损失函数的优化也不会受到影响。当 A 和 B 两个框无重合的情况下，GIoU 为 −1，当两个框完全重合情况下，GIoU 为 1，满足作为边框损失函数的要求。同时 GIoU 不仅关注重叠区域，还考虑到了 IoU 没有考虑到的非重叠区域，能够反映出 A 与 B 的重叠方式。

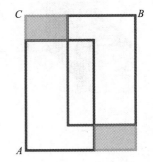

图 1-18　预测框 A 与真实框 B 之间的位置关系

2. Ghost Bottleneck

MobileNet 和 ShuffleNet 等轻量化网络通过深度可分离卷积和通道混洗等操作来减少生成特征图的计算量，但是引入的点卷积依然会产生一定量的计算操作。Kai Han 等研究者提出了一种新颖的 Ghost 模块，通过使用更少的参数产生更多的特征图，其核心思想在于卷积运算产生的大量特征图中存在许多相似的特征图，把这样的特征图称为冗余特征。在 Ghost 模块中可以通过简单的线性运算将其他特征图变换得到这些冗余特征图，将这些变换后得到的特征图称为"幻影"特征。如图 1-19 所示，幻影模块首先采用正常的卷积操作得到通道较少的特征图，称为"内在"特征图。然后对"内在"特征图做线性变换（深度卷积操作）得到更多的特征图，最后将不同的特征图合并到一起，组成新的输出。

假定输入数据 $X \in \mathbb{R}^{h \times w \times c}$，其中 h 和 w 为输入高度和宽度，c 为输入通道数，对于生成 n 个特征图的标准卷积运算可以表示为

$$Y = Xf + b \qquad (1.7)$$

其中 * 为卷积运算，卷积核为 $f \in \mathbb{R}^{k \times k \times c \times n}$，输出特征图为 $Y \in \mathbb{R}^{h' \times w' \times n}$，$n$ 为输出通道数，h' 和

w' 代表输出特征图的高度和宽度 , b 是偏差项。由于卷积核数量 n 和通道数 c 通常较大（常用有 256 个通道数或者 512 个通道数），所以一次标准的卷积过程计算量可达 $n \cdot h' \cdot w' \cdot c \cdot k \cdot k$。而在 Ghost 模块中，先通过标准卷积生成 m 个"内在"特征图 $Y' \in \mathbb{R}^{h' \times w' \times m}$，其中 $m \leqslant n$。在生成"幻影"特征图的变换中，假定变换数量为 s，"内在"特征图的通道数是 m，最终得到的新的特征图数量是 n，那么可以得到等式 $n = m * s$。由于 Ghost 变换过程中最后存在一个恒等变换，所以实际上有效的变换数量是 $s-1$，线性运算数量为 $m(s-1) = n/s(s-1)$，假定每个线性运算的内核大小为 $d \times d$，幅度与 $k \times k$ 相似。那么使用 Ghost 模块与标准卷积过程中的加速比可以计算为

$$r_s = \frac{n \cdot h' \cdot w' \cdot c \cdot k \cdot k}{\dfrac{n}{s} \cdot h' \cdot w' \cdot c \cdot k \cdot k + (s-1) \cdot \dfrac{n}{s} \cdot h' \cdot w' \cdot d \cdot d} \quad\quad (1.8)$$

$$= \frac{c \cdot k \cdot k}{\dfrac{1}{s} \cdot c \cdot k \cdot k + \dfrac{s-1}{s} \cdot d \cdot d} \approx \frac{s \cdot c}{s + c - 1} \approx s$$

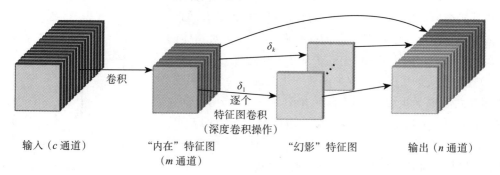

图 1-19　幻影模块结构

类似的参数压缩比可以计算为

$$r_c = \frac{n \cdot c \cdot k \cdot k}{\dfrac{n}{s} \cdot c \cdot k \cdot k + (s-1) \dfrac{n}{s} \cdot d \cdot d} \approx \frac{s \cdot c}{s + c - 1} \approx s \quad\quad (1.9)$$

Ghost Bottleneck 利用 Ghost 模块的优势为基础构建，类似于 ResNet 中的基本残差块（Residual Block），集成了多个卷积层和跳跃连接方式（shortcut），如图 1-20 所示。Ghost Bottleneck 主要由两个 Ghost 模块堆叠组成。第一个 Ghost 模块用于扩展层，增加了通道数。第二个 Ghost 模块减少了通道数，以与 shortcut 路径匹配。最后，通过 shortcut 连接这两个 Ghost 模块的输入和输出。

3. Ghost-YOLO 网络结构

为了进一步减轻深度神经网络模型对硬件资源的需求，本例在 YOLOv5 的基础上融合了 Ghost 模块的思想，将 YOLOv5 中的残差单元（Residual Block）替换成 Ghost Bottleneck，通过产生幻影特征图来达到高维卷积的效果，同时减少了计算量。Ghost

Bottleneck 中加入的 shortcut 也可以发挥加速网络的训练过程。所提 Ghost-YOLO 网络整体结构如图 1-21 所示。假定输入图片尺寸大小为 320×320，则通过 Ghost-YOLO 网络特征提取后可以得到 10×10、20×20、40×40 三个尺度大小的网格预测结果。

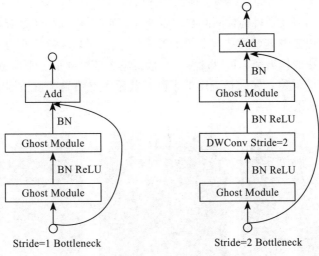

图 1-20　Ghost Bottleneck 结构图

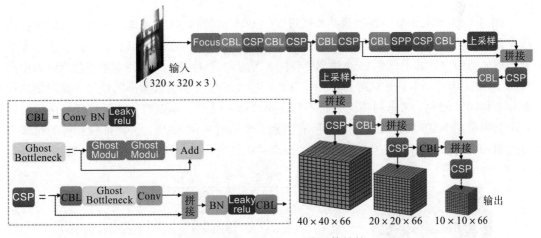

图 1-21　Ghost-YOLO 网络整体结构

4. 位置重复抑制方法

由于 YOLO 的预测端在每个网格所代表的向量最终都会产生一组预测值，因此 YOLO 网络的目标检测过程会产生大量的候选框，而这些候选框大都不符合真实物体检测框的要求且大量的检测框是重复冗余的。Ghost-YOLO 算法在一张图片上的推理结果会产生大量的候选边界框（Bounding Box），假定每一个边界框的预测结果为 [cls, confidence score, x, y, w, h]。其中，cls 代表预测类别，confidence score 代表预测置信度，x、y 分别代表预测框中心点的横、纵坐标，w、h 分别代表预测框的宽和高。在一个较低的置信度阈值下，会保留预测结果中较低置信度的边界框，而部分低置信度的边界框会存在大量重叠的预测框和错误的预测框。当在一个较高的置信度阈值下，预测结果中保留下的边界框由于高置信度的可靠性，提升了模型识别的精确度，但会存在部分漏检，召回率下降。

对于本例研究的多类别目标检测问题，后处理中通常需要用 NMS 算法分别对每一个类别的所有预测候选边界框进行筛选，如图 1-22 所示。为提高喷码检测对象的召回率，也就是提高所有目标对象的检出率，可以设置一个较低的置信度阈值，来保留更多的检测对象，但同时会存在大量的误检，导致精确度的下降。其原因是喷码字符检测同一位置可能会出现不同类别的预测结果。

图 1-22　多类别目标检测后处理过程中的 NMS 流程

如图 1-23 所示为某喷码图像样本经过 YOLOv5 推理和 NMS 处理后得到的喷码字符的所有预测结果，其中边界框的数据经过归一化处理。从图 1-23 中可以看出，经过上述方法处理后的结果中，对于只有 15 个喷码字符（不考虑"："字符）的检测对象在预测结果中给出了 16 组边界框，有两组边界框给出了几乎相同坐标位置和边框大小的预测，而类别的预测却不相同。因此，考虑到喷码字符不存在重叠这一特点，本例将传统后处理做法中对每一个类别采用 NMS 的过程改进为对所有类别对象同时采用 NMS，并将此过程称为位置重复抑制（PDS），即在同一位置上所产生的预测结果是唯一的。具体 PDS 算法步骤如下所示。

	类别	置信度	x	y	w	h
1	3	0.439209	0.473958	0.645833	0.0416667	0.0625
2	8	0.564453	0.472656	0.645833	0.0442708	0.0625
3	0	0.737305	0.574219	0.571615	0.0390625	0.0546875
4	3	0.754883	0.575521	0.647135	0.0416667	0.0598958
5	T	0.76416	0.523438	0.644531	0.0364583	0.0598958
6	9	0.782227	0.423177	0.571615	0.0442708	0.0546875
7	e	0.788574	0.626302	0.653646	0.0390625	0.046875
8	4	0.813477	0.420573	0.647135	0.0390625	0.0598958
9	2	0.832031	0.259115	0.575521	0.0442708	0.0625
10	1	0.834961	0.522135	0.571615	0.0338542	0.0546875
11	9	0.036914	0.630208	0.572917	0.0416667	0.0572917
12	0	0.838379	0.471354	0.571615	0.0364583	0.0546875
13	4	0.848145	0.311198	0.64974	0.0442708	0.0598958
14	0	0.851562	0.252604	0.652344	0.0442708	0.0598958
15	0	0.856445	0.3125	0.572917	0.0364583	0.0572917
16	1	0.884277	0.363281	0.572917	0.0338542	0.0572917

图 1-23　某喷码图像样本的预测结果

输入：模型推理得到 Inference[ ]（Inference[ ] 代表所有预测类别的边界框）。

输出：优化后保留的边界框。

步骤 1：将 Inference[ ] 中所有边界框按照 confidence score 从大到小顺序排列，设定置信度阈值为 C。

步骤 2：从 Inference[ ] 中取出第一个边界框，将其保留在最终的预测结果中，同时把它作为临时比较对象，计算剩余边界框与比较对象边框的 IoU，去除 IoU 大于 C 的边界框，在 Inference[ ] 中保留 IoU 小于 C 的边界框。

步骤 3：重复步骤 2，直到 Inference[ ] 为空，所有取出的边界框即为最终预测结果。

5. 改进的模型自训练方法

机器学习算法需要数据驱动，而数据集又分为有标签和无标签两种，因此根据数据集中是否有标签的学习过程分为监督学习、无监督学习和半监督学习。监督学习从有标签的数据集中学习分类标签的经验，并通过该经验达到对无标签数据进行准确预测的效果。无监督学习是训练机器使用未分类和无标签数据的方法，从大量无标签的数据中寻找数据的模型和规律，例如聚类和自编码器等。但在很多实际问题中，获得原始数据的过程较为简单，而给这些数据标记上所需要的标签则需要人工花费大量的时间。因此，针对需要少量正确标签信息的数据同时又能利用好无标签的数据的情况，就需要采用半监督学习技术。如图 1-24 为监督学习过程和半监督学习过程，其中半监督学习问题中的关键就是如何有效地利用这些无标签的数据。

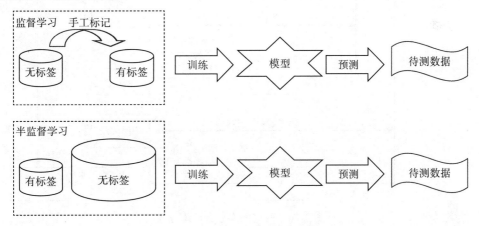

图 1-24 监督学习和半监督学习过程

传统的半监督模型自训练方法过程如图 1-25 所示，记有标签数据集为 L，无标签数据集为 U。通过 L 训练得到模型 M，用 M 预测 U，选取预测结果中高置信度的样本补充到 L 中继续完成训练，然后重复上述训练过程得到最终模型。采用上述自训练方法可以很好地利用无标签数据集，理论上使得模型具有更好的鲁棒性。但该方法的主要问题在于模型迭代过程中，如果初始训练样本集中已标注样本的数量过少，则可能会出现预测结果错误标注，并通过迭代使错误逐渐被放大，最终导致错误累积。

本案例检测对象为具有复杂背景图案的喷码图像，采用的喷码产品字符（共 15 个字符）

由生产日期加上产品型号组成，模型训练中使用的标签数据集数量远少于采集到的样本数据量，根据这一特点和传统自训练方法的局限性，提出了基于半监督学习的改进自训练方法用于模型训练，如图 1-26 所示，具体步骤分为如下三个阶段。

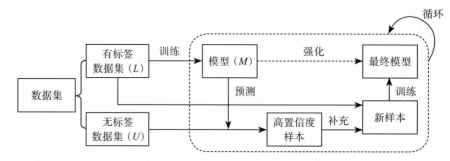

图 1-25　半监督模型自训练方法过程

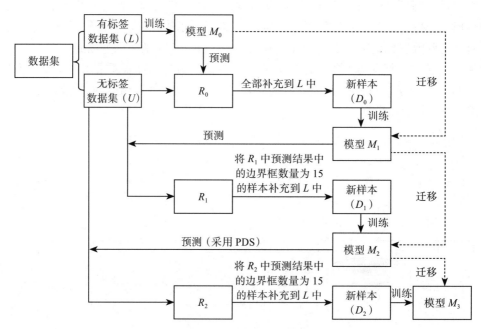

图 1-26　改进的模型自训练方法

输入：利用有标签数据集 L 训练得到的模型 M_0。

输出：优化后的模型。

步骤 1：通过模型 M_0 对无标签数据集 U 进行预测，并将预测结果 R_0 加入有标签数据集 L 中，继续训练生成模型 M_1。

步骤 2：采用步骤 1 生成的模型 M_1 对无标签数据集 U 进行预测，并将新的预测结果 R_1 中满足边界框数量等于 15 的样本加入有标签数据集中，继续训练生成模型 M_2。

步骤 3：采用新生成的模型 M_2 预测无标签数据集 U，同时对预测结果采用 PDS 得到 R_2，将 R_2 中预测结果的边界框数量为 15 的样本加入 L 中继续训练，得到最终的预测模型 M_3。

改进后的自训练方法目的在于一步步地增加预测样本的可信度，可以减少错误分类样本所带来的噪声影响，提高模型的鲁棒性。

6. 实验与分析

（1）实验数据集准备

利用分辨率为 656×490 像素的千兆视觉相机，选取了不同的时间日期，不同类型的瓶型和不同的光照条件，采集样本 3 万多张，通过对样本图片中心位置随机裁剪得到 448×448、384×384、320×320 三种不同尺寸大小的图像。使用 LabelImg 软件实际标注 1533 张有标签的数据集，如图 1-27a 为某样本标签的可视化展示，图 1-27b 为通过软件标注得到的图像 XML 格式标签。一个完整 XML 格式的标签主要包含有图像的尺寸大小 $h×w$ 和每个字符的 Box，Box 中包含有对应字符的类别和坐标，一个 Box 包含的主要信息有 $[clc, x_{min}, y_{min}, x_{max}, y_{max}]$。其中 clc 代表类别，$(x_{min}, y_{min})$ 和 (x_{max}, y_{max}) 分别代表 Box 的左上角坐标和右下角坐标，图 1-27b 中仅展现了图像中部分 Box 的坐标信息。在 Ghost-YOLO 模型训练数据准备中，需要将 XML 格式标签转换成文本格式标签，转化后的文本格式标签中的每一个 Box 用 $[clc, x, y, w', h']$ 表示，clc 代表类别，x、y 分别代表 Box 归一化的中心点的横纵坐标，w'、h' 分别代表 Box 归一化的宽度和高度，转换过程如下所示。

$$\begin{cases} x = \dfrac{x_{min} + x_{max}}{2 \cdot w} \\[2mm] y = \dfrac{y_{min} + y_{max}}{2 \cdot h} \\[2mm] w' = \dfrac{x_{max} - x_{min}}{w} \\[2mm] h' = \dfrac{y_{max} - y_{min}}{h} \end{cases} \quad (1.10)$$

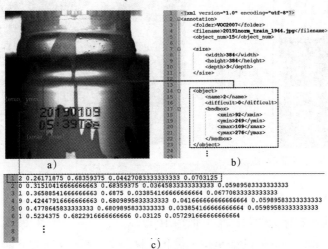

图 1-27 样本的标签信息

本例将其中 1000 张有标签样本用于训练，采用对比度增强和图像叠加等方法扩充得到 3321 张样本作为训练集，剩下 533 张作为测试集。在训练过程中还采用了 Mosaic 数据扩充方法，如图 1-28 所示。

a）原始图像   b）CutMix 数据扩充   c）Mosaic 数据扩充

图 1-28　目标检测中数据增强方法

CutMix 是将图像中一部分区域剪切掉但不填充 0 像素，而是随机填充训练集中其他数据的部分区域像素值，检测结果为两张图像的目标对象的结合。Mosaic 每次随机加载四张图片，分别进行随机缩放、翻转、排布组合的方式拼成输入图片，进一步丰富检测物体的背景。喷码图像数据增强方法步骤如图 1-29 所示。

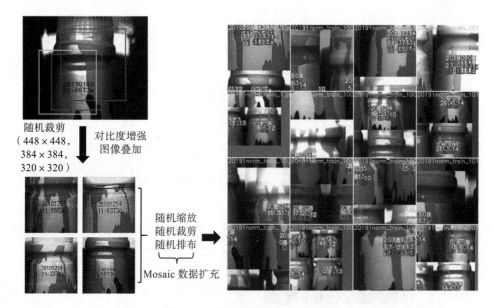

随机裁剪
（448×448，
384×384，
320×320）

对比度增强
图像叠加

随机缩放
随机裁剪
随机排布
Mosaic 数据扩充

图 1-29　喷码图像数据增强方法

（2）模型训练

首先，该实验在有标记的数据集上训练 1000 轮，设置学习率为 0.01，批次大小为 64，采用动量梯度下降法（Momentum SGD）优化，动量为 0.9，衰减为 0.000 5。然后，在预训练好的模型上加入本例改进的自训练方法，三个阶段分别训练 100 轮、400 轮和 500 轮。

图 1-30 对比了监督学习和改进自训练方法的训练样本类别的数量，可以看出通过改进后的方法添加了大量的可信目标对象，同时还在训练中增加了如类别"J""d""b"等少量字符类别的数量。所提模型在训练时总的损失函数分别由边框损失 L_{GIoU}、目标置信度损失 L_{obj} 和类别概率损失 L_{cls} 三部分相加得到。

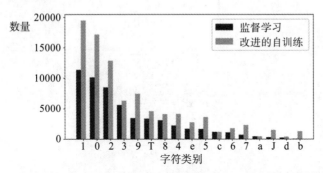

图 1-30　对比监督学习和改进自训练方法的训练样本类别的数量

在图 1-31 中的 3 个子图分别代表训练过程中 L_{GIoU}、L_{obj}、L_{cls} 的变化情况，可以看到本模型在训练过程中有很好的收敛效果，同时在引入改进的自训练方法后收敛效果有进一步的提升。

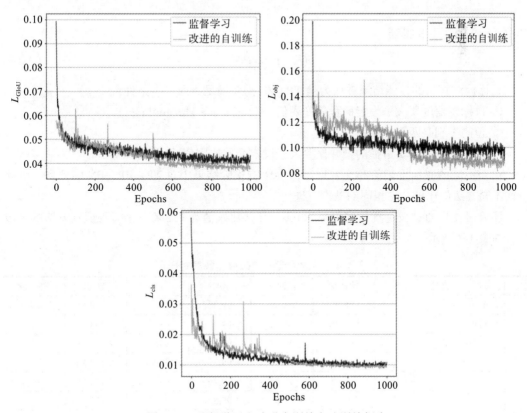

图 1-31　监督学习和改进自训练方法训练损失

（3）性能评价与消融实验

在检验本章所提方法的效果时，采用精确度（Precision）、召回率（Recall）、均值平均精度（mAP）和 F1 值来作为评价指标。这四项评价标准的计算公式如下

$$P = \frac{TP}{TP + FP} \tag{1.11}$$

$$R = \frac{TP}{TP + FN} \tag{1.12}$$

$$mAP = \frac{\sum_{i=1}^{C} AP_i}{C} \tag{1.13}$$

$$F1 = 2 \times \frac{P \times R}{P + R} \tag{1.14}$$

其中，TP 为真阳性，是预测结果中正确目标的个数；FP 为假阳性，是错误目标的个数；FN 为假阴性，是漏检的正确目标的个数；C 为类别数，这里取 17 个字符类别。AP 代表某类别的平均精确度，是对 $P\text{-}R$ 曲线上的精确度求均值，如下式所示

$$AP = \sum_{r \in \{0, 0.1, \cdots, 1\}} p(r) \tag{1.15}$$

其中，$p(r)$ 通过下式得到

$$p(r) = \max_{\hat{r} \geqslant r} (P(\hat{r})) \tag{1.16}$$

目标检测算法的检测结果被认为是 TP 时，需要满足下面三个条件：
① 目标置信度要大于设定的置信度阈值（Confidence Threshold）；
② 预测类别要匹配真实值的类别；
③ 预测边框和真实边框的交并比要大于设定交并比阈值（IoU Threshold）。

由于不同的置信度阈值和交并比阈值会影响检验结果中对 TP、FP、FN 的评判，因此下面不同方法的比较会在相同的条件下进行。

实验对比中通过设定置信度阈值为 0.6，交并比阈值为 0.5 来对比喷码识别方法的有效性，如表 1-4 所示。

表 1-4 不同方案的喷码检测效果对比

	方法		精确度	召回率	mAP	F1	参数	GFlops
A	YOLOv5		98.99	98.69	99.33	98.84	7.298 M	4.2
B	A+PDS		98.86	98.65	99.3	98.75	7.298 M	4.2
C	A+ self-training		99.89	99.47	99.43	99.68	7.298 M	4.2
D	Ghost-YOLO		99.87	98.82	99.39	99.34	5.477 M	3
E	D + self-training	E_1	99.55	98.88	99.46	99.21	5.477 M	3
		E_2	99.77	99.87	99.5	99.82	5.477 M	3

（续）

	方法		精确度	召回率	mAP	F1	参数	GFlops
E	D + self-training	E_3	99.94	99.99	99.5	99.96	5.477 M	3
F	E+PDS		100	99.99	99.5	99.99	5.477 M	3

表中 A 为基本的 YOLOv5 方法，B、C、D 为在基础版本 YOLOv5 上分别加入所提的改进方法。其中方案 B 为加入 PDS 方法，可以看出在模型性能没有达到很高的水平下，引入的 PDS 方法反而使得精确度和召回率略有下降。主要因为如果模型没有很高的精确度，PDS 方法会在有冗余位置的预测上把一些正确的分类剔除，反而保留下错误的分类对象。方案 C 为加入改进自训练方法，可以看出该方案对模型性能的提升最大。主要因为引入的改进自训练方法增加了对预测样本的多层过滤，从而能从无标签样本中保留下更多高置信度带标签的样本，解决了一定程度上模型过拟合的问题，提升了模型表达性能。方案 D 为 Ghost-YOLO 模型，该方案是在 YOLOv5 模型上的改进，结果表明该方法的参数量比 YOLOv5 减少了 25%，同时精确度和召回率略有提升。综合主要的方法，最终针对喷码检测和识别的方案为 F，该方案相比于常规 YOLOv5 算法，在精确度、召回率、mAP 和 F1 值等性能指标上均有很好的效果提升，精确度和召回率分别达到 100% 和 99.99%，比常规 YOLOv5 方法分别提升了 1.01% 和 1.3%。

另外，所提的喷码字符检测方案还和现有的主流目标检测方案进行了对比，不同算法分别在 $IoU_{0.5}$、$IoU_{0.6}$、$IoU_{0.7}$、$IoU_{0.8}$ 下 mAP 的值如表 1-5 所示。可以看出所提方法在 $IoU_{0.5} \sim IoU_{0.8}$ 上 mAP 值都高于其他方法，且随着 IoU 阈值的提升，mAP 值相对稳定，表明所提方法定位效果十分精准。

表 1-5 本例的方法和主流目标检测方法下的 mAP 值对比

算法	mAP（%）			
	$IoU_{0.5}$	$IoU_{0.6}$	$IoU_{0.7}$	$IoU_{0.8}$
CenterNet（320×320）	96.56	95.28	86.79	45.75
SSD（300×300）	95.27	91.66	80.09	44.87
Efficientdet-d0（512×512）	96.72	96.18	89.23	51.65
Efficientdet-d1（640×640）	99.41	99.36	97.61	77.47
YOLOv4-tiny（320×320）	97.17	96.95	96.5	92.28
Proposed method（320×320）	99.5	99.5	99.5	96.85

在目标检测中，置信度的阈值会对评价标准的精确度、召回率、F1 值造成影响，这由于预测结果置信度大于置信度阈值的预测框才会保留，其余的将会被剔除。一般来说精确度会随着置信度阈值的增大而提高，召回率反而会减小。图 1-32 为在不同置信度下不同方法的精确度、召回率和 F1 值的对比。可以看出，所提方法能保证精确度、召回率和 F1 值在一定置信度阈值的范围内始终保持在一个较高的水平上，F1 值始终高于其他主流的轻量化网络方法。

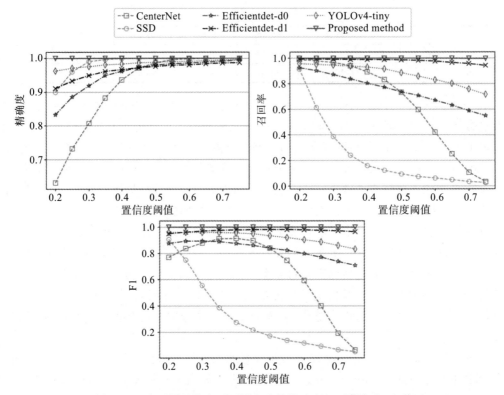

图 1-32　在不同置信度下不同方法的精确度、召回率和 F1 值

1.5　本章小结

　　视觉感知和反馈是智能机器人系统最关键的感知手段之一。本章简要介绍了机器人视觉感知系统，阐述了基于深度学习等方法的智能视觉感知系统是主流的发展趋势和挑战，最后结合实际的喷码识别系统对基于深度学习的智能视觉感知系统进行了实际的案例讲解。

第 2 章

机器人智能视觉感知系统概述

机器人感知和智能是制约机器人技术发展与应用的核心瓶颈，机器人力触觉传感器和核心控制算法是我国面临的"卡脖子"技术难题。未知环境中的智能操作与自主作业很大程度上依靠对环境的认识程度。众所周知，当前机器人的平均感知与学习水平和人类还有很大的差距。人类获取的信息 83% 来自视觉系统，而人类对力触觉信息的获取和理解却占据了大脑 2/3 的资源。因此，高质量的视觉和力觉信息感知是最复杂、最综合的感知手段，也是系统高级别智能行为的最重要条件。机器人感知与控制技术水平已经成为衡量国家科技水平的重要标志。《中国制造 2025》《"十四五"机器人产业发展规划》《新一代人工智能发展规划》等国家重大发展战略，都强调机器人技术和智能技术及两者的深度结合，发展机器人与智能系统，推动机器人产业的不断推广和进步。因而开展机器人感知与人工智能的研究符合国家重大需求，具有重大的理论意义和应用价值。

2.1 机器人智能视觉感知系统组成

机器人智能视觉感知系统是使机器具有像人一样的视觉功能，从而实现各种检测、判断、识别、测量和定位等功能，然后将其判断结果发送给运动执行机构。一般来讲，典型的机器人智能视觉感知系统主要包括光源、工业相机、镜头、图像处理器、图像处理软件、显示器和执行单元等单元。

1. 光源

光源是影响机器人感知系统性能的主要因素之一，光源和打光方式直接影响图像质量和效果。针对不同场景的需求，需要选择相应最适合的光源和打光方式，将需要的信息或者特征最大化。光源在机器视觉中主要起如下作用：

①将感兴趣区域与其他区域灰度值的差异值增加。

②提高信噪比，形成有利于图像处理的效果。

③尽量消除不感兴趣的部分。

④克服环境光干扰，减少因材质和照射角度对成像产生的影响。

打光方式通常分为明场照明和暗场照明。

机器视觉常用的一些光源可以分为卤素灯（光纤光源）、高频荧光灯和 LED 光源。卤素灯又被称为光纤光源，由于光线是通过光纤进行传输的，卤素灯相对来说比较适用于小范围的高亮度照明以及对环境温度比较敏感的场合。比如应用在数控机床、汽车前灯后灯等需要集中照射的场合。与卤素灯不同，高频荧光灯适合大面积照明，其亮度高，且成本较低。高频荧光灯的发光原理和普通荧光灯比较相似，采用高频电源，具体来说就是高频荧光灯的闪烁频率远大于采集图像的频率，使得相机在采集图像时捕捉不到闪烁的瞬间，从而消除图像的闪烁。目前最快的高频荧光灯可达 60 kHz。机器视觉常用光源优缺点如表 2-1 所示。

表 2-1 光源类型及优缺点

光源类型	卤素灯	荧光灯	LED
使用寿命（h）	1000	1500 ~ 3000	30000 ~ 100000
亮度	高	较暗	高亮
响应速度	慢	慢	快
设计灵活性	低	很低	组合不同形状
适应场景	小范围高亮	大面积照明	大部分场景

由表 2-1 可以看出，LED 光源相对于其他光源不仅使用寿命长，响应速度快，波长可以根据用途选择，且定制化程度很高。从工业视觉的需求来看，由于使用场景的多样性和复杂性，常常需要根据实际情况进行定制化，形成由多颗 LED 排列而成的光源形式，由此设计成不同的形状、尺寸，并根据需求实现不同的光源照射角度。由于它有以上众多优点，LED 光源已成为最常用的光源之一。

LED 光源从打光方式可以分为正面照明和背面照明两种。正面照明一般用于检测物体的表面特征，背面照明用于检测物体轮廓或通明物体的纯净度。从光源结构上分，LED 光源又可以分为环形灯、条形灯、同轴灯和方形灯。如果视觉感知系统选用了线阵相机，由于线阵相机所采集到的信息是狭长的线状，与之对应，可以选用最匹配的高亮线性光源或高亮条形光源。

如实际的应用场景需要对其打光视野为 4 m，线阵相机的工作距离可达 2.8 m，线性光源相对于条形光源亮度更高更聚集，因此高亮线性光源是远距离线阵相机的首选。由于线性光源的发光区域较为聚集，因此在调试时由于机械设计、零件加工等各种累加误差使得线阵相机线性靶面和光源照度最聚集线条往往难以对齐。条形光源通常应用在两种场景：一个是宽幅检测，另一个是线扫描的照明。条形光源最大的特点是其每个方向的光源照射角度可调，由于光源的照射角度对视觉系统最终的图像效果影响较大，因此灵活性比较强。根据图像成像所需要的最大照度，以及光源和待测物之间的距离（光源离待测物体较近，所形成的照度越大，反之照度越小）选择合适的光源型号和照度。

在机器人视觉感知系统中，如果光源能满足系统需要的照度时，为保证安装调试的便利性，通常选用高亮高均匀条形光源。某型号的光源结构如图 2-1 所示。

由光源结构可知，该光源的照度主要来自于四行平行的贴片 LED，一共 4500 个灯珠分布在 4 m 长的光源中并位于电路板上，贴片 LED 的等距离排布使光源照明时可以保持在同一幅宽内照度均匀，使得图像的成像灰度尽可能均匀，为后期图像处理减少难度。

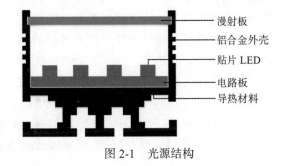

图 2-1　光源结构

对机器人智能视觉感知系统来说，一套合适的打光方案会给后期的图像处理及检测定位等任务减少很多工作量。在设计打光方案时，需要对目标和背景进行分析。

2. 工业相机

工业相机是构成机器视觉系统的核心部件之一，被视为机器人的"眼睛"，它被广泛应用于各个领域，如生产监控、测量任务和质量控制等。工业相机通常比普通的数码相机更耐用。这是由于工业相机的使用环境恶劣，存在如高温、高湿、粉尘等情况，使得它们必须能应对各种复杂恶劣环境的外力因素影响。按照图像传感器来分类，工业相机被分为 CCD 相机和 CMOS 相机。

图像采集的过程中最重要的是要把实物尽可能真实地反映到成像芯片上去。通过选择合适的光源照射到需要拍摄的物体上，充分体现相应的视觉任务所需要的图像特征。

电荷耦合器件（Charge Coupled Device，CCD）是在机器视觉领域中被广泛使用的一种传感器芯片，通常以百万像素作为单位。CCD 作为一种捕捉图像的感光半导体芯片，被广泛应用于图像采集场景。类似于胶片工作的原理，物体本身的光线通过光路穿过镜头，并将其中包含的图像信息投射到 CCD 芯片上。CCD 成像的过程中，包含了光电转换、电荷贮存、电荷转移和读取信号四个过程。CCD 已经成为最常用的成像器件之一。光电转换流程如图 2-2 所示。

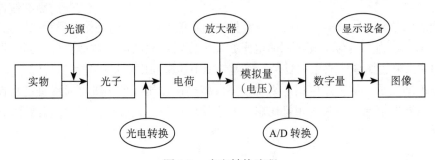

图 2-2　光电转换流程

如图 2-3 所示，当有光子射到 CCD 的光电转换层时，CCD 表面会产生电荷。每个 CCD 单元都是一个电容器，因此它能储存电荷。但当有电荷注入时，势阱深度将会因此变浅，因为它始终要保持极板上的正电荷总量恒等于势阱中自由电荷加上负离子的总和。

互补金属氧化物半导体（Complementary Metal Oxide Semiconductor，CMOS）图像传感器从 20 世纪 70 年代初开始开发，约在 90 年代初期大规模爆发。将光敏元阵列、图像信号放大器、模数转换电路以及图像信号处理器和控制器都集成在一块芯片上，构成了 CMOS 图像传感器。此种成像芯片在高分辨率和高速场合被广泛使用。

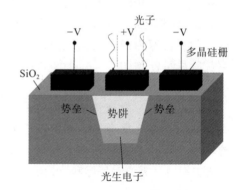

图 2-3　CCD 光电转换示意图

CCD 和 CMOS 两种图像传感器的光电转换原理相同，都使用光电二极管 (Photodiode) 进行光电转换，两者最主要的差别在于读出信号的过程不同。两者相比，各有优劣。CCD 成像质量高，但速度慢，耗电量大，价格高。而 CMOS 相对于 CCD 传感器而言功耗非常小，速度极快且价格低廉。在手机、数码等行业中，对图像传感芯片的需求量巨大，而 CMOS 的生产成本低，且供货稳定，受到制造商的一致青睐，因此其生产制造技术也得到不断改良更新。随着 CCD 与 CMOS 图像传感器技术不断进步，两者的性能差异越来越小。

根据采集靶面形状不同，工业相机可分为面阵和线阵相机。线阵相机具有大视场、高分辨率（微米级测量）的特点，多在滚筒型连续检测的情况下应用。线阵相机由于其芯片只有一行感光元素，因此在高频和高分辨率的应用场合有极大的优势。在使用场景中，被测物通常以匀速运动，线阵相机逐行连续扫描。一般情况下，需要用到大视野，且被测物连续高速运动时，均选用线阵相机进行采集。面阵相机采用连续的面状扫描光线实现产品检测，它直接获取二维图像信息，更加直观。但其每行的像元素相对较少，因此分辨率和测量精度较低，而且实际应用中单个面阵相机获取的有效测量面积很难直接达到机器人感知场景测量对视场的需求。因此，面阵相机适合于精度要求不高的场合，价格也比线阵相机低。

按照图像色彩进行分类，相机可分为灰度和彩色相机。不论是何种类型的图像传感器，都是将光子转换为数目与之成比例的电子，每个像素对应的电子数即可反映光线强弱，形成灰度图像。彩色图像获取更加复杂，实际应用中通常采用拜尔滤光片实现同一片 CCD 采集三种颜色的光子。从工业应用上来说，黑白相机往往比彩色相机更通用也更昂贵。一般在分辨率相同的情况下，灰度相机比彩色相机精度更高。相机在选型时还需要注意如下参数的选择。

（1）成像分辨率

相机像素是指相机传感器上感光晶片的数量，相机的分辨率并不完全由相机的像素数决定。相机的分辨率表示的是一张图像中一个像素表示的实际大小尺寸，分辨率的数值越小，代表分辨率越高。成像分辨率是在一张图像中每个像素块所代表的实际大小，如 3 mm/

pixel，表示在当前条件下，相机视野中每个像素实际代表 3 mm。

（2）行频

使用线阵相机的应用场景，一般都是对高速、连续运动的物体进行成像，因此相机的触发速度必须满足高速触发采集的要求，即所选相机的最大行频必须大于被测物体最大运动速度所对应的相机行频。相机行频计算时根据横向扫描精度应与纵向扫描精度相等的规则，即

$$\frac{W_c}{L_o} = \frac{\upsilon_c}{\upsilon_o} \qquad (2.1)$$

其中 υ_o 表示被测物体的运动速率，υ_c 表示线阵相机行频，L_o 表示被测物体幅宽，W_c 表示相机每线像素数。

因此行频 linerate 可以由下式获得：

$$\text{linerate} = \upsilon_c = \frac{W_c \upsilon_o}{L_o} \qquad (2.2)$$

如果相机每线像素数 W_c= 4096，$\upsilon_{o\max}$=1m/s，L_o=2.2m，可得相机最大行频为1862Hz。因此在选择相机时应注意其行频应大于 1862Hz。

（3）光谱响应曲线

相机感光芯片在各个波长范围的量子效率（Quantum Efficiency，QE）变化，也被称为光谱响应函数（Spectral Response Function，SRF），即在某一特定波长范围内，图像传感器在单位时间内产生的平均光电子数与入射光子数的比值，也可以理解为感光芯片将光子转化为电子的效率。该指标表示光电器件光电转换能力强弱。由于传感器硬件的限制，图像传感器几乎在可见光波长范围内的响应均无法达到100%。一般的图像传感器在波长为350 nm ～ 570 nm 时达到最大值（48% 左右），而当波长为 900 nm 以上时，效率小于 10%。

感光芯片的量子效率可以表示为

$$\eta(\lambda) = \frac{N}{\Phi(\lambda)/h\nu} = \frac{Nh\nu}{\Phi(\lambda)} \qquad (2.3)$$

$$E = h\nu \qquad (2.4)$$

式（2.3）中，$\eta(\lambda)$ 代表特定波长 λ 下，在一定时间内每入射一个光子时，激发的载流子数量，该参数为无量纲。$\Phi(\lambda)$ 为波长 λ 条件下，入射的单色辐射功率，N 为对应的光电子数量。式（2.4）为光子的能量计算公式。其中 h=6.626×10^{-34}J·s，为普朗克常数，ν 为光子频率。

因此量子效率是精确测量光电期间感光度的重要指标。根据光谱响应曲线，在对应的波长范围内，量子效率 QE 越高代表该图像传感器的光电转换效率越高，相应的使用性能越好。对于机器人视觉感知等应用场景，通常对应可见光，即在波长为 400nm ～ 700nm 的光谱范围内对比相机量子效率。

（4）输出接口

相机的输出接口分为 GigE 和 CameraLink 两种形式，又称网口相机和采集卡相机。一般情况下，相机输出接口的选择和被测物运动速度、所需要的生产节拍、处理时传输数据带宽有很大关系。对于常见的机器人视觉感知系统的节拍和所需数据传输速度，网口相机已能满足要求。

如 DALSA Linea 系列 GigE 线阵 CMOS 相机（图 2-4）的像元大小 7.04 μm，单个相机覆盖视野 2.2 m。其各项参数如表 2-2 所示。

图 2-4   相机外形

如果某个机器人视觉感知场景目标视野大，造成相机的工作距离大，相机在安装时需要特别注意安装的水平性。当相机和被测物水平方向不平行时，相机靶面左右两侧的成像都无法达到完全一致，即整个视野内无法完全成功对焦。因此，在机器人视觉感知系统的机械结构设计中，应给相机提供垂直、水平、前后等多个方向的自由度调节功能。但在实际安调时，相机支架的多自由度给相机的调试增加了难度。因此在设计相机支架时，应该在确保必须调节的部分自由度之外，使安装尽量简易。

表 2-2   相机型号及参数信息表

型号	LA-GM-04K08A
黑白 / 彩色	黑白
分辨率	4096 × 1
行频	26 kHz (Standard) 80 kHz (TurboDrive)
像元尺寸	7.04 μm
输出接口	GigE Vision
尺寸	62 mm × 62 mm × 46.7 mm
镜头接口	M42 × 1
灵敏度	320 DN/(nJ/cm²), 12 bit, 1 × gain

镜头和相机有对应的接口：C 接口、CS 接口、F 接口、M42 接口、M72 接口和 V 接口等。其中 C 接口和 CS 接口是最常见的国际通用接口，此两种接口可以通用。F 接口、M42 接口和 M72 接口常用于大分辨率面阵相机和线阵相机。当相机靶面大于 1in（1in=2.54cm）时，一般需要用到 F 接口。V 接口为施耐德镜头专用标准，一般也在相机靶面较大的情形下使用。

镜头在选型时，需要根据实际使用需求和相机的型号参数进行匹配。镜头的解析力须高于相机的解析力。镜头靶面尺寸也应大于或等于相机靶面。线阵相机靶面为

$$L=N_p S_p \tag{2.5}$$

其中，L 为相机靶面，N_p 为感光芯片的像素数，S_p 为像元尺寸。根据相机的选型，感光芯片的像素数为 4096，像元尺寸为 7.04μm，因此相机靶面为 28.836mm。因此在镜头选型时，靶面大小应该大于 28.836mm。

根据相机靶面、视野可以确定镜头的焦距：

$$\frac{L}{\text{FOV}} = \frac{f}{\text{WD}} \tag{2.6}$$

式中，L 为相机靶面，FOV 为相机所对应的视野大小，f 为镜头焦距，WD 为工作距离。由

于机器人视觉感知系统应用场景大多为大视野，线阵相机一般使用在大靶面或是高分辨率的场景，因此工作距离对应较长，如某系统离地面约 2 m 的距离，考虑到安装调试的难度，应当选择在满足当前成像条件的情形下，尽量选用工作距离较短的镜头焦距。如选用 DALSA 线阵 4K 相机搭配的常规镜头——施耐德 V38 接口的 35 mm 线扫镜头，该镜头靶面为 32.5 mm，满足镜头靶面尺寸大于或等于相机靶面的要求，其焦距为 35 mm，由此计算得到的工作距离约为 2670 mm。

2.2　机器人智能视觉感知的主要流程

随着深度学习、智能优化等人工智能技术的不断发展，机器人视觉感知系统将日益智能化。与现有机器视觉的解决方案相比，机器人智能视觉感知系统更符合人类的感知模式，如当下流行的 YOLO(You Only Look Once)[9] 目标检测方法，就类似于人类在做目标检测时，只需一眼就能获得图中包含有哪些物体和这些物体的位置等信息。整体而言，机器人智能视觉感知系统更倾向于由传统的分步骤完成变成端到端的实现，由传统的单一功能变成多功能集成，一方面依靠运算速度更快的 GPU 等核心硬件，同时也得益于轻量化网络＋嵌入式系统或专用板卡的低成本配置方式。

1. 数据准备

由于基于深度学习的网络模型在取得优秀的结果前需要在充分的数据上完成训练，因此数据准备对基于深度学习的智能视觉处理系统至关重要。具体的数据准备包含数据集的建立、数据的分析和数据的预处理等。目前，各个应用领域都存在一些开源的数据集，且这些数据集通常已对特定的目标进行了标注，如动物、行人、车辆等。研究者应充分利用现有的公开数据集，但如果没有合适的公开数据集，还需要自己通过现场采集、网上查找等方式来收集和标定特定的数据。数据的预处理通过去除图像的一些无关信息等操作，能有效地去除干扰，提升模型的性能。

2. 数据增强

数据增强（Data Augmentation，也称数据增广）是深度学习训练过程中弥补数据量不足常用的方法之一。数据增强的方法即保留原图像的标签，对原图像进行各种变换来达到人为扩充数据集的目的，主要分为离线增强和在线增强。离线增强主要是在训练之前，先将训练集的数据进行预处理，扩充数据样本。在线增强表示在训练的过程中对每个批次喂进网络的数据进行数据增强。

数据增强可通过传统的数字图像处理技术来完成，比如对已有样本数据进行任意角度和方向的随机翻转、改变图像的亮度或其他色彩空间变换、添加随机噪声、模糊变换以及均衡化处理等，最终实现数据样本的丰富性。对于不均衡样本还可以采用重采样等方式来扩充少数样本类。

如在视觉缺陷检测系统中，往往不合格的缺陷样本相对正常样本的数量来说很少，这种样本的不均衡性可能会导致模型过拟合，难以取得理想的性能。可以通过设计缺陷图像样本生成算法实现数据增强，平衡数据集。

3. 网络模型搭建

深度学习需要不断地发展，那么就需要开发集成的软件开发平台，如今比较流行由 Google 团队维护的 TensorFlow 深度学习框架，还有 Facebook 研究团队维护的 PyTorch 框架。另外还有亚马逊公司开发的 MXNet 框架、微软和 Facebook 共同维护的 ONNX 等，国内有百度公司维护的 PaddlePaddle 开源框架。

PyTorch 深度学习框架由 2017 年 1 月发布，至今已发展成为继 TensorFlow 之后的第二大开源框架，深受计算机视觉工作者的喜爱。目前在验证算法性能的时候，大部分研究人员都是采用 Python 编程语言，因此很多最新的算法都已经实现开源。PyTorch 安装方便，而且集成了目前一些优秀的算法，比如分类模型、语义分割模型以及目标检测等。为了使得深度学习可以落地生产，PyTorch 提供了 C++ 的接口，用户可以利用 Python 版本的 Torch 来训练模型，然后利用 C++ 接口模块实现落地应用。

多模型融合是当前的流行方法，是端到端可以训练的模型，但是在实际训练中，由于可以采用多分支网络实现多个不同的任务，为此，共享参数层的神经元在参数更新的时候会不稳定。因此，可以采用迁移学习的方法对参数共享部分禁止更新参数，而每个分支各自的部分可以采用独立的优化器进行优化。

4. 网络训练参数确定

网络训练参数根据所用到的网络模型进行调整。在实践中常采用多个单模型进行融合，可以有效地提升性能。在机器学习中，模型融合是指将多个弱模型合并为一个强模型的方法。但是也存在相应的问题，模型越多，需要消耗的计算资源也会越多，在测试的时候，会导致模型识别的时间增加。

一般模型融合分为均值法、投票法、Bagging 融合以及 Boosting 融合等。最简单的就是均值法，直接将多个模型的结果取均值。对于投票法融合主要是利用多个模型输出的结果，采用少数服从多数的原则来选择最终的输出结果。

5. 迁移学习

迁移学习（Transfer Learning，TL）比较通俗的一种解释就是利用已有的知识去学习新的知识。迁移学习也是机器学习延伸出来的一个分支，有时候也称为知识迁移。2010 年，Pan 等对迁移学习做了一个定义：

"给定一个源域 D_s 以及学习任务 T_s，假定任务域为 D_T 且学习任务为 T_T，迁移学习的目标就是通过已经学习知识域 D_s 和 T_s 去改善在 D_T 域中的目标预测函数 $f_T(\cdot)$，$D_s \neq D_T, T_s \neq T_T$。"

最近几年，越来越多的人开始从事基于大规模数据集的图像算法研究。深度学习在图像领域得到了广泛的应用，出现了非常多的大数据集，比如 ImageNet 2012、Pascal VOC、Cityscapes、COCO 等数据集。但是在实际应用过程中，数据的标注非常耗时，有的数据样本很难获得。迁移学习在深度学习中便起到了非常大的作用，通过利用公共数据集上的参数权重，可以有效地改善模型学习效率和最终的收敛情况。实际应用时，往往是通过一个大型数据上训练设计的深度 CNN 模型。然后通过利用获得的权重参数作为目标数据集上的初始参数进行训练。深度学习模型的训练方式可以分为两种，一种是全部参数更新，另一种是微调网络模型。一般情况下，如果 D_s 与 D_T 分布差异较大，都需要全部更新参数进行学习。对于微调网络，一般都是冻结某些层的神经元，仅仅更新选定的神经元参数。

ImageNet 2012 数据集中包含了 1000 个类别的物种，其中有不少种类涉及植物的物种。本章设计的端到端的模型，就是利用 ResNet 在 ImageNet 上训练得到的参数迁移到本例的模型中，对融合模型的第一部分参数进行初始化。在训练的时候，多模型融合分支各自需要优化器进行优化。对于浅层参数，需要对参数进行冻结，也就是禁止参数的更新，这样做可以有效地避免浅层参数随着多个分支优化的梯度方向而出现的震荡现象。对于冻结参数更新层，可以采用 ImageNet 的预训练参数。在训练的过程中，禁止浅层神经元的参数更新，可以有效地抑制模型的震荡问题。

6. 实际测试

Adam 可以用较少的时间实现模型训练的工作，而 SGD 可以提升模型的性能。为此，可以将两者的优势互补，提出了两步优化的方法。先后利用 Adam 和 SGD 优化器优化模型参数，提升模型的性能。可以通过改变基础网络的结构来实现性能的优化，但是考虑到计算资源的限制，骨架网络的参数也需要保持在一个范围之内。

深度学习可视化方法可以有效地帮助人们认识到卷积神经网络在学习参数的过程中是如何实现的，查看模型训练得到的参数不能直观地表达出 CNN 提取特征的过程。为此，通过图形的表达形式，可以让人们直观地理解 CNN 学习的过程。CNN 模型在浅层特征提取的时候，主要关注样本的轮廓、颜色和纹理等特征。在浅层神经元学习特征的过程中，已经开始关注敏感区域。

2.3　机器人智能视觉感知的典型应用

随着农业的机械化和自动化日益提高，越来越多的研究聚集在农业机器人上。农业机器人专指协助或替代农业工作者完成系列的动作，经过自主分析、思考，替代人类完成劳动密集型、重复和体力要求高的工作任务，通过对它们的编程或设定可以使它们适应不同的场景和实际的农业任务。Statista 的一份报告显示，2021 年全球农业机器人市场达到 245 亿美元，预计 2024 年有望增长到 745 亿美元。农业机器人已广泛应用于水果采摘、施肥除草、筛选分拣、育种育苗、耕作转运等。

结合当前科技学技术发展现状，将人工智能、遥感和视觉技术和农业生产相结合，实现精准农业生产是当前的主要趋势。人工智能与精准农业结合，将自动化农业和农业机器人提升到了更高的水平，使得机器人能完成更加灵巧和复杂的工作任务，如精准诊断农作物的病害种类和程度并提供精确的治疗方案、挑选生菜和草莓等易损伤的水果蔬菜等。

2.3.1　面向农业机器人的视觉感知概述

农业机器人中常见的传感与感知手段包括 RGB 相机、多光谱相机、热敏传感器、激光雷达、GPS 和力触觉感知等。

早在 2012 年，Samanta 等[10] 研究者采用数字图像处理技术实现马铃薯疮痂病检测，采用直方图和图像分割结合的方法分析了土豆的患病情况，获得了较好的识别结果。利用高光谱图像分析检测农作物病害的研究也显著增加。高光谱成像是一种非侵入性的方法，它可以采集高分辨农作物数据，实现农作物病害诊断。赵川源等[11] 研究者 2013 年利用多光谱影像数据结合 *k*-means 聚类以及 SVM 分类器和 BP 算法综合实现对杂草的识别。随后，基于数字图像处理的农作物病害识别方法被广泛应用于指导农业生产过程，农业自动化、信息化、智能化获得了广泛的发展。

近些年，深度学习的发展为农作物病害诊断提供了契机。张建华等[12] 提出了一种改进的 VGG 模型来实现棉花病害的诊断，该方法实现了棉花病害中常见的 5 种病害的识别。龙满生等采用了迁移学习的方法来判断油茶是否患病。尹晔等[13] 也采用了迁移学习的方法来实现甜菜褐斑病的诊断工作。张雪芹等[14] 通过采用优化的 AlexNet 模型，将深度学习部署在移动终端，实现了两百多种植物的识别。

与传统方法将所有的农作物叶片图像归一化到相同的大小后完成识别不同，Hu 等[15] 提出了一个多尺度融合卷积神经网络 (MSF-CNN) 完成植物叶子的多尺度识别。首先使用双线性插值将输入图像降采样为多个低分辨率图像，然后将这些不同尺度的输入图像逐步输入 MSF-CNN 模型中来学习不同深度的识别特征。在这一阶段，通过拼接操作来实现两个不同尺度的特征融合。随着 MSF-CNN 深度的增加，多尺度图像的处理和响应功能也逐渐融合。最后，MSF-CNN 的最后一层综合了所有的判别信息，便得到了预测输入图像的最终特征从而进行分类。实验结果表明 MSF-CNN 方法在 MalayaKew 树叶数据集和 LeafSnap 植物叶子数据集上得到了非常好的效果，性能优于当前最先进的识别方法。

Artza 等研究者在 Johannes 等的研究基础上对植物病害诊断方法进行了深入研究，采用一种自适应的基于深度残差神经网络的算法实现在真实场景下的多种植物病害的检测，并提出了不同的早期病害检测适应性。通过分析三种相关的小麦病害来验证算法的有效性。分析时采用了不同的移动设备，分别在 2014 年、2015 年和 2016 年期间，在西班牙和德国的两个试点地区收集了超过 8178 张图像。获得的结果表明，在穷举测试下，将精度从 0.78 提高到 0.87，在德国地区小麦识别精度超过了 0.96。

深度学习这些年经历了蓬勃的发展过程，出现了大量的优秀的网络结构，ImageNet 上面的精度不断被刷新纪录。未来，深度学习在众多学者共同的努力下，也将会不断地得到发展。相比于人类对农作物病害的诊断，计算机辅助诊断可以快速并且准确地识别出不同种类的病害。随着计算机技术的快速发展，加上深度学习在图像领域的广泛应用，基于深度学习的方法实现农作物图像识别在农业生产领域一定会有很大的发展空间。

但是，目前主要的农作物病害诊断技术还是通过传统的算法来实现的，而且大部分现有的方法都是基于农作物病害种类的识别，很少有人对农作物病害程度的评估进行研究。

现有方法存在诸多局限：

①大部分农作物病害诊断方法都是比较传统的算法，存在识别精度低、抗干扰能力差等问题。

②很少有人做对农作物病害程度的评估研究。

③大部分农作物病害诊断研究采用的数据集，数据量较少，类别单一。

针对上述问题，结合自动化和人工智能技术的最新发展成果，未来农作物病害诊断的研究工作会越来越完善。目前已经存在大规模农作物病害诊断的数据集，相信在未来农作物病害程度评估的研究也会越来越多。全面综合地实现农作物病害的诊断工作，将有力推动我国乃至全球的智慧农业生产，增加粮食产量，为解决粮食危机做出贡献。

2.3.2　基于多模型融合的应用实践

在预防农作物病害的过程中，如果能够及时识别出农作物病害的情况和程度，将更加有利于农作物病害诊断和防治工作，如及时给出防治策略建议，对病害程度严重的农作物给出紧急治疗方案或采取特殊治疗办法。实现对农作物患病的程度识别将更有利于农林部门及时地进行相应的救治工作。[16]

本节将以农作物病害程度评估为研究对象，设计一个综合模型实现农作物种类、病害种类和病害程度综合评估识别系统。该方法与现存研究不同点在于，设计的多模型融合方法是一个端到端的可训练的神经网络模型，而不是简单地将多个模型融合分别实现识别任务。

1. 数据集

所用数据集全部来自开源的数据平台，其中农作物病害程度评估数据集标签来自 AI Challenger 比赛官方网站举办的 AI 挑战赛 (www.challenger.ai)。同时本节还采用了 Hughes 和 Salathe 公布的植物病害种类数据集。由于数据集中存在少数标注不明确的图像，因此通过人工剔除筛选了适合研究的数据。

（1）数据集分析

本例数据集每张图像有 3 个标签，分别是农作物的种类、病害种类和病害程度。共采用 9 种农作物，包括苹果、樱桃、草莓、玉米、葡萄、桃子、辣椒、土豆和西红柿。

本例给出了 9 种农作物的 18 种病害种类。在训练过程中需要将不同病害样本和健康的样本进行区分，为此网络输出的神经元个数为 18 种病害类型加上 9 种个健康类型，共计 27 种。本例在对农作物病害程度评估时，将程度分为三个等级，即第一个等级为健康级别，第二等级为病害程度一般级别，第三等级为病害程度严重级别，总共将数据集分为 45 个程度类别。图 2-5 展示了 45 个类别的数据分布情况。

（2）数据集增强

为了增加数据样本空间的丰富性，提取数据中的有效特征，本例方法采用了两种形式的数据增强方法：

①数据增强包括对训练图像的各个方向的翻转。

②随机加入噪声，改变图像的亮度或饱和度，对训练样本进行模糊处理等。因此，在每次训练的过程中，相当于对数据集中的数据量进行了扩增。

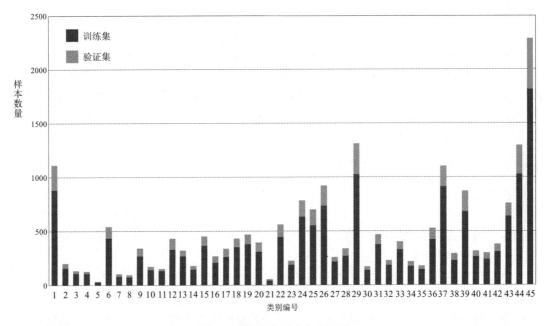

图 2-5 数据集样本分布情况

2. 多模型融合

为了增加通道之间的信息交流，在普通残差结构中加入了 Channel Shuffle 操作，如图 2-6 所示。以 ResNet 为浅层网络实现特征提取，采用三个分支网络实现三种任务的识别，其中两个分支网络采用 ShuffleNetV2 的结构，分别实现农作物种类和病害的识别，第三个分支采用 ResNet 原始分类器来提取更抽象的特征实现病害程度的评估。

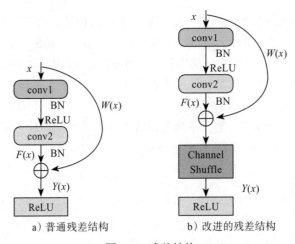

a）普通残差结构   b）改进的残差结构

图 2-6 残差结构

（1）种类识别分支

因为数据集中仅有 9 种农作物，农作物叶片在形状上各不相同，因此只需要采用较浅层的神经网络模型，就可以有效地提取图像中的特征来实现农作物种类的识别。

如图 2-7 所示，本项目采用 ResNet 作为基础骨架网络，利用 ResNet 浅层网络结构提取图像的表层信息，包括形状、颜色等。然后采用一种轻量化的结构 ShuffleNetV2 进行降采样操作，进一步提取较为深层的信息。最后，通过 9 个神经元的全连接层对农作物叶片种类进行分类。

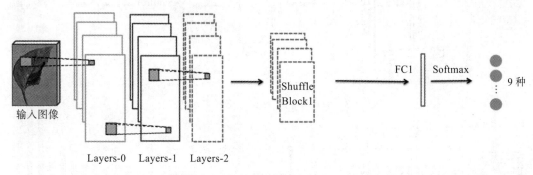

图 2-7　农作物种类识别分支网络示意图

农作物种类识别分支主要是经过 4 次降采样操作，分别在 Layers-0 处进行两次采用，Layers-2 处进行第三次采样，最后一次在 ShuffleBlock1 处。其中，前面三个 Layers 采用了迁移学习的方法进行初始化参数，本模型迁移了在 ImageNet 上训练好的参数。该分支中对前面特征提取部分禁止了参数更新。对于 ShuffleBlock1，本模型先采用 Adam 优化器优化获得训练参数，然后采用 SGD 完成微调模型。

（2）病害种类识别分支

农作物病害种类的识别不同于农作物种类的识别，在本研究中，所用到的 9 种农作物都是不同种类，叶子的形状特征也存在明显的差异。而农作物病害种类的识别，很多时候是同一种农作物患有不同的病害，因此两个样本之间的形状基本相似，患病叶子的颜色也可能相似。因此要想识别出同一物种的不同病害，就需要提取更加深层的特征。

基于此，本例在农作物种类识别的基础之上加了一个 Layers-3 结构，这个结构就是为了进一步降采样，获取更加深层的特征。在训练的过程中，Layers-3 同样也采用了预训练参数。后面连接的是一个新的 ShuffleBlock2 来实现对农作物病害深层特征的提取，随后连接了一个全连接层实现病害种类的分类任务，如图 2-8 所示。

在联合训练的过程中，Layers-3 和 ShuffleBlock1 共享参数，这样可以避免训练过程中出现不稳定现象。同时，对于该分支也需要采用单独的优化器进行优化训练。

（3）农作物病害程度识别分支

农作物病害程度的评估可以有效地保证农作物产量，本节重新设计了新的模型结构来实现农作物病害程度评估任务。图2-9展示了农作物病害程度评估的模型结构，由于农作物病害程度的识别相比于农作物类别和农作物病害识别要困难，为此，我们采用ResNet结构来实现识别任务。需要注意的是，Layers-3模块作为Layers-4和ShuffleBlcok2共享的参数模块。

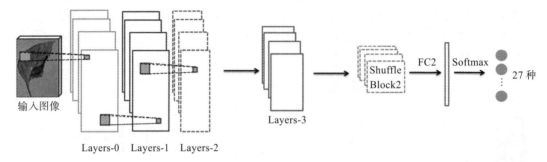

图2-8　农作物病害种类分支网络示意图

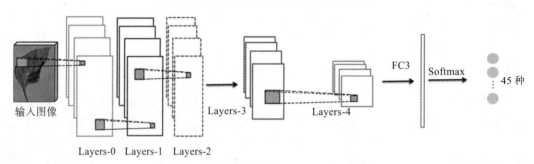

图2-9　农作物病害程度评估网络示意图

对于病害程度的估计，本研究将图像进行了5次降采样操作，所有Layers模块均采用预训练参数。最后一层全连接层共有45个神经元，分别对应着图2-9中的45个类别。对于病害程度的评估是一个很难完成的任务，即使在数据样本中，也存在许多模棱两可的样本。在训练的过程中，农作物病害程度评估分支也需要采用单独的优化器进行优化，而对于三个分支的参数共享部分需要进行冻结处理，以保证模型在训练的时候不受浅层神经元的影响。

（4）模型融合

前面分别论述了三个分支的基本结构，每个分支负责各自的任务，并且都有相应优化器进行优化。接下来，将描述如何把这三个分支融合为一个模型，实现端到端的可训练的多模型结构。这种将多个分支网络合并为一个功能和性能更加完善的新模型的方法即为多模型融合。

在实践中，采用多个单模型进行融合可以有效地提升性能，但是也存在相应的问题。如随着分支网络或子网络的数量越多，计算复杂度也相应增大，需要更高级的硬件资源支撑，且容易导致模型在测试时识别时间增加。

最简单的模型融合是均值法，直接将多个模型的结果取均值。而投票融合法则基于各个分支模型的输出结果，通过"少数服从多数"原则确定最终的融合结果。本节尝试采用多个分支网络实现多任务研究。

图 2-10 展示了本研究提出的多模型融合策略。该多模型融合框架可以实现端到端训练，避免了分开训练各个模块分别实现多任务识别。融合框架包含 5 个部分，共享参数层作为①，主要任务是对浅层网络进行特征提取；②是农作物病害和程度特征提取的公共部分；③表示农作物种类深层特征提取部分；④为农作物病害种类深层特征提取部分；⑤是三个分支网络的分类器部分。

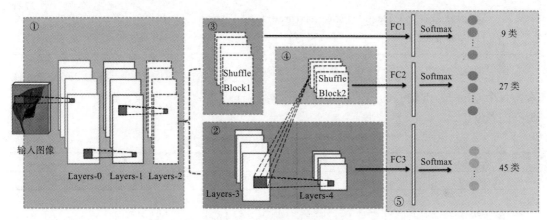

图 2-10　多模型融合示意图

在训练过程中，所有 ResNet 部分都采用了预训练参数，并且需要将三个分支网络的参数共享部分参数进行冻结，也就是不允许参数的更新。三个分支结构分别采用三个优化器进行优化，这样可以有效地避免训练过程中不稳定的情况。对于三个分支需要分别采用三个相同的损失函数来计算损失。详细的算法过程如算法 2-1 所示。

算法 2-1　多模型融合算法

多模型融合算法采用三个分支结构分别完成三个子任务，并利用迁移学习的方法对模型进行训练。假设训练样本为 $X^{(n)} = \{x_1, x_2, \cdots, x_n\}$，图 2-10 中①的参数为 $W_1(w_0, b_0)$，表示初始参数。分支 1 的参数为 $W_{\mathrm{branch1}}(w_0, b_0)$，分支 2 的参数为 $W_{\mathrm{branch2}}(w_0, b_0)$，分支 3 的参数为 $W_{\mathrm{branch3}}(w_0, b_0)$。假设当前迭代为 t，下一次迭代为 $t+1$，学习率为 α。

输入：经过数据增强的样本数据 $X'^{(n)}$，融合模型各个部分初始参数分别为 $W_1(w_0, b_0)$，$W_{\mathrm{branch1}}(w_0, b_0)$，$W_{\mathrm{branch2}}(w_0, b_0)$，$W_{\mathrm{branch3}}(w_0, b_0)$。

输出：对应样本的标签 $y_i = \{y_i^1, y_i^2, y_i^3\}$，$y_i \in (0,1)$。

训练：禁止更新参数 W_1，分别采用三个损失函数和优化函数，$\nabla J_i(\theta), i = 1, 2, 3$ 表示三个分支的梯度。

　　for $t = 1 \to m$：

　　　　判断模型是否收敛，如果收敛则退出，否则进行下一步参数更新；

计算交叉熵损失：$\text{loss}_i \leftarrow CE(\text{pred}^i, y^i), i=1,2,3$ ；

计算梯度：$\nabla J_i(\theta)$ ；

更新参数：

$$W_{\text{branch1}}(w_{t+1}, b_{t+1}) \leftarrow W_{\text{branch1}}(w_t, b_t) - \alpha \nabla J_1(\theta) ;$$

$$W_{\text{branch2}}(w_{t+1}, b_{t+1}) \leftarrow W_{\text{branch2}}(w_t, b_t) - \alpha \nabla J_2(\theta) ;$$

$$W_{\text{branch3}}(w_{t+1}, b_{t+1}) \leftarrow W_{\text{branch3}}(w_t, b_t) - \alpha \nabla J_3(\theta) ;$$

输出结果：$y_i = \text{Decode}\{\text{Soft max}(\text{pred}_i^j), j=1,2,3\}$ ；

打印中间结果。

表 2-3 给出了模型融合后的参数配置。在本研究中，输入图像全部调整为 256×256 像素，每个 mini-batch 输入的图像都经过数据增强处理，以扩充数据集，避免可能存在的过拟合问题发生。

表 2-3 多模型融合的网络参数配置

名称	输出大小	配置
Layers-0	$64 \times 64 \times 64$	Conv, BN, ReLU, Maxpooling
Layers-1	$256 \times 64 \times 64$	$\begin{bmatrix} 1\times1,64 \\ 3\times3,64 \\ 1\times1,256 \end{bmatrix} \times 3$
Layers-2	$512 \times 32 \times 32$	$\begin{bmatrix} 1\times1,128 \\ 3\times3,128 \\ 1\times1,512 \end{bmatrix} \times 4$
Layers-3	$1024 \times 16 \times 16$	$\begin{bmatrix} 1\times1,256 \\ 3\times3,256 \\ 1\times1,1024 \end{bmatrix} \times 6$
Layers-4	$2048 \times 8 \times 8$	$\begin{bmatrix} 1\times1,512 \\ 3\times3,512 \\ 1\times1,2048 \end{bmatrix} \times 3$
ShuffleBlock1	$2048 \times 8 \times 8$	Unit[①] $\times 3$
ShuffleBlock2	$2048 \times 4 \times 4$	Unit $\times 3$
FC1	9 种	
FC2	27 种	
FC3	45 种	

① "Unit" 表示 ShuffleBlock 模块。

3. 模型训练

（1）软硬件平台

本研究采用 PyTorch 深度学习框架，版本为 2017 年 1 月发布版。至今 PyTorch 已经发展成为继 TensorFlow 之后的第二大开源框架，深受视觉感知工作者的喜爱。

本研究主体算法实现部分全部采用 Python 语言，在 Windows Sever 2016 服务器上训练模型。所需硬件平台 CPU 为 2.20 GHz Xeon(R) CPU E5-2699 v4，双处理器，内存 128 GB，平台搭载两块 NVIDIA Tesla P100 图形处理器，32 GB 显存。

（2）超参数设置

基于多模型融合策略设计的端到端模型由于采用了多分支结构，可能会导致共享参数层的神经元在参数更新时不稳定。本系统采用迁移学习的策略，禁止模型的参数共享部分的参数更新，对各个网络分支通过单独的优化器进行优化。

在训练模型时，采用相同的训练策略，初始学习率设置为 0.001，经过 15 轮之后，将学习率调整为原来的 0.1 倍，每次训练的样本数据为 64，输入图像大小为 256×256 像素。

模型先采用 Adam 优化器优化获得第一次训练参数权重，然后利用 SGD 微调第一次获得的模型参数得到最终的参数权重。表 2-4 详细给出了在训练过程中超参数的配置问题。

表 2-4　超参数配置

优化器	超参数	配置
Adam	mini-batch	64
	初始学习率	0.001
	权重衰减	0.000 05
	Betas	（0.5, 0.999）
	Amsgrad	TRUE
SGD	初始学习率	0.000 1
	权重衰减	0.000 05
	动量	0.9

4. 实验结果与分析

农作物病害诊断结果

图 2-11 展示了采用多模型融合方法实现的分类结果图。实线部分表示训练集曲线，虚线部分表示验证集曲线。图中从左到右依次为农作物种类识别曲线、农作物病害种类识别曲线和病害程度评估识别曲线。

从训练曲线图可以发现设计的多模型融合方法在农作物种类和病害种类的识别上精度较高，基本都在 97% 以上，并且损失也降到比较小的值。对于病害程度的评估结果，分类精度接近 90%。从三个分支的训练结果可知，由于在模型设计的时候采用迁移学习和独立优化器，模型在完成端到端训练时没有出现不稳定现象。关于过拟合问题，在设计的模型中几乎没有出现，这样进一步说明了本例根据数据样本难易程度来设计每个分支的结构方法的优越性。从验证集的结果也可以明显地发现，农作物种类识别精度最高，然后是病害种类，最后是病害程度的识别。

为了详细地分析多模型融合方法对三个任务的分类情况，图 2-12 给出了每个分支预测各类别的情况。图 2-12a 是对 9 种农作物种类预测情况，该负责的农作物种类识别的分支达到了非常高的精度，所有的预测精度均超过了 97%，有的物种识别率已经达到 100% 的正确率。对于农作物病害种类的识别也有非常好的效果，可以看到，图 2-12b 中绝大部分病害的识别率都在 97% 以上，只有一个类别的精度不到 90%。图 2-12c 展示了第三个分支对病害程度的分类情况，从图中可以看出，病害程度的识别难易分布不均，有的类别的识别率已经达到 100%，而有的类别识别率只有 60% 左右。数据分布的不均匀性导致了模型训练时对不同的种类注意力程度不一致，为此最终得到的权重参数在少数类别预测时的精度较差。根据图 2-12 可知，有的类别数据较多，最多的可以达到 2000 多张。而有的类别数据只有几十张。分布不均是影响模型训练的主要问题，从图 2-12 中也可以看出，对于数据样本较少的类，对应的精度也相对差一些。

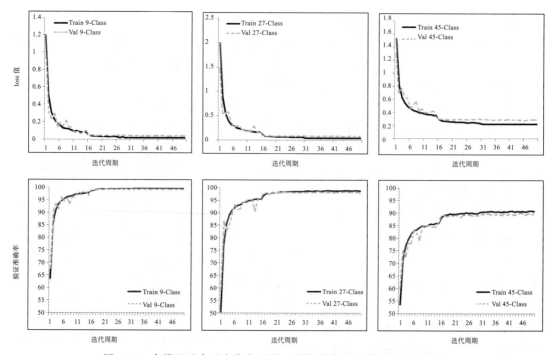

图 2-11   多模型融合对农作物种类、病害种类和病害程度识别结果

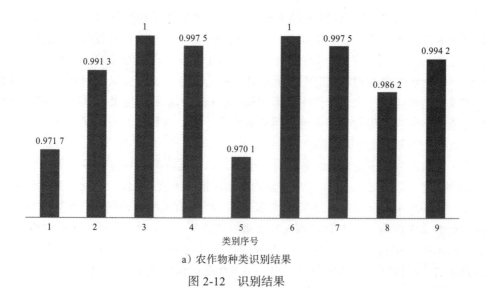

a）农作物种类识别结果

图 2-12   识别结果

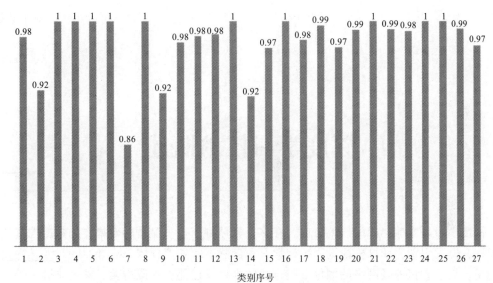

b）病害种类识别结果

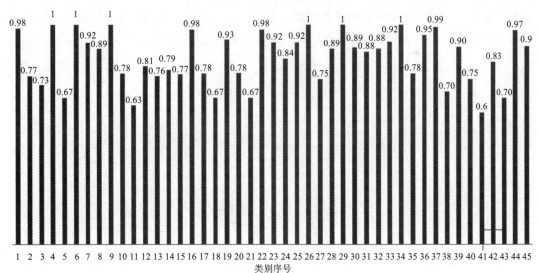

c）程度识别结果

图 2-12 识别结果（续）

2.4 本章小结

机器人智能视觉感知系统倾向于由传统的分步骤完成变成端到端的实现，由传统的单一功能变成多功能集成。本章介绍了典型的机器人智能视觉感知系统的组成，以及机器人智能感知的一些主要流程。在本章的最后，还介绍了若干机器人智能视觉感知的典型应用案例。

第 3 章

深度学习技术概述

深度学习是当前热门的研究方向，在多个领域都获得了显著的效果，如数据挖掘、语音识别、模式识别、计算机视觉、统计学习和自然语言处理领域（见图 3-1）。尤其需要注意的是，基于卷积神经网络的图像分类方法的准确率已能与人眼媲美，甚至略胜一筹。基于深度神经网络的语音识别技术的准确率最高可达 95%。另外对于基于深度神经网络的机器翻译技术，一些研究表明它的模型翻译效果可以达到接近人类的平均翻译水平。这些均说明深度学习技术不仅渗透到了各个领域，而且正逐渐成为各个领域的主流方法。

图 3-1　深度学习与相关领域

目前，在各种基础应用中都可以发现深度学习的身影，尤其是计算机视觉和自然语言处理领域。而在深度学习网络模型中，最为广泛应用的便是卷积神经网络和循环神经网络。特别是卷积神经网络，它在图像分类、目标检测和语义分割等任务上的各种表现都超过了很多传统方法，也逐渐成为该领域的主流方法。

3.1　全连接神经网络

传统神经网络大多属于全连接神经网络，其当前层的每一个节点都与下一层的所有节点相连，相连的节点通过需要训练的参数连接。如图 3-2 所示，全连接神经网络主要由输入层、隐含层、输出层组成，中间两层为隐含层，输入层有两个神经元节点，两个隐含层都含有三个节点，输出层也有两个节点。

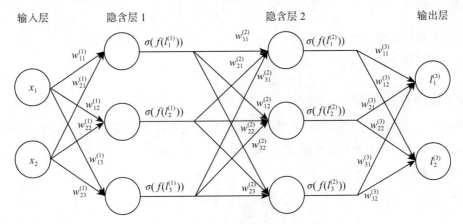

图 3-2　全连接神经网络

隐含层内部包括非线性激活函数，为了便于分析它的前向传播和反向传播过程，可以将激活函数分离出来，如图 3-3 所示。

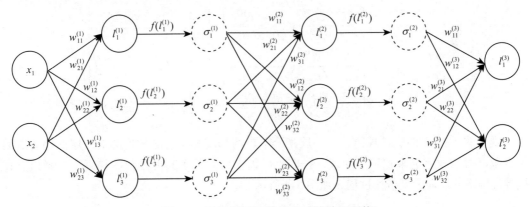

图 3-3　显示激活函数的全连接神经网络

图 3-3 中虚线圆圈代表经过激活函数得到的激活值。前向传播过程，输入为 x_1、x_2，经过第一个权重矩阵 $\boldsymbol{W}^{(1)}$ 后，得到 $l_1^{(1)}$、$l_2^{(1)}$、$l_3^{(1)}$，可以表达如下：

$$\begin{bmatrix} w_{11}^{(1)}, w_{21}^{(1)} \\ w_{12}^{(1)}, w_{22}^{(1)} \\ w_{13}^{(1)}, w_{23}^{(1)} \end{bmatrix} * \begin{bmatrix} x_1 \\ x_2 \end{bmatrix} = \begin{bmatrix} l_1^{(1)} \\ l_2^{(1)} \\ l_3^{(1)} \end{bmatrix} \tag{3.1}$$

其中 $w_{ij}^{(k)}$ 表示第 k 层中第 i 个节点到第 $k+1$ 层中第 j 个节点的权重。之后送入激活函数 $f(\cdot)$，得到三个激活值 $\sigma_1^{(1)}$、$\sigma_2^{(1)}$、$\sigma_3^{(1)}$，再经过权重矩阵 $\boldsymbol{W}^{(2)}$ 采用类似的矩阵运算，如式（3.2）所示，得到三个值 $l_1^{(2)}$、$l_2^{(2)}$、$l_3^{(2)}$：

$$\begin{bmatrix} w_{11}^{(2)}, w_{21}^{(2)}, w_{31}^{(2)} \\ w_{12}^{(2)}, w_{22}^{(2)}, w_{32}^{(2)} \\ w_{13}^{(2)}, w_{23}^{(2)}, w_{33}^{(2)} \end{bmatrix} * \begin{bmatrix} \sigma_1^{(1)} \\ \sigma_2^{(1)} \\ \sigma_3^{(1)} \end{bmatrix} = \begin{bmatrix} l_1^{(2)} \\ l_2^{(2)} \\ l_3^{(2)} \end{bmatrix} \tag{3.2}$$

基于同样的原理，将这三个值送入激活函数，得到的值经过权重矩阵 $\boldsymbol{W}^{(3)}$ 进行矩阵运算之后，得到最终的输出结果 $l_1^{(3)}$、$l_2^{(3)}$。

3.1.1　反向传播原理

神经网络反向传播广泛采用 BP 反向传播算法，下面将详细描述上述神经网络的反向传播原理。首先假设损失函数是输出 $l_1^{(3)}$、$l_2^{(3)}$ 的函数，$L = f(l_1^{(3)}, l_2^{(3)})$，$L$ 对 $l_1^{(3)}$、$l_2^{(3)}$ 的导数为

$$\frac{\partial L}{\partial l^{(3)}}\bigg|_{l^{(3)} = \begin{bmatrix} l_1^{(3)} \\ l_2^{(3)} \end{bmatrix}} = \begin{bmatrix} \dfrac{\partial L}{\partial l_1^{(3)}} \\ \dfrac{\partial L}{\partial l_2^{(3)}} \end{bmatrix} \tag{3.3}$$

$l_1^{(3)}$、$l_2^{(3)}$ 是关于 $\sigma_1^{(2)}$、$\sigma_2^{(2)}$ 和 $\sigma_3^{(2)}$ 的函数，根据数学中的导数链式法则，可求得 L 对 $\sigma_1^{(2)}$ 的梯度：

$$\frac{\partial L}{\partial \sigma^{(2)}}\bigg|_{\sigma^{(2)} = \begin{bmatrix} \sigma_1^{(2)} \\ \sigma_2^{(2)} \\ \sigma_3^{(2)} \end{bmatrix}} = \begin{bmatrix} \dfrac{\partial L}{\partial l_1^{(3)}} \cdot \dfrac{\partial l_1^{(3)}}{\partial \sigma_1^{(2)}} + \dfrac{\partial L}{\partial l_2^{(3)}} \cdot \dfrac{\partial l_2^{(3)}}{\partial \sigma_1^{(2)}} \\ \dfrac{\partial L}{\partial l_1^{(3)}} \cdot \dfrac{\partial l_1^{(3)}}{\partial \sigma_2^{(2)}} + \dfrac{\partial L}{\partial l_2^{(3)}} \cdot \dfrac{\partial l_2^{(3)}}{\partial \sigma_2^{(2)}} \\ \dfrac{\partial L}{\partial l_1^{(3)}} \cdot \dfrac{\partial l_1^{(3)}}{\partial \sigma_3^{(2)}} + \dfrac{\partial L}{\partial l_2^{(3)}} \cdot \dfrac{\partial l_2^{(3)}}{\partial \sigma_3^{(2)}} \end{bmatrix} = \begin{bmatrix} \dfrac{\partial L}{\partial l_1^{(3)}} \cdot w_{11}^{(3)} + \dfrac{\partial L}{\partial l_2^{(3)}} \cdot w_{21}^{(3)} \\ \dfrac{\partial L}{\partial l_1^{(3)}} \cdot w_{12}^{(3)} + \dfrac{\partial L}{\partial l_2^{(3)}} \cdot w_{22}^{(3)} \\ \dfrac{\partial L}{\partial l_1^{(3)}} \cdot w_{13}^{(3)} + \dfrac{\partial L}{\partial l_2^{(3)}} \cdot w_{23}^{(3)} \end{bmatrix} \tag{3.4}$$

观察式（3.4）的表达规律，上一层某个节点的梯度等于与之相连的下一层全部节点的梯度乘以对应权重的乘积和。同理，我们也可以求得 L 关于其他参数的梯度，并画出全连接神经网络的反向梯度传播过程，如图 3-4 所示。

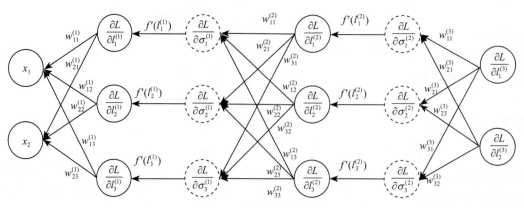

图 3-4　反向梯度传播图

根据反向梯度传播图，可以得到所需梯度，比如对 $\sigma^{(1)}$ 的梯度，如下所示：

$$\frac{\partial L}{\partial \sigma^{(1)}}\Big|_{\sigma^{(2)}=\begin{bmatrix}\sigma_1^{(1)}\\\sigma_2^{(1)}\\\sigma_3^{(1)}\end{bmatrix}} = \begin{bmatrix} \dfrac{\partial L}{\partial l_1^{(2)}} \cdot w_{11}^{(2)} + \dfrac{\partial L}{\partial l_2^{(2)}} \cdot w_{21}^{(2)} + \dfrac{\partial L}{\partial l_3^{(2)}} \cdot w_{31}^{(2)} \\[2mm] \dfrac{\partial L}{\partial l_1^{(2)}} \cdot w_{12}^{(2)} + \dfrac{\partial L}{\partial l_2^{(2)}} \cdot w_{22}^{(2)} + \dfrac{\partial L}{\partial l_3^{(2)}} \cdot w_{32}^{(2)} \\[2mm] \dfrac{\partial L}{\partial l_1^{(2)}} \cdot w_{13}^{(2)} + \dfrac{\partial L}{\partial l_2^{(2)}} \cdot w_{23}^{(2)} + \dfrac{\partial L}{\partial l_3^{(2)}} \cdot w_{33}^{(2)} \end{bmatrix} \tag{3.5}$$

该操作省掉了中间烦琐的求解过程，通过表达式直接表达结果。另外，求取损失函数对权重 W 的导数时，结合图 3-2 和图 3-3，可以使求取过程大大简化，如损失函数 L 对 $W^{(3)}$ 的导数如式（3.6），最后将权重梯度代入梯度下降公式中，就可以更新权重参数，不断优化全连接神经网络。

$$\frac{\partial L}{\partial W^{(3)}}\Big|_{W^{(3)}=\begin{bmatrix}w_{11}^{(3)},w_{12}^{(3)}\\w_{21}^{(3)},w_{22}^{(3)}\\w_{31}^{(3)},w_{32}^{(3)}\end{bmatrix}} = \begin{bmatrix} \dfrac{\partial L}{\partial l_1^{(3)}} \cdot \dfrac{\partial l_1^{(3)}}{\partial w_{11}^{(3)}}, \dfrac{\partial L}{\partial l_2^{(3)}} \cdot \dfrac{\partial l_2^{(3)}}{\partial w_{12}^{(3)}} \\[2mm] \dfrac{\partial L}{\partial l_1^{(3)}} \cdot \dfrac{\partial l_1^{(3)}}{\partial w_{21}^{(3)}}, \dfrac{\partial L}{\partial l_2^{(3)}} \cdot \dfrac{\partial l_2^{(3)}}{\partial w_{22}^{(3)}} \\[2mm] \dfrac{\partial L}{\partial l_1^{(3)}} \cdot \dfrac{\partial l_1^{(3)}}{\partial w_{31}^{(3)}}, \dfrac{\partial L}{\partial l_2^{(3)}} \cdot \dfrac{\partial l_2^{(3)}}{\partial w_{32}^{(3)}} \end{bmatrix} = \begin{bmatrix} \dfrac{\partial L}{\partial l_1^{(3)}} \cdot \sigma_1^{(2)}, \dfrac{\partial L}{\partial l_2^{(3)}} \cdot \sigma_1^{(2)} \\[2mm] \dfrac{\partial L}{\partial l_1^{(3)}} \cdot \sigma_2^{(2)}, \dfrac{\partial L}{\partial l_2^{(3)}} \cdot \sigma_2^{(2)} \\[2mm] \dfrac{\partial L}{\partial l_1^{(3)}} \cdot \sigma_3^{(2)}, \dfrac{\partial L}{\partial l_2^{(3)}} \cdot \sigma_3^{(2)} \end{bmatrix} \tag{3.6}$$

3.1.2 全连接神经网络的缺点

全连接神经网络存在明显的缺点：

①全连接神经网络的参数量庞大，不仅导致生成的模型占据较大的空间，同时也需要大量的运算。

②全连接网络不利于处理高维数据，对于 RGB 图像来说，它是三维数据，但全连接网络会把它拉成一维数据来运算，忽略了像素间的重要空间信息，无法利用与形状有关的信息。

③现在大多数检测和分割任务，没有必要提取全图的所有像素特征，仅需提取感兴趣物体的感受野区域特征。尤其对于小目标物体来说，由于它的感受野很小，我们只需要提取这个物体的感受野特征；否则，提取全局特征会导致大量无用的背景特征掺杂在有用特征中，最终直接导致无法识别出物体。

3.2 卷积神经网络及其应用

卷积神经网络作为当前深度学习的主要内容之一，主要用于图像的理解，实现对特定类别的分类任务。如 ImageNet 公共数据集上面有 1000 个类，卷积神经网络通过在训练集上学习可以完成对 1000 个类的识别任务。基于卷积神经网络的模型还可以对图像进行语义分割，如完成街景分割、全场景分割、医学图像处理等任务。在这些众多的任务中，目标检测是一个重要的应用，目前比较流行的主要是一阶检测网络和二阶检测网络。

　　卷积神经网络在图像识别领域取得的显著成效，使得深度学习得以在更加广泛的场景中应用。目前，深度学习已经广泛应用到人脸识别、无人驾驶、光学字符识别、遥感影像处理、医学图像处理等众多领域。目前几乎大部分领域都开始采用深度学习方法来解决问题，当今社会正处于大数据时代，大量的数据为深度学习的应用提供了支撑和保证。

3.2.1　神经网络的基本运算

1. 卷积操作

　　深度学习中的卷积不同于在数学定义中的卷积运算。在数学定义中，卷积是两个实函数之间的一种数学运算，而深度学习中定义卷积表示将一个卷积核通过滑动的形式，分别与对应在图像区域上的像素值进行点乘，然后把点乘得到的新区域中的所有元素相加作为新特征图的元素。图像上的卷积核可以看成是滤波器，按照从左到右、从上到下的顺序分别对图像进行卷积，得到新的特征图，如图 3-5 所示，其中卷积核为 3，步长为 3，无填充。卷积之后得到的特征图尺寸大小为

$$\text{output\_size} = (w - k + 2*p) / s + 1 \tag{3.7}$$

其中，w 表示输入的尺度大小，k 表示卷积的大小，p 表示填充的像素个数，s 表示卷积核的步长。通过式（3.7）可以算出经过卷积运算之后得到的新特征图尺寸大小。

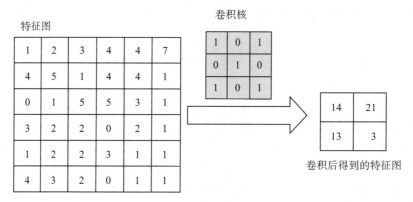

图 3-5　卷积操作示意图

　　在网络模型对图像的特征提取过程中，特征图的通道数会不断增加。如图 3-6 所示，特征图通常具有多个通道，有多达上千个通道组成的特征图块。在卷积操作过程中，每个卷积核负责一个特征图的特征提取，即卷积核的数量和特征图的数量相同。因此，需要若干个卷积核来完成整个卷积运算过程。

　　实际应用中，研究者经常会采用卷积操作来实现特征图维度的变换。原始输入数据通常为 RGB 3 个通道的彩色图像，在经过卷积运算进行特征提取的同时也会进行维度的变换。一般都是先将维度提升，然后经过隐含层将维度转变为需要的通道数。卷积层有几个

超参数需要自己设定，主要为输入输出层的维度、卷积核大小、步长、填充大小等。根据式（3.7）可以准确地算出输出特征图的大小。图 3-7 展示了经过卷积层后输入和输出层之间的关系，可以表达式为

$$y = \sum\sum(wx + b) \tag{3.8}$$

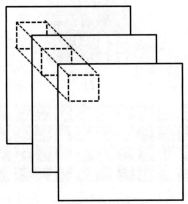

图 3-6　多个卷积核卷积运算示意图

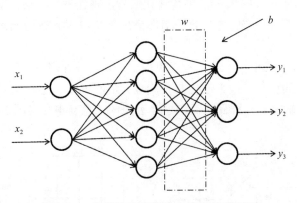

图 3-7　卷积神经网络输入输出的关系图

其中，w 表示权重参数，b 表示偏置参数，x 和 y 分别表示输入和输出的特征图。从图 3-7 可以看出，卷积层可以有效地对特征图的维度进行处理。图 3-8 展示了在植物叶片上采用 3×3 卷积层作用的结果，将 RGB 图像升维至 64 维。

基于 CNN 的网络模型不断发展，有一些研究开始提出不一样的卷积来完成特定的任务。比如分组卷积（Group Convolution）、点卷积（Pointwise Convolution）以及空洞卷积（Atrous Convolution）或扩张卷积（Dilated Convolution）等。

2. 池化

池化（Pooling）层是神经网络结构中重要的一个部分。在神经网络中，池化层可以近似认为是降采样或者欠采样的过程。池化层的加入可以简化模型的计算复杂度、降低特征

维度、去除冗余信息、降低参数、防止过拟合等。经过池化层后可以减小特征图的尺寸大小，为此在下一层卷积中可以降低计算复杂度。在实际设计模型时，设计人员一般采用以下两种池化操作：

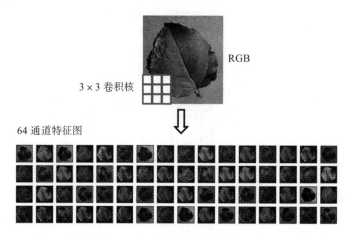

RGB

3×3 卷积核

64 通道特征图

图 3-8 3×3 卷积核作用在植物叶片上的结果

①平均池化（Average Pooling）。平均池化通常出现在神经网络模型的后端。平均池化与均值滤波器类似，通过一个特定的算子对图像取平均以得到新的元素。具体的运算如图 3-9a 所示。

②最大池化（Max Pooling）。在分类模型中，一般会放在网络的浅层，提取特征值最大的神经元作为下一层的输入。最大池化与平均池化的不同是，它只是利用一个区域内的元素值最大的单元作为输出。这样做法简单但是丢失的信息会很多。图 3-9b 给出了最大池化的运算过程。

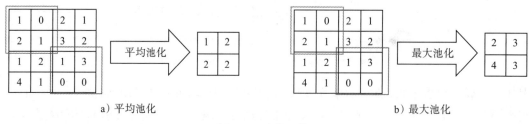

a）平均池化 b）最大池化

图 3-9 池化运算

为了形象地展示池化层在图像处理中的结果，图 3-10 展示了最大池化层在植物叶片上的作用效果，图 3-10b 在图 3-10a 的基础上进行最大池化操作。我们可以看出，最大池化层对特征图中的一些感兴趣区域会更加明亮。

3. 全连接层

全连接（Fully Connected，FC）层在整个网络中负责对前面提取的特征整合，实现目标分类任务。经过 FC 层输出之后，需要经过 softmax 函数将特征映射到 0-1 范围内，这样便形成了对类别的识别，只要找到值最大的神经元所在的索引就可以找到对应类别的概率。
该类别的概率越大，表示越有可能是该类别。

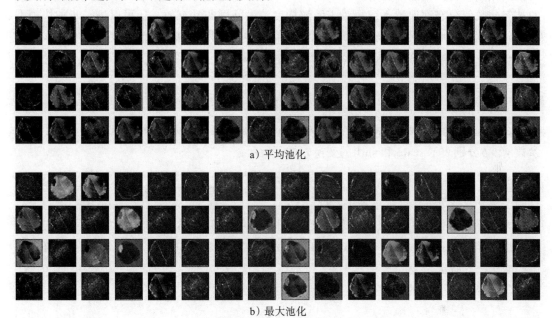

a）平均池化

b）最大池化

图 3-10　池化层作用在植物叶片特征图上的结果

对于卷积层来说，主要是将输入的图像从数据层映射到隐含层，通过适当地增加隐含
层的网络层数可以提取图像的重要特征；FC 层则是将前面隐含层提取的特征映射到数据标
记空间完成分类任务。但是全连接层有个很大的缺陷就是容易导致训练参数的冗余。为此，
很多优秀的分类网络都采用全局池化来减少参数，然后再经过 softmax 映射到 0-1 范围内。
softmax 映射可以表达为

$$p_i = \frac{y_i}{\sum\limits_{j} y_j} \tag{3.9}$$

其中，y_i 表示在 FC 层的第 i 神经元的输出，p_i 表示第 i 个单元经过 softmax 后输出的概率，
一般将概率的最大值作为预测值。

4. BN

BN（Batch Normalization）是 Ioffe 等 [17] 在 2015 年提出的一种重要的优化方法，BN
的主要目的就是让每一层的神经元都能够保证相同分布的输出。BN 的这一个特性可以使得
模型训练收敛的时间缩短，有效地避免过拟合等问题。

网络越深，收敛的速度越慢，性能也可能会变得更差。这主要是在模型训练过程中，
深层神经元的数值分布逐渐发生了偏移，数据分布基本都在上下限两端，对于一些特殊的
激活函数（如 Sigmoid 函数），神经元经过激活之后，大部分神经元的数值都分布在两端，

导致在反向传播的过程中梯度消失。这也是为什么训练到后期时，越深的网络越难以训练的重要原因。在激活函数之后采用 BN 可以将分布偏移拉回正常的范围之内，使得每一层的神经元数值分布都保持不变，对于缓解梯度消失问题非常有效，还可以进一步加快模型的收敛速度。一般都是将数据重新拉回到均值为 0 方差为 1 的分布，假设每一层输入数据 $x = \{x^1, x^2, \cdots, x^d\}$ 有 d 个维度，那么在 BN 通过式（3.10）来实现分布的改变。

$$\hat{x}^k = \frac{x^k - E(x^k)}{\sqrt{V(x^k)}} \tag{3.10}$$

其中，$E(\cdot)$ 表示均值，$V(\cdot)$ 表示方差。为了防止神经元表达能力下降，BN 采用了两个调节参数 γ 和 β 分别表示 scale 和 shift 的变换，如下所示：

$$y^k = \gamma^k x^k + \beta^k \tag{3.11}$$

这两个调节参数可以在训练过程中习得。

在实际训练过程中，由于计算资源的限制，一般采用 mini-batch 的输入方式。假设每次训练的样本有 m 个，则 $\chi = \{x_1, x_2, \cdots, x_m\}$ 表示每次训练输入的样本。那么 BN 在训练过程中的变化如下所示。

①求得 m 个数据的均值：

$$\mu_\chi = \frac{1}{m} \sum_{i=1}^{m} x_i \tag{3.12}$$

②求 m 个数据的方差：

$$\sigma^2_\chi = \frac{1}{m} \sum_{i=1}^{m} (x_i - \mu_\chi)^2 \tag{3.13}$$

③归一化处理：

$$\hat{x}_i = \frac{x_i - \mu_\chi}{\sqrt{\sigma^2_\chi + \varepsilon}} \tag{3.14}$$

ε 是一个非常小的常数，其目的是防止分母为 0 的情况发生。

④学习两个调节参数：

$$y_i = \gamma \hat{x}_i + \beta \tag{3.15}$$

上述是 BN 在训练过程中实现的基本过程，通过采用 BN 可以有效地缓解过拟合问题，加快收敛的速度。另外适当地采用较大学习率也可以提升模型的收敛速度。在实际的应用过程中，采用 BN 训练还可以提升模型的精度。

3.2.2 神经网络的常用函数

激活函数也称为激励函数（Activation Function），是作用在两个神经元之间的函数，可以增加模型的非线性。在神经网络中，非线性模型可以学习非常复杂的任务。对于线性模型，不管有多少层神经元，最终还是可以通过线性变换得到。为此，这样的网络不具有强表达能力，在后向传播的过程中，梯度会保持不变，因此也无法采用梯度下降法等优化方法来训练模型。

目前用到的激活函数有很多，主要为 Sigmoid 函数、tanh 函数、ReLU 函数以及一些改进的激活函数等。实际应用中，神经网络模型需要学习的数据样本空间大多是线性不可分的问题。为此，需要引进激活函数来增加模型的非线性特性。

1. Sigmoid 函数

Sigmoid 函数性质和真实生物神经元相似。根据式（3.16）可知，该函数处处可微，严格单调递增，并且以点 $(0,0.5)$ 为中心对称点，如图 3-11 所示。

$$f(x) = \frac{1}{1+\mathrm{e}^{-x}} \tag{3.16}$$

图 3-11 给出 Sigmoid 函数在区间 [−5, 5] 内的函数变换曲线图，可以得到函数值的负无穷极限为 0，正无穷极限值为 1，$x \in [-5,5]$ 之间该函数表现较好，可以作为激活函数。但是当 x 在区间 $(-\infty,-6)\cup(6,+\infty)$ 时，Sigmoid 函数的值随 x 的变换很小，并且函数两端的导数基本趋向于 0，这一特性导致深层的神经元出现梯度值极小的现象甚至消失。根据数学求导运算，可以求出 Sigmoid 函数的导数形式：

$$f'(x) = f(x)(1-f(x)) \tag{3.17}$$

$$\lim_{x \to \infty} f'(x) = 0 \tag{3.18}$$

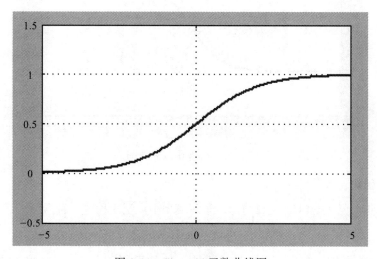

图 3-11　Sigmoid 函数曲线图

显然，当 x 趋于无穷大时，$f(x)$ 的值趋向于 0，为此 $\lim_{x \to \infty} f'(x)$ 的极限也为 0。即便在实际中 x 的值不会无穷大，但是 $f'(x) < 1$，因此对于深层网络，在反向传播的过程中，也会因为网络的深度太深，导致梯度消失，因为若干小于 1 的数相乘，其值必定非常小。因此，Sigmoid 函数不是最佳的激活函数。

2. tanh 函数

tanh 也是一种经常采用的激活函数，性质和 Sigmoid 有点类似。式（3.19）是 tanh 的表达式，tanh 函数是关于原点中心对称的函数，处处可微。

$$f(x) = \frac{1 - e^{-2x}}{1 + e^{-2x}} \tag{3.19}$$

根据图 3-12 可知，tanh 函数上点的均值为 0，相比于 Sigmoid 函数，tanh 激活函数使得模型可以更快地收敛。从图 3-12 可知，tanh 曲线在输入值趋于正负无穷大的时候，会导致模型出现和 Sigmoid 函数一样的情况，因此梯度消失问题依旧存在。

为了更好地解释 tanh 梯度消失问题，从数学表达式上进行解释。式（3.19）求导可得：

$$f'(x) = 1 - f^2(x) \tag{3.20}$$

$$\lim_{x \to \infty} f'(x) = \lim_{x \to \infty}(1 - f^2(x)) = 0 \tag{3.21}$$

根据式（3.20）和式（3.21）可知，当 x 的取值趋于无穷大时，tanh 函数的导数便会趋于 0，为此，tanh 对于深层网络结构也不是很合适。

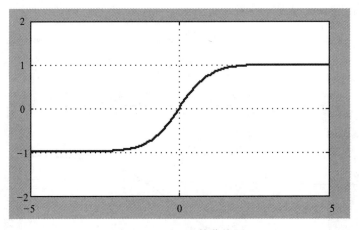

图 3-12 tanh 函数曲线图

3. ReLU 函数

非线性修正单元（ReLU）是目前深度学习模型中广泛应用的一种激活函数。

$$f(x) = \max(0, x) \tag{3.22}$$

根据图 3-13 可知，ReLU 函数在 $x \neq 0$ 处，处处可微。与 Sigmoid 和 tanh 不同的是，ReLU 在 $x>0$ 的时候，函数导数不会很小，因此在经过深度网络中的隐含层时，梯度基本不会消失。另外，ReLU 函数简单，使得模型计算效率提升。在实际应用中，ReLU 在网络中的性能要比 Sigmoid 和 tanh 好。虽然在 $x=0$ 处，ReLU 不可导，但是采用随机梯度下降法对模型进行训练的过程中，梯度为 0 的情况基本不会发生。

如图 3-13 所示，ReLU 明显的缺点就是关于原点不对称，当 x 分布在负半轴的时候，输出总是 0，导致训练参数每次更新时都是 0，这就是神经元"死亡"的现象。神经元一旦"死亡"，将无法被激活，因为任何数与 0 相乘都是 0。

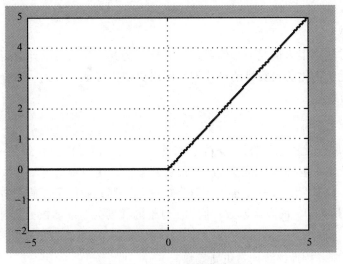

图 3-13　ReLU 函数曲线图

针对上述的一些缺点，目前有很多学者提出来了一些改进的 ReLU 激活函数，有针对 x 落在负半轴问题改进的 Leaky-ReLU，也有人提出来一种处处可微的 ELU 激活函数。

4. 损失函数

损失函数（Loss Function）是表达网络模型的预测值与真实值之间误差的一种函数，损失值越小表示网络模型具有更高的鲁棒性。

熵表示系统的混乱程度，熵值越小，就表示该系统越稳定，反之则表示该系统越不稳定。在神经网络中，采用的交叉熵损失函数主要是用来衡量模型训练的性能，让模型输出的结果和标签之间的熵值达到最小，就表示该模型的性能最好。

$$C = \frac{1}{n}\sum_{i=1}^{n} y\log(1-\hat{y}) + (1-y)\log(1-\hat{y}) \qquad (3.23)$$

式（3.23）是交叉熵的基本公式，假设样本的个数有 n 个，每个样本对应的标签为 0 或者 1，y 表示每个样本的标签，$\hat{y}$ 表示模型输出的概率。

对于多分类任务，采用交叉熵函数需要经过 softmax 激活函数将预测的值归一化在 0 到 1 之间。比如模型需要预测的类别数为 m 个类，那么对应的标签为 $0,1,2,\cdots,m-1$，根据 softmax 公式：

$$q(x_i) = \frac{\mathrm{e}^{-x_i}}{\sum_{i=1}^{m} \mathrm{e}^{-x_i}} \qquad (3.24)$$

模型的输出层通过 softmax 函数将输出的值转换为概率，范围在 0 到 1 之间，使得每一个类别都有一个对应的概率值，并且所有类别的值相加之和为1，因此，可以认为经过softmax函数作用之后，输出层的值就是每个类的概率值，概率值越大表示该类的可能性越大。

5. 优化函数

深度学习方法在很多情况下都需要进行优化，为此，就需要设计适当的优化器来实现神经网络的优化。优化的主要目的是让神经网络更快更好地学习到一组合适的参数，来显著地降低损失函数。

（1）随机梯度下降

在深度学习中，经常采用梯度下降法来优化模型，使得模型收敛在一个梯度最小点。它是通过随机给定一组参数，经过多次迭代更新参数，使得每次更新参数之后的梯度比上一次小。如图3-14所示，展示了梯度下降法的优化过程，我们可以假设需要优化的函数为 $y = f(x)$，$f(x)$ 是关于 x 的高次函数，假设 t 时刻的梯度为 k_t，参数更新时，模型在 $t-1$ 时刻的梯度为 k_{t-1}，显然 $k_t < k_{t-1}$，所以模型在参数更新时需要向右更新。同理，在时刻 $t+1$ 时，梯度继续下降，因此继续向右更新参数。

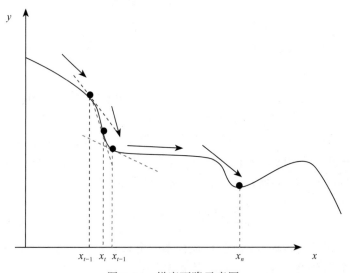

图3-14 梯度下降示意图

梯度下降算法需要人为设定参数更新的幅度，这个变换幅度就是常说的学习率（Learning Rate，LR）。一般学习率不能太大也不能太小。太大会导致训练模型参数更新时参数幅度变化太大，从而导致模型震荡，出现不收敛现象。而如果学习率太低，就会使得模型更新参数的速度太慢，模型收敛的时间会很长。梯度下降可以表示为

$$\hat{\boldsymbol{\theta}} = \boldsymbol{\theta} - \alpha \nabla_{\boldsymbol{\theta}} J(\boldsymbol{\theta}) \tag{3.25}$$

其中，$\boldsymbol{\theta}$ 表示参数矩阵，α 表示学习率，$J(\boldsymbol{\theta})$ 表示损失函数。

由于计算资源的限制，在训练的过程中，不太可能将所有的数据一次性放进模型训练。为此，训练时经常采用 mini-batch 梯度下降法。它不同于普通的梯度下降法，在每次输入模型中的数据都采用固定数量，计算出损失就立即后向传播，并不是等所有的数据都输入后才进行后向传播。

假设每次输入神经网络的数据为 $\{x_0,x_1,\cdots,x_{B-1}\}$，损失函数为 $J(\boldsymbol{\theta})$，那么式（3.25）可以写成：

$$\hat{\boldsymbol{\theta}} = \boldsymbol{\theta} - \alpha\nabla_{\boldsymbol{\theta}}J(\boldsymbol{\theta};x^{(i:i+B)};y^{(i:i+B)}) \tag{3.26}$$

SGD 优化方法虽然可以得到较好的训练精度，但是 SGD 训练的时候，收敛慢，容易进入鞍点，在鞍点附近来回摆动。另外，选择合适的学习率也是优化模型的关键。

（2）自适应矩估计

Adam（Adaptive Moment Estimation）是一种更加高效的模型优化方法。上一节阐述了 SGD 需要人为地调整学习率，Adam 优化器改进了这一点，它通过矩估计来自动地调整模型参数更新过程中的步幅，更加高效地更新模型的参数。

在采用 Adam 优化器的时候，我们需要手动设置训练开始的 LR 为 α，一阶矩估计的指数衰减率 β_1，二阶矩估计的指数衰减率 β_2。假设梯度为 $g_t = \nabla_{\boldsymbol{\theta}}f(\boldsymbol{\theta})$。

①一阶矩估计：$m_t = \beta_1 m_{t-1} + (1-\beta_1)\cdot g_t$

②二阶矩估计：$v_t = \beta_2 v_{t-1} + (1-\beta_2)\cdot g_t^2$

③一阶矩估计校正：$\hat{m}_t = m_t \big/ {1-\beta_1^t}$

④二阶矩估计校正：$\hat{v}_t = v_t \big/ {1-\beta_2^t}$

⑤参数更新：$\theta_t = \theta_{t-1} - \alpha\cdot\dfrac{\hat{m}_t}{\sqrt{\hat{v}_t}+\varepsilon}$（$\varepsilon$ 表示非常小的数，防止分母出现 0 的情况）

采用 Adam 优化器，可以有效地减少内存的使用，对于大规模数据和参数优化问题比较实用。Adam 相对于 SGD 的优势比较明显，第一就是训练速度快，能够在较短的时间内使模型收敛；第二就是人为参与调节的参数较少。但是，从最终模型的精度来看，Adam 训练的模型的精度要比 SGD 优化器的精度稍微低一些。为此，在训练过程中，都是先采用 Adam 进行优化，然后采用 SGD 进行微调模型，这样可以得到一个较为理想的效果。

6. Dropout 机制

随着网络的加深，网络的参数越来越多，导致网络更容易发生过拟合的情况。网络过拟合的特点主要表现为随着训练的不断进行，网络在训练集上的准确率越来越高，在验证集上的准确率反而降低了。为了避免过拟合情况的发生，人们在网络中引入了 Dropout[48] 技术，Dropout 的核心思想是，在神经网络的训练过程中，按照事先设定的概率随机地将一些神经元的输出置为 0，未选中的神经元的输出保持不变，但是保证整体的连接保持不变，通过这种方法达到一种去除部分神经元的效果，其原理效果图如图 3-15 所示。

Dropout 防止过拟合的机制原理大致有以下两点，第一是 Dropout 被一些研究者认为其与机器学习中的 Bagging 方法 [49] 类似，因为网络每一次都是随机去除一些神经元，这样每一次的训练都会生成不一样的模型，而最后应用在测试集的预测过程中，相当于每个神经元的输出都会乘以一个随机概率值，所以最后的推理结果可以看成是多个模型融合之后的结果，其可信度更高一些。第二是对输入的数据引入了噪声干扰，主要是由于在训练生成模型的阶段随机地将一部分的输出设置为零，这可以看成一定程度上的数据增强，也可用来规避过拟合发生的风险。

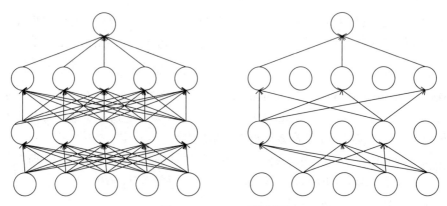

图 3-15　Dropout 机制图

3.2.3　模型融合

在机器学习中，模型的鲁棒性可以通过模型融合的方法来提升，主要有投票（Voting）、取平均（Averaging）、Bagging、Boosting 和 Stacking 等几种方法。其中最常用的就是投票和取平均，一般对于分类问题，采用投票的方法比较有效，而回归问题则采用取平均的方法较好。

机器学习中的很多融合方法都是可以用来提升深度学习模型的总体性能的，DL 模型融合包括对结果的融合和特征级别的融合。对于预测结果的融合可以是投票和取平均的方法；特征级别的融合可以通过不同模型分支来实现特征的提取，进而实现模型特征级别的融合。

1. 预测结果的融合

提升深度学习模型性能的一个重要方法就是通过多个模型的预测结果来实现融合，可以是加权平均法也可以是投票等方法。

假设一组训练数据集为 $X^{(n)} = \{x_1, x_2, \cdots, x_n\}$，将 m 个模型分别对数据集进行学习，得到训练参数 $W^{(m)} = \{w_1, w_2, \cdots, w_m\}$。假设测试集为 $Y^{(q)} = \{y_1, y_2, \cdots, y_q\}$，那么在测试集上预测的结果为

$$P^{(q)} = WY \tag{3.27}$$

其中，$P = \{p_1, p_2, \cdots, p_q\}$ 为测试集上每个样本预测的概率，那么对于 m 个模型就会预测得到

m 组结果，然后进行加权平均。假设权系数为 $\lambda^{(m)}=\{\lambda_1,\lambda_2,\cdots,\lambda_m\}$，那么有

$$\sum \text{pred}^{(m,q)} = \sum \lambda^{(m)} P^{(q)} \qquad (3.28)$$

$$R^{(q)} = \frac{1}{m} \sum \text{pred}^{(m,q)} \qquad (3.29)$$

式（3.28）和式（3.29）就是加权平均模型的基本计算方法。

对于投票法，同样假设采用 m 个模型进行投票，每个模型都会在测试集 $Y^{(q)}$ 上预测出一个结果，然后采用少数服从多数的原则对每个样本进行投票产生最终的预测结果。

2. 特征级别的融合

深度学习特征级别的融合主要包含两种方法，一种是逐位点相加法（Point-Wise Addition），另一种是向量拼接法（Concatenate）。深度学习模型中最常见的 ResNet 和 DenseNet 两个网络结构就分别采用了逐位点相加法和向量拼接法。

（1）逐位点相加法

逐位点相加法可以简单地理解为两个向量之间的元素相加，如图 3-16 所示，假设两个向量分别为 v_1 和 v_2，其中 $v_1 \in \mathbb{R}^n$，$v_2 \in \mathbb{R}^n$。那么按逐位相加法可以得到新的向量 v，其中 $v \in \mathbb{R}^n$。

$$v = v_1 + v_2, \quad v = \{v_1[i] + v_2[i], i \in [0, n-1]\} \qquad (3.30)$$

根据式（3.30）可知，逐位点相加法可以改变向量中元素的灰度值，但是不会改变向量的维度。

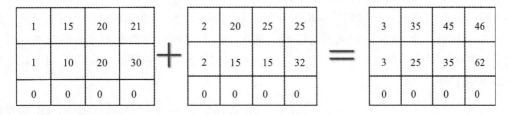

图 3-16 逐位点相加法

ResNet 模型设计的残差结构，通过相同维度的特征图相加的方法来实现短连接，有效地抑制了梯度消失问题。在下采样过程中，ResNet 通过线性变换将维度调整为相同的维度，然后再进行相加操作。因此式 (3.30) 可以改为

$$v = Wv_1 + v_2, v_1 \in \mathbb{R}^m, Wv_1 \in \mathbb{R}^n, v_2 \in \mathbb{R}^n \qquad (3.31)$$

其中，m 为 v_1 进行线性变换之前的维度，通过 W 将 v_1 的维度调整为与 v_2 一致的维度，然后进行逐位点相加。在深度学习模型中，W 一般可以通过卷积层将输入特征图的维度进行降维或者升维。为了减少引入的卷积层参数量，一般采用 1×1 的卷积核。

（2）向量拼接法

向量拼接法是更加常用的实现特征融合的方法，典型的网络有 Inception 系列、

DenseNet 模型等。在 Inception 结构中，利用不同卷积核来实现不同感受野的提取，然后通过 Concatenate 运算将不同特征图拼接到一起。DenseNet 模型则是通过密集连接型的方法重复利用前面的特征图，然后将这些特征图拼接到一起。

对于向量拼接法，可以假设两个向量分别为 v_1 和 v_2，其中 $v_1 \in \mathbb{R}^n, v_2 \in \mathbb{R}^m$。那么拼接成向量为

$$v = [v_1, v_2], v \in \mathbb{R}^{n+m} \tag{3.32}$$

根据公式（3.32）可知，拼接成的新向量的维度是 v_1 和 v_2 两个维度之和。在深度学习模型中，如果采用向量拼接法，需要保证两个向量之间的特征图的尺寸大小一致，否则无法进行拼接。

3.2.4 循环神经网络

循环神经网络（Recurrent Neural Network，RNN）是不同于 CNN 的一类神经网络结构，它主要是用来处理与序列有关的数据，CNN 网络虽然对图像等数据有很强的特征挖掘能力，但用在处理序列数据或上下文有关的数据 NN 上就有点能力不足。例如在文本识别中，需要预测字符串中已知字符的后面一个字符是什么，对于文本识别来说，我们把文本看成从左到右的一种序列，预测它的下一个字符时需要用到预测字符前面的字符，因为 RNN 在处理一个序列时当前的输出与前面的输出有关。RNN 网络会对前面的信息保持记忆，并将其应用到当前输出的计算中，它的这种功能是靠在前向神经网络的基础上加入隐含层到隐含层的信息传递回路实现的，隐含层的输入不仅需要当前输入层的输入，还需要上一时刻隐含层的输出，因此一个时刻的输出包含了之前的历史信息。普通前向神经网络只能完成一对一的映射，而 RNN 中输入的是序列，输出的也是序列，它能够构建多种非线性映射关系，例如一对多、多对一、多对多关系，因而它更加灵活，应用也十分广泛。图 3-17 是 RNN 的结构图。

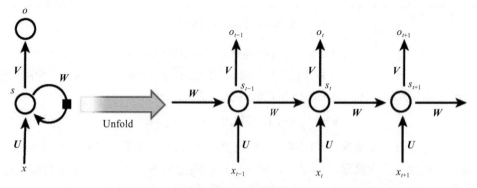

图 3-17　RNN 结构图

1. RNN 的前向传播

与 CNN 类似，RNN 主要由输入层、隐含层、输出层组成，其中隐含层中的每个节点

是全连接的，图 3-17 中右边是 RNN 隐含层按时序的展开图。$t-1$、t、$t+1$ 是输入序列的时序，x 表示输入层的输入，s_t 表示 t 时刻隐含层的激活值，U 表示输入层到隐含层的权重矩阵，W 是隐含层到隐含层的权重矩阵，V 表示隐含层到输出层的权重矩阵，o 表示输出层的输出。

在 $t=1$ 时刻，网络还未开始运行，初始化 $s_0=0$，采用随机正态分布初始化权重矩阵 U、W、V，t 时刻隐含层的激活值 s_t，输出的激活值 o_t 如式（3.34）所示。其中 f 是激活函数，可以是 tanh、ReLu、Sigmoid 等函数，g 一般是多分类 softmax 函数。

$$s_t = f(Ux_t + Ws_{t-1}) \tag{3.33}$$

$$o_t = g(Vs_t) \tag{3.34}$$

可以看出，RNN 与普通神经网络的不同是隐含层多了一个权重矩阵 W，如果反复将式带入到式（3.33）中，我们能得到如下的输出公式，从公式中我们证明了循环神经网络的输出值 o_t 受前面历次输入值 x_t、x_{t-1}、x_{t-2}、x_{t-3}、…的影响，这就是为什么 RNN 可以往前看任意多个输入值的原因。

$$
\begin{aligned}
o_t &= g(Vs_t) \\
&= Vf(Ux_t + Ws_{t-1}) \\
&= Vf(Ux_t + Wf(Ux_{t-1} + Ws_{t-2})) \\
&= Vf(Ux_t + Wf(Ux_{t-1} + Wf(Ux_{t-2} + Ws_{t-3}))) \\
&= Vf(Ux_t + Wf(Ux_{t-1} + Wf(Ux_{t-2} + Wf(Ux_{t-3} + \cdots))))
\end{aligned} \tag{3.35}
$$

2. RNN 的反向传播

BPTT算法 [50] 是针对循环神经网络的经典训练算法，它的基本原理和 BP 算法是一样的，也包含同样的三个步骤：一是前向计算每个神经元的输出值；二是反向计算每个神经元的误差项 δ_j 值，它是误差函数 E 对神经元 j 的加权输入 net_j 的偏导数；三是计算每个权重的梯度，再用随机梯度下降算法更新权重。

BPTT算法将第 l 层 t 时刻的误差项 δ_t^l 值沿两个方向传播，一个方向是其传递到上一层网络，得到 δ_t^{l-1}，这部分只和权重矩阵 U 有关；另一个是方向是将其沿时间线传递到初始 t_1 时刻，得到 δ_1^l，这部分只和权重矩阵 W 有关。用 net_t 表示神经元在 t 时刻的加权输入，前一时刻隐含层神经元的激活值为式（3.36）中的 s_{t-1}。

$$\mathrm{net}_t = Ux_t + Ws_{t-1} \tag{3.36}$$

$$s_{t-1} = f(\mathrm{net}_{t-1}) \tag{3.37}$$

神经元 net_t 对它的前一状态 net_{t-1} 的求导如式（3.38），它是一个中间变量，表示将误差项 δ 沿时间往前传递一个时刻的规律。根据该规律，可以求得任意时刻 k 的误差项 δ_k 如式（3.39），它是误差项沿时间的反向传播算法，其中 diag[a] 表示根据向量 a 创建一个对角矩阵。而误差项反向传递到上一层算法，与普通的全连接层反向传递的计算方法是一样的。

$$\frac{\partial \mathrm{net}_t}{\partial \mathrm{net}_{t-1}} = \frac{\partial \mathrm{net}_t}{\partial s_{t-1}} \frac{\partial s_{t-1}}{\partial \mathrm{net}_{t-1}}$$
$$= W\mathrm{diag}[f'(\mathrm{net}_{t-1})] \tag{3.38}$$

$$
\begin{aligned}
\delta_k^T &= \frac{\partial E}{\partial \mathrm{net}_k} \\
&= \frac{\partial E}{\partial \mathrm{net}_t} \frac{\partial \mathrm{net}_t}{\partial \mathrm{net}_k} \\
&= \frac{\partial E}{\partial \mathrm{net}_t} \frac{\partial \mathrm{net}_t}{\partial \mathrm{net}_{t-1}} \frac{\partial \mathrm{net}_{t-1}}{\partial \mathrm{net}_{t-2}} \cdots \frac{\partial \mathrm{net}_{k+1}}{\partial \mathrm{net}_k} \\
&= W\mathrm{diag}[f'(\mathrm{net}_{t-1})]W\mathrm{diag}[f'(\mathrm{net}_{t-2})]\cdots W\mathrm{diag}[f'(\mathrm{net}_k)]\delta_t^l \\
&= \delta_t^T \prod_{i=k}^{t-1} W\mathrm{diag}[f'(\mathrm{net}_i)]
\end{aligned}
\tag{3.39}
$$

它的计算式如式（3.40）所示，有了这两种误差项，我们可以进行 BPTT 算法的最后一步，计算每个权重的梯度。权重矩阵 W 在 t 时刻的梯度为 ∇W_t，如式（3.41）所示，最终的梯度 ∇W 是各个时刻的梯度之和，如式（3.42）所示，同理权重矩阵 U 也是依赖 δ_t^{l-1} 进行同样的计算。

$$
\begin{aligned}
(\delta_t^{l-1})^T &= \frac{\partial E}{\partial \mathrm{net}_t^{l-1}} \\
&= \frac{\partial E}{\partial \mathrm{net}_t^l} \frac{\partial \mathrm{net}_t^l}{\partial \mathrm{net}_t^{l-1}} \\
&= (\delta_t^l)^T U\mathrm{diag}[f'^{l-1}(\mathrm{net}_t^{l-1})]
\end{aligned}
\tag{3.40}
$$

$$\nabla W_t = \frac{\partial E}{\partial \mathrm{net}_k^t} \frac{\partial \mathrm{net}_t}{\partial w_{ij}} = \delta_k^t s_i^{t-1} \tag{3.41}$$

$$\nabla W = \sum_{t=1}^T \nabla W_t \tag{3.42}$$

3. RNN 的梯度问题

然而在实践中这种简单原始的 RNN 并不能很好地处理较长的序列。一个主要的原因是，RNN 在训练中很容易发生梯度爆炸和梯度消失，这导致训练时梯度不能在较长序列中一直传递下去，从而使 RNN 无法捕捉到长距离的影响。

根据式（3.39）可得式（3.43），不等式中 β 定义为矩阵的模的上界，因为不等式是一个指数函数，如果 $t-k$ 很大的话（也就是向前看很远的时候），会导致对应误差项的值增长或缩小得非常快，当 β 大于 1 时会导致梯度爆炸，而 β 小于 1 时会出现梯度消失问题。

$$
\begin{aligned}
\| \delta_k^T \| &\leqslant \| \delta_t^T \| \prod_{i=k}^{t-1} \| W \| \|\mathrm{diag}[f'(\mathrm{net}_i)]\| \\
&\leqslant \| \delta_t^T \| (\beta_W \beta_f)^{t-k}
\end{aligned}
\tag{3.43}
$$

通常来说，梯度爆炸更容易处理一些。因为梯度爆炸的时候，我们的程序会收到 NaN 错误。我们可以设置一个梯度阈值，当梯度超过这个阈值的时候可以直接截取。梯度消失比较难检测，而且也更难处理一些。总的来说，我们大致有三种方法应对梯度消失问题：一是合理地设置初始化权重值，使每个神经元尽可能不取极大或极小值，以躲开梯度消失的区域。二是使用 ReLu 代替 Sigmoid 和 tanh 作为激活函数。三是使用其他结构的 RNN，比如长短时记忆网络（LSTM）和 GRU（Gated Recurrent Unit），这是最流行的做法，我们在下文中的文本识别中就使用了长短时记忆网络代替了 RNN 网络。

3.2.5　集成学习理论基础

集成学习（EL）的理论基础用中文翻译过来就是"三个臭皮匠，顶一个诸葛亮"，通过将多个学习器使用不同策略训练，结合起来组成一个强学习器，一般可以实现更优的学习与泛化性能。本节介绍这个集成学习基础是为后面提出的深度集成学习模型打下基础。

集成学习的目的主要是为了解决大多数机器学习方法在训练时会陷入局部最优，对训练数据集产生过拟合，从而使其在测试数据集上的效果不好的问题。构建思路主要集中在构建"强而不同"的子学习器。因此研究者们依据此子学习器构建方法将集成学习大体分为三类：Boosting、Bagging 与 Stacking。

1. Boosting

因为在该算法的训练过程中子学习器（或称基础学习器）是按照顺序生成的，所以被归类为序列型集成学习方法。典型的 Boosting 算法有 AdaBoost（Adaptive Boosting）算法与 GBDT（Gradient Boost Decision Tree）算法。通过图 3-18 讲解算法过程：首先，在开始训练时所有训练样本都是以相同的权重对模型进行训练。然后，每一轮训练结束之后，对模型判断错误的样本进行权重调大，使模型训练时向这些学错的样本更加倾斜注重，从而获得多个模型，算法设置在 i 轮训练后结束，则可以得到 i 个子学习器。

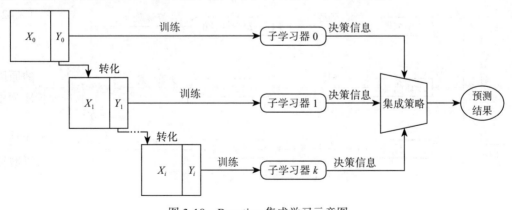

图 3-18　Boosting 集成学习示意图

2. Bagging

采用 Bootstrap 进行样本抽取。Bootstrap 被称为自助法，是一种有放回机制的抽样方法，也是一种并行的集成学习方法，目的是获取统计量的分布和置信区间。如图 3-19 所示，Bagging 执行流程如下：

①从原始数据集中抽取训练集，每一次从原始数据集中使用 Bootstrap 抽取相同数量的训练集，所有样本都是随机等概率抽取。通过人为设定抽取 i 次，以此获取 i 个训练集。

②每个子训练集各自独立训练出一个弱学习器，如使用常用的决策树等弱学习器。

③通过某种集合策略或融合策略对每个独立的弱学习器的信息进行决策，常见的集成策略是对这些决策信息进行平均和投票。最常见的 Bagging 集成学习算法为随机森林方法。

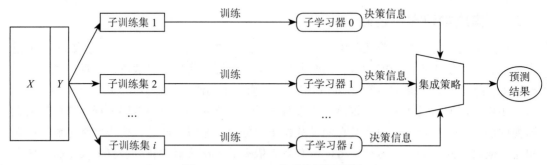

图 3-19 Bagging 集成学习示意图

3. Stacking

Stacking 在实际的工程应用中不常用，基本思路是通过训练一个模型用于集成和融合多个子模型的输出结果，以此提升集成模型的泛化能力。如图 3-20 所示，首先采用 Bootstrap 进行采样，划分数据集。使用划分的数据集作为输入来训练第一级学习器，然后使用第一级学习器的输出（即预测信息或决策信息）作为输入来训练主学习器。Stacking 通过并行学习和串行学习来实现集成操作。在每一级的学习中，多个子学习器并行学习；整体方向上，先进行第一级学习，再进行主学习器学习。

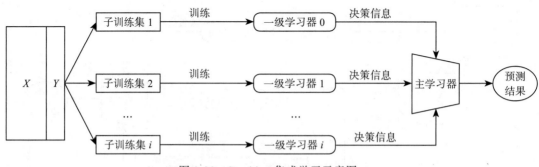

图 3-20 Stacking 集成学习示意图

3.3 基于深度学习的视觉目标检测

目标检测是计算机视觉领域的热门研究问题之一，它的任务是识别图像中存在哪些物体以及物体的位置。在自然场景中的各种事物和人都会展现不同的形态和外观，也会存在遮挡的情况，且图像质量会受到光照等外部因素的影响，使得目标检测问题具有一定的挑战性。深度学习中目标检测任务的算法分类为两阶段（two-stage）算法和一阶段（one-stage）算法。

3.3.1　两阶段算法

两阶段算法的特点是检测精度高，但检测速度慢。随着两阶段算法的发展，目标检测各个阶段的任务被整合到了一个深度神经网络中。第一个两阶段算法是 R-CNN 算法，随后出现的 Fast R-CNN 和 Faster R-CNN 逐步使得目标检测能够端到端训练。两阶段算法的原理是多分步的，首先在图像中产生大量的候选框，再提取候选框所选区域的特征，最后根据特征提取的结果在高层网络中进行更加精细的分类和定位操作。正是由于两阶段算法逐步精细的分步检测过程，使得算法的检测精度很高，同时检测速度较慢。

Faster R-CNN 网络模型如图 3-21 所示，算法分步完成目标检测的工作。首先，完成对输入图像的特征提取。然后，通过候选区域网络对提取到的特征图进行筛选。最后，利用筛选后的特征图，完成对目标物体的分类和定位工作。Faster R-CNN 因为特有的候选区域网络，使得算法可以进行更精细地检测和识别，同时也因为网络结构更加复杂，使得算法的检测速度和训练速度比较慢，对硬件设备的计算性能要求较高，一般很难达到实时检测。

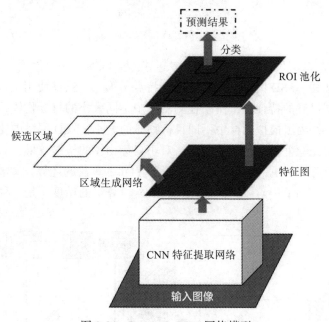

图 3-21　Faster R-CNN 网络模型

3.3.2　一阶段算法

经典的一阶段算法主要可以分为两个系列，分别为 YOLO 和 SSD。一阶段算法是把特征提取、分类和回归都集成到一个深度学习网络框架中，检测速度非常快。

YOLO 是一阶段目标检测算法的代表，算法的原理是在输入图像上产生大量的先验框，然后直接对先验框所选定的区域进行分类和定位操作，即直接输出输入图像中目标对象所属的类别以及位置信息。具体来说，首先对图像进行网格划分，再针对每个网格生成大量预测框，最后通过非极大值抑制和阈值分析等操作得到最终的预测框。如图 3-22 所示为 YOLO 网络的模型架构，其中输入图像进行了 7×7 的网格划分，每个网格有 30 个数据，包括 2 个边界框的坐标偏移、目标置信度和在 20 个类别上的概率。YOLO 算法对相互靠近的物体和小物体的检测效果不好，因为算法的每个网格仅预测了两个只属于一类的边界框，而且当图像中出现不同长宽比的目标物体时，算法的泛化能力偏弱。

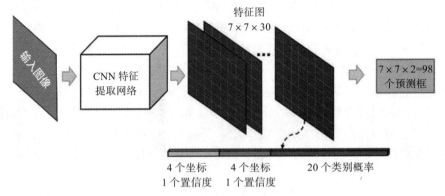

图 3-22　YOLO 网络模型架构

SSD 算法与 YOLO 不同的是，SSD 算法直接使用 CNN 进行检测，如图 3-23 所示为 SSD 网络的模型架构。SSD 网络有以下方面的特点。第一，SSD 使用了多尺度的策略，通过提取图像中不同尺度的特征图，用于检测图像中不同大小的目标物体，有助于提高网络的检测精度。第二，为了模拟图像中不同目标物体的大小，SSD 网络中使用的是不同长宽比以及不同尺寸的先验框，有助于提升网络对小目标物体的检测效果，对小目标物体的定位也会更加准确。总的来说，SSD 算法既利用了 YOLO 算法的优势，又借鉴了两阶段算法的候选区域网络，达到了一阶段算法的速度和两阶段算法的精度，是一种精度和速度相对均衡的算法。

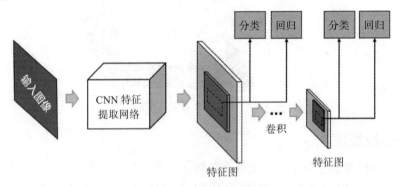

图 3-23　SSD 网络模型架构

3.4 基于深度学习的视觉目标跟踪

视觉目标跟踪是视觉技术领域最为基础的研究方向之一，广泛应用于导弹制导、视频监控、自动驾驶、机器人视觉导航、智能人机交互、体育视频分析等众多领域。目标跟踪是指对图像序列中的运动目标进行检测、提取、识别和跟踪，获得运动目标的运动参数，如位置、速度、加速度和运动轨迹等，从而为下一步的处理与分析做好准备，最终完成对运动目标的行为理解，以完成更高语义层次上的任务。根据跟踪目标的数量可以将跟踪算法分为单目标跟踪与多目标跟踪。相比单目标跟踪而言，多目标跟踪问题更加的复杂和困难。

3.4.1 单目标跟踪

单目标跟踪（Single Object Tracking，SOT）也称为视觉目标跟踪（Visual Object Tracking，VOT），可以用来跟踪任意感兴趣的单个目标。一般来说，单目标跟踪的任务是在给定初始帧中目标位置的基础上，预测该图像序列后续帧中该目标的位置。典型的单目标跟踪框架的基本流程大致如下：

①给定初始目标框（手工标注或由目标检测算法提供）；

②通过对目标的运动状态构建运动模型来预测目标在下一帧中可能出现的位置或生成一组候选样本；

③然后对目标外观进行建模并用该模型提取上述候选样本的特征；

④再设计一个观测模型对候选样本进行评分，从而选择出最优的候选样本作为目标在当前帧的跟踪结果；

⑤最后再根据跟踪结果对外观模型和运动模型进行更新，以适应目标和背景的动态变化，如目标自身的形变、旋转以及背景的光照变化、遮挡等。

基于这一框架，一个典型的单目标跟踪算法主要包括初始化、运动模型、外观模型、观测模型、模型更新等五个部分。

大多数单目标跟踪方法主要关注的是为跟踪目标建立一个鲁棒的外观模型以及设计辨别能力强的观测模型，以便克服跟踪过程中可能遇到的遮挡、形变、背景噪声、尺度变化、运动模糊、光照、旋转和快速运动等问题带来的影响。在外观模型方面，基于卷积神经网络的深度特征已几乎完全取代传统的由人工设计的特征（灰度特征、HOG 特征、Haar 特征、SIFT 特征等）。观测模型则主要是用来给候选样本评分，目前的单目标跟踪算法按照观测模型的实现原理不同可以分为生成式模型和判别式模型两种。其中，生成式模型实际上是一种模板匹配方式，它通过计算过去帧的目标模板与当前帧的候选样本之间的外观相似度或匹配误差，选择与目标模板之间外观相似度最大或匹配误差最小的候选样本作为跟踪结果。而判别式模型则是通过训练一个分类器来区分目标与背景，选择置信度较高的候选样本作为预测结果。目前，基于相关滤波和基于深度学习的判别类方法已成为单目标跟踪的主流方法。

3.4.2 多目标跟踪

多目标跟踪（Multiple Object Tracking，MOT）的主要任务是需要找到图像序列中所有的感兴趣目标在每一帧的位置，同时维持目标的身份信息不变。这些目标可以是人、车辆、动物以及其他运动物体等。而研究最多的是行人跟踪，其在智能监控、无人驾驶等领域有着重要的应用价值。相比行人来说，运动员的身体姿态变化更大，运动剧烈且不可预测，因此比行人跟踪的难度更大。相对于单目标跟踪，多目标跟踪存在更多的挑战，它们之间的主要区别如表 3-1 所示。

表 3-1　单目标跟踪与多目标跟踪的主要区别

不同点	单目标跟踪	多目标跟踪
目标数量	单个目标	多个目标，目标数量未知且动态变化
目标位置初始化	初始帧中的目标位置由人工给定或由目标检测器提供	所有帧中的目标位置都由目标检测器提供，需要考虑目标检测器可能会出现的误检、漏检、检测框不精确等的影响
任务	只需给出单个目标在每帧的位置	除了需要给出所有感兴趣目标在每一帧中的位置外，还需维持这些目标的身份信息不变
难点	遮挡、形变、尺度变化、背景噪声、运动模糊、光照、旋转、快速运动等	除了单目标跟踪中的难点外，还有目标之间的交互与遮挡、目标的自动初始化与自动终止、目标的运动预测与相似度判别以及目标再次出现后的再识别等问题

当前多目标跟踪的实现方法很多，根据不同的分类标准，多目标跟踪方法有不同的分类方法，其中主要有以下两种分类方式：

①根据视频帧处理方式的不同，多目标跟踪方法可以分为在线跟踪和离线跟踪。其中在线跟踪是逐帧进行跟踪，只考虑当前帧中的检测与以往的跟踪轨迹，不能利用未来帧的信息。该方式相当于视频数据的在线处理，适合处理实时性要求较高的多目标跟踪任务。而离线跟踪则可以考虑未来帧甚至整个视频帧用于跟踪，在实际操作中，通常是以批处理的方式来进行数据关联。与在线跟踪相比，离线跟踪考虑的信息更多，因此跟踪性能更好，有些方法甚至可以获得全局最优的匹配结果。但离线跟踪计算量也相对更大，适合处理实时性要求不高的跟踪任务。

②根据多目标跟踪算法对目标检测器的依赖性，可以将多目标跟踪算法分为与检测无关的多目标跟踪和基于检测的数据关联跟踪两大类。与检测无关的多目标跟踪需要在第一帧手动初始化一定数量的目标，然后在后续帧中跟踪定位上述目标。这类方法相当于是单目标跟踪算法的扩展，但是该类方法无法处理新目标出现的情况。基于检测的数据关联跟踪不需要手动初始化目标位置，但是需要利用目标检测器对每一帧进行检测，然后对每一帧的检测结果进行数据关联，最终得到所有感兴趣目标的运动轨迹。该方法可以自动发现新目标、自动终止消失的目标，但该方法较为依赖目标检测器的检测效果。

3.5　本章小结

本章概述了深度学习技术的基础知识，然后通过基于深度学习的目标检测和目标跟踪方法的介绍阐述了深度学习在实际项目中的广泛应用。在基于深度学习的视觉目标检测内容介绍中，重点介绍了一阶段和两阶段的方法。在基于深度学习的视觉目标跟踪方法中，通过对比分析介绍了单目标和多目标跟踪的方法。通过本章内容的讲解，读者将对深度学习方法的基本过程和常见的目标检测和跟踪方法有了大概的认识，为后续章节进一步介绍目标检测和跟踪做好准备。

第 4 章

自然场景下文本检测与识别

4.1 概述

文字是人类文明的载体，它对人类的生存与发展不可或缺。人们的生活和社会的发展越来越受到科学技术的影响，尤其随着智能终端的普及，人们可以随时随地地获取图像。如何提取并识别出自然场景图片中的文字信息，是当前人工智能（AI）中的一个重要研究方向。

德国科学家 Tausheck 早在 1929 年就提出了光学字符识别（OCR）的概念。相比于传统文档上的扫描文本图像，自然场景图像存在着更多的挑战。如自然场景下往往都有较复杂的背景，因为文本的背景可以是任意的，同时还会受到结构相似的背景的影响。

自然场景下文本图像处理面临的困难如下：

①自然场景下往往都有较复杂的背景，因为文本的背景可以是任意的，同时还会受到结构相似的背景的影响。例如，生活中常见的树叶、栅栏、墙壁等，这些物体作为背景，和前景文本具有十分相似的图像特征，这些背景元素对文本检测与识别会产生很大的干扰。

②文本行大小不一，文本行长度不确定，人们无法给文本行一个准确的大小以及长宽比例，其中既涉及小文本小目标的检测识别，又有长文本大目标的检测与识别，这大大增加了检测与识别的难度。

③文本图像模糊和图像分辨率低。在自然条件下，简单的拍摄过程往往会受到各种条件的干扰，比如背景遮挡、阴天环境光照不均匀、移动设备不稳定导致图像模糊、距离太远导致分辨率低等，无法保证图像的质量。当图像模糊时，相应的文本轮廓也比较不明显，有些特征如纹理边缘特征很难提取，因此，场景文本检测与识别对图像的质量比较敏感，而采用多步骤的文本处理算法，最后可能筛选出大量的非文本区域，这给后续的文本定位和识别提出更大的挑战。

④自然场景中有各式各样的场景文本，与纸质文本相差很大。因为纸质文本一般都是由清楚、对齐、单一颜色、方向、字体的水平文本行组成，而场景文本有各种不同的字体、

多种语言字体，甚至包括艺术字体；不同的方向，不仅有水平、倾斜的文本，还有许多常见的弯曲文本存在，这同样也是要克服的一个常见的技术难点。常见的一些复杂文本图像如图 4-1 所示。

a）光照不均　　　　　　　b）遮挡　　　　　　　c）艺术字体

d）多种语言　　　　　　　e）不规则文本　　　　　　f）字体残缺

图 4-1　文本图像中存在的挑战

在过去很长的一段时间里，计算机视觉领域的研究人员主要提出了一系列的传统场景文本检测算法。这类算法主要可以分为两大类，第一类是基于连通域的自下而上的检测算法，第二类是基于滑动检测窗的自上而下的算法。随着 2016 年以 AlphaGo 为代表的深度学习技术的出现，深度学习全球火热起来，研究人员也逐渐开始探索深度学习在自然场景下文本检测与识别中的应用，后来的结果表明，采用深度学习的精度一般比传统方法要好。但是传统方法在速度上还是有一定的优势，而且它注重对文本特征的提取，更能考验一个工程师的特征算法设计能力，而后者主要是检测流程与检测网络的搭建，有时也涉及后处理算法的设计。

传统的文本检测方法有基于连通域的检测算法和基于滑动窗口的检测算法。

1. 基于连通域的检测算法

基于连通域的检测算法依据图像中像素间的属性来生成大量的连通域，为了获得与文本相关的连通域，该类方法提出了许多有效的寻找手段，比如 Neumann 等人[18] 提出基于最大稳定极值区域（Maximally Stable Extremal Regions，MSER）方法，该算法应用于文本图像时将连通域面积变化很小的区域称为最大稳定极值区域，把它们当成文本的候选区域，将其通过分类器后再组合成文本行。

Neumann 和 Matas[19] 在提出直接采用极值区域（ER）作为文本的候选区域，并设计了一种快速的非文本区域剔除方法。Yin 等 [20] 用 MSER 算法和局部剪枝算法来提取候选区域，并使用数学中的贝叶斯法则进行非文本区域的过滤。Sun 等 [21] 提出了对比极值区域（CER）方法，其是与图像上的背景有一定对比的极值区域，但其数量远小于极值区域（ER），多于最大稳定极值区域，它在应对"低对比度"图像时的鲁棒性更好。Huang 等提出了 MSER

结合卷积神经网络（CNN）的方法来实现文本的定位，首先通过 MSER 算法得到大量的候选区域，再通过 CNN 模型来剔除伪文本区域。

还有一种比较重要的算法是由 Epshtein 等 [22] 提出的笔画宽度变换（Stroke Width Transform，SWT）算法，他们首先利用 Canny 边缘检测算子得到候选区域的轮廓图，然后计算边缘上的两个像素点在同一梯度方向时的欧式距离，将其看作笔画宽度值，再选取一个阈值，将小于阈值的笔画宽度值的边缘像素点逐渐连接成一个连通域，根据设定的剔除伪字符区域的法则删除非文本区域，最终得到想要的文本区域。此方法有个明显的弊端就是严重依赖边缘检测算法的准确性，边缘检测算法若不能检测出和背景特征相似的文本区域的轮廓时，会严重影响这部分笔画宽度值，进而导致检测不到文本区域。

2. 基于滑动窗口的检测算法

基于滑动窗口的检测算法将整幅图像进行一次从左到右从上到下的扫描，在窗口运动过程中，提取每一个位置处人工设计的图像特征，将其输入分类器中，得到每个窗口是否为文本区域的置信度，通过与设定阈值比较，将窗口内容分为文本候选区域和背景区域。

Kim 等 [23] 引入支持向量机（Support Vector Machine，SVM）和自适应均值漂移算法来实现文本检测，再提取每个滑动窗口中的像素级特征，然后，将这些像素级特征送入已经训练好的 SVM 分类器中，最后再结合自适应均值漂移算法定位出文本区域，但此方法有个弱点就是对那些分辨率较低的自然场景文本的效果较差。Ye 等 [24] 采用滑动窗口的方法，提取每个候选区域内的局部二进制模式（Local Binary Pattern，LBP）特征，他们选取了一个神经网络作为一个分类器，来实现文本区域与非文本区域的分类，用于后续的文本定位。Lee J. 等 [25] 则采用级联 Adaboost 方式从一组特征池中选择 79 个特征，这些特征采用 6 种方法获取，比如梯度特征信息、纹理统计图、Gabor 滤波器的局部能量、小波变换方差、边缘间距、连通区域分析的方法，以获得的这些特征作为基础，训练得到 4 个分类器，再将这 4 个分类器按权重组合一个强分类器，实现文本区域的分类功能。上述大部分的方法一般都是利用了滑动窗口中候选区域的全局特征，而 Shi 等 [26] 则提出了一种利用局部特征的方法，采用了一种基于文本部件的特定树结构模型，此算法能较好地适应字体的变化，对光照、噪声、模糊等因素不敏感，但此种方法需要详细地标注信息，无法适用不同语种的文本，若要应用到其他语种文本检测，需要再次进行针对此语种的详细文本标注。

即使不提取连通区域、文本角点和文本行边缘，滑动窗口方法也能获得文本候选区域。但自然场景中文本的呈现情况是任意的，就像前面困难与挑战中所描述的，文本的位置随机分布，文本长宽比和文本大小存在自由选择的情况，文本的形状各式各样，仅仅有限尺度的滑动窗口无法完全适应这些变化，这些给窗口的选取带来了极大的挑战。此外，基于滑动窗口的方法，步长的选取也是一个不得不面对的问题，若步长选取过大，容易发生文本漏检、文本检偏和欠分割等问题。

随着深度学习的飞速发展，基于回归的目标检测和分割的方法取得了巨大的成功和应用。应用在文本检测的深度学习方法大致可分为两大类。

①改进已有的通用目标检测算法将其应用在特定的文本检测领域，如根据 Faster R-CNN 的通用目标检测思想，依靠多尺度的候选区域网络（Region Proposal Network，RPN）设计通用的自然场景文本检测网络。这是比较早的尝试将 Faster-RCNN 方法应用在场景文本检测上，实际效果一般，主要原因还是文本检测和通用的目标检测存在很大的不同，相对通用物体检测来说，文本检测存在更多的与文本结构相似的背景的影响，区域提取网络中种类较少的锚点（Anchor）无法涵盖多样的文本框。之后有人结合其他结构进一步改进了 Faster-RCNN 网络，Tian 等首先采用特征金字塔网络（FPN）作为骨架网络来提取图像的深度特征，基于每个字符的宽度，采用固定宽度的、多种不同长度的锚点来提取文本可能存在的候选区域，再将同一行的锚点对应的特征作为一个序列输入循环神经网络（RNN）中，找出存在的文本行，再通过全连接层的分类和回归操作，将局部相邻的文本框合并成一个文本行，此方法的不足之处是只能检测单方向水平的文本框，无法使用在多方向的检测上。还有一些其他的改进网络，主要是根据通用目标检测的一阶段网络来改进，比如白翔提出的 TextBoxes 方法，主要依据 SSD 网络来改进，再结合非极大抑制（NMS）方法去掉文本框的重复框，只保留每个文本有一个文本框，此种方法带有 SSD 特点，速度比较快，但对小目标文本和不规则文本不适用。Laina I. 等研究者根据目标检测框架 YOLO，提出了一种全卷积的回归网络（FCRN），通过该网络完成文本检测和文本框回归的任务。

②依据分割的思想进行文本检测，涉及对每一个像素的预测，根据给出的文本置信度，将满足条件的像素点进行融合，进而得到检测出来的文本区域，这类方法针对的是每一个图像像素点，大多数引入了全卷积神经网络（FCN）。Zhang 等 [27] 用 FCN 来训练和预测文本区域的显著图，结合生成的显著图估计文字大致所在的直线，再利用训练好的全卷积分类器预测每个字符的中心，将相邻的文字字符中心连接在一起，融合中心周围的像素点，提取出文本区域，从而过滤掉非文本区域。由旷世提出的 EAST 方法引入了两种文本检测框：旋转矩形（RBOX）和四边形（QUAD），以此来更好地检测非水平方向上的文本框，网络还采用多尺度的 FCN 网络在图像的多个通道中获得基于像素级的文本区域预测，结合 NMS 方法，实现多方向性的文本检测。FCN_Text 方法首先采用 FCN 获得图像的文本块，再结合传统的 MSER 方法找到文本线，过滤不含文本线的非文本块，将文本块合并得到文本区域。此方法速度较慢，不适合倾斜很大角度的文本。总结来说，基于分割的方法采用的也是有监督的深度学习方法，而获得每个像素标签的图片时，需要大量的手工标注工作，但由于现在主流的文本检测数据集主要采用矩形框来标注，所以往往缺乏大量的文本分割数据集，这影响了分割检测的发展，加上 FCN 之后的过程往往需要将属于文本的像素点融合，这又会影响到整个网络的速度性能。

自然场景中文本识别方法可以分为两大类，即基于字符分割的方法和基于字符序列的方法。前者在传统识别中应用较多，后者是基于深度学习方法的主流方法。如图 4-2 所示，传统的识别流程包括图像预处理（滤波、灰度化、二值化、倾斜校正）、版面分析、字符切分、字符特征提取、字符特征匹配、数据格式化输出等。其中预处理中最关键的步骤之一是二值化操作，它往往和全局的识别性能有很大的关系。文本图像二值化是将字符从背景中分离出来，然后进行字符切分，进行单个字符识别。传统文字识别中，应用了许多传统的二值化算法，如 Worf 等人利用 Niblack 算法进行文档二值化，能取得一定的效果，但这种方法应用在自然场景图像上，效果较差。Chen 等 [28] 改进为自适应的 Niblack 算法，虽然效果有一定的提升，但离应用在自然场景文本上还有一定的差距。其他一些二值化方法有适应光照不均匀的 sauvola 算法、局部阈值 Bernsen 算法、循环阈值算法和基于块分析的二值化算法等。尽管这些算法在简单的文档图像上能表现一定的效果，但仍然对背景非常复杂、噪声较多的场景文本图像无法达到令人满意的效果。

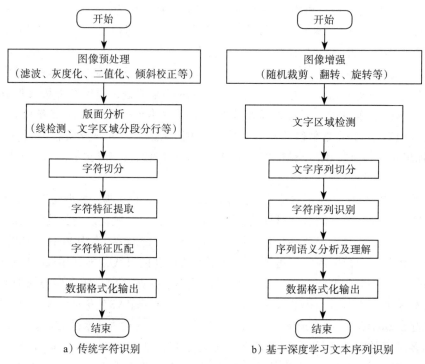

图 4-2　自然场景中文本识别方法

字符特征提取常需要人工精心设计的字符特征，比如字符的边缘、线条、点、交点和包围圆圈等字符结构，字符特征的设计和提取对识别的结果影响非常大。这种方法不仅需要花费人们大量的时间和精力，成本较高，而且极度依赖每个字符的切分效果，当处于字符扭曲、变形、字符粘连、字体不一、噪声干扰和背景复杂等情况下，训练好的字符识别模型的泛化能力会迅速下降，这是传统字符识别通常存在又无法避免，以及无法很好解决的问题。

基于深度学习的识别方法将要识别的字符或单词视为一个待识别的序列，从文本的整体状态来识别。随着深度学习的引入，自然场景文本识别相对传统方法而言，取得了更具突破性的进展。历史上较早将 CNN 的方法引入文本识别的是 LeCun 等人 [29]，他们首次将 CNN 模型应用在 MNIST 手写数字识别上，实验超越了他们之前所有人的结果，达到了

99.05%，从这次产生革命性的成果之后，人们意识到了深度学习在文字识别中的重要性，基于 CNN 的文本识别也随之应运而生。Jaderberg 等[30] 在文字识别的工作上也引进了 CNN 的方法，他们采用的是 CNN 分类的思想，尽可能地将所有的英文单词分到他们设计的88 172 类中，每一类用一个单词表示，而模型输出的是要识别的英文句子中每一个单词所属 88 172 类中每一类的概率，组成了 $n \times 88\ 172$ 的矩阵，再找出矩阵的每一行的最大概率对应的单词，将识别出的所有单词依次组合起来，就是最终识别的字符串。这样的方法在普通简单的句子上有不错的效果，但在复杂较长的句子上效果没有想象中理想，而且这样的方法需要对每个单词打标签，这是一项非常费时费力的工作，因为它的本质上还是每个字符的识别。一些研究者开始采用基于序列的整体识别，Lu 和 Su 等[31] 对序列提取 HOG 特征，然后用循环神经网络 RNN 进行预测，但 HOG 是浅层特征，无法表示文本的深层语义信息，Shi 等[32] 进行了改进，采用 CNN 深层特征和 RNN 构成一个字符序列识别模型，CNN 主要是提取输入图像对应区域的特征序列，RNN 主要是提取每个特征序列的上下文特征，最后将 RNN 的预测输出转换成对应的字符串，但此种方法的不足是需要对文本行中的每个字符进行标记。He 等人创造了 DTRN 新模型，也需要 RNN 的配合，采用 CNN 滑动窗口来提取序列特征，在不需要每个字符的标记上也能保证一定的识别率，大大减少了人工标记的时间。针对 RNN 容易出现梯度消失，对前面较长序列无法保存记忆的缺陷，Yin 等[33] 引入了 LSTM 结构，组成了 SCMM 新模型，也用 CNN 提取特征，用多分类函数 softmax 进行分类。Shi 等[34] 受到 Seq2seq 模型在机器翻译上的启发，也将其应用在文本识别上，构成了编码 – 解码（Encoder-Decoder）框架，对字符使用编码器对其编码，在网络的后期再采用解码器进行转录，生成对应的标签序列。

4.2　基于图像分割的场景文本检测

自然场景文本检测模型主要分为三个模块：特征提取模块、文本检测模块、后处理模块。本例方法[35] 根据图像实例分割的思想在通用物体检测的基础上产生，具有一定的理论基础与实践应用。图 4-3 是基于分割方法的文本检测流程图。

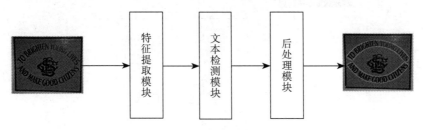

图 4-3　文本检测流程图

①特征提取模块：对输入的图像提取特征，生成特征图，如采用特征金字塔网络提取图像特征。

②文本检测模块：特征图输入文本检测模块中，检测出每个文本实例不同比例的分割结果，并保存每个文本实例分割结果的二值化掩码。

③后处理模块：采用渐进扩展算法将检测出的最小文本实例分割掩码逐渐扩展到接近真实的文本区域大小，并记录预测生成的用来描述每个文本实例在原图位置的具体坐标，以此来完成场景文本的检测与定位过程。

4.2.1 特征提取网络

在与图像处理相关的传统机器学习领域中，特征提取是整个工作的核心，常采用手工设计的特征，但设计出来的图像特征往往决定整个模型性能的优劣。同样在深度学习网络模型中，特征提取仍有重要的意义，特征提取网络是整个网络的基础，它深刻影响着整个网络模型中后续网络结构的输出结果。本章采用在特征提取和图像分类上表现优秀的ResNet系列网络，具体说是采用其中的ResNet50作为整个文本检测网络的基础主干网络，主要是因为它的特征提取能力强，模型复杂度和参数量相对比较适中，适合整个网络的训练。

为适应文本图像中任意的文本区域尺寸，针对特征提取基础网络采用了特征金字塔FPN模型的思想，引入FPN模型中类似的操作，但只利用了结构中最后一个特征图P_2去预测文本区域，如图4-4所示。

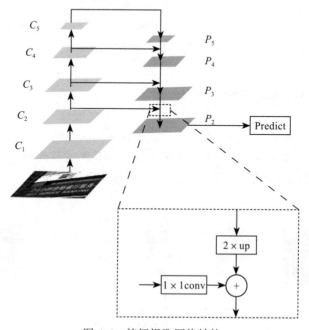

图 4-4 特征提取网络结构

模型结构包括三个部分，分别是自底向上的线路、自顶向下的线路和横向连接。图4-4中放大的部分就是横向连接，其中的1×1的卷积核主要是用来减少卷积核的数量，也即减少特征图的个数，它并不会改变特征图的尺寸。

自底向上的过程其实就是 ResNet50 深度卷积神经网络的前向计算过程，前向计算过程中特征图的大小越来越小。具体而言，就是经过 ResNet50 中卷积核逐渐增多的四层残差结构的各自最后一个残差模块（Residual Block）的输出特征来进行后续操作，将这些经过最后残差模块的输出特征图表示为 $\{C_2，C_3，C_4，C_5\}$，构成了特征金字塔结构。由于第一个特征图 C_1 会占据较大的内存，所以不将其作为特征金字塔的底层。上面的这四个特征图相对于输入图像的步长分别是 $\{4，8，16，32\}$。这种步长设置是因为每个阶段的最后一个残差模块是最深的网络结构，生成的特征图具有强大的表达能力。自顶向下的过程是把更抽象、语义更强的高层特征图进行上采样（Upsampling），然后通过横向连接将上采样的特征图与自底向上产生的同尺寸特征图进行连接，融合低层次和高层次的语义信息，充分利用底层定位的细节信息和高层表征能力更强的语义信息。

具体做法是在 C_5 结束后附加一个 1×1 的卷积得到和 C_5 同尺寸的特征图，然后将其上采样为原尺寸的 2 倍，作为自顶向下上采样过程的开始。接着将左侧自底向上下采样过程中同尺寸的特征图经过一个 1×1 的卷积，将这两个相同尺度的特征图的元素逐个进行相加操作，得到一个新的特征图，再将这个合并得到的特征图进行 3×3 的卷积操作，以此来减少上采样的混叠效应，最终得到该层次的特征图。依次进行后续相同的多次操作，自上而下得到不同的特征图，记为 $\{P_5，P_4，P_3，P_2\}$，它们与 $\{C_5，C_4，C_3，C_2\}$ 具有相同的尺寸，最终是利用经过多次迭代融合的特征图 P_2 去预测文本区域。

4.2.2　文本区域掩码标签的生成

监督深度学习方法需要将训练集数据的标签输入网络中进行训练，所以要获得多种不同比例的文本行区域分割结果，再将其转化为二值化掩码标签，0 代表不属于文本实例区域，1 代表属于文本实例区域。对训练集的文本区域进行标注，为了提高文本检测的通用性，我们对弯曲文本采用 CTW1500 数据集的标注方法，如图 4-5 所示。

a）原图　　　　　　b）矩形框　　　　　　c）标注框

图 4-5　文本标注过程

使用矩形框框出原图中的所有文本实例区域，分别在每个矩形框中沿着文本的轮廓边缘均匀选择 16 个坐标点，按照顺时针方向记录每个坐标点的横纵坐标 x、y，所以每一个文本区域都对应着 32 个数值，而对于各种方向的四边形文本来说，只需要顺时针记录四边形的四个顶点坐标，共 8 个数值。接着将上述记录的坐标点首尾相互连接起来，构成闭环的文本区域标记，最后进行多种比例掩码标签的获取，这些不同比例的掩码标签对应于同一个文本实例，每一个与原始的文本实例共享相似的形状，并且它们都位于相同的中心点但大小不同。

4.2.3 场景文本区域的检测

1. 基于八邻域的连通分量生成

基于八邻域连通分量的分割算法一般应用在文档图像的版面分析中，本章基于等价类的连通域算法来实现，详细的算法原理大致如下：

首先对二值图像进行从左到右，从上到下的第一次扫描，如果当前扫描的像素点为前景点，则检测该点的八邻域中左边、左上、正上、右上像素点，如果这些像素点都没有被标记，则以一个新的数值来标记该点。前景像素点的标记是从 1 开始的，以后每次出现这种情况时，标记的数值依次递增，背景像素点全部标记为 0。若八邻域中有标记点，则先比较八邻域中标记点的标号大小，将该像素点设置为最小的标号值。第一次对所有的像素点标记后，图像被分割成一个个不同标号的小块，图像中标记数字为 n 时，说明第一次找出了 n 个前景的连通分量，如图 4-6 所示。

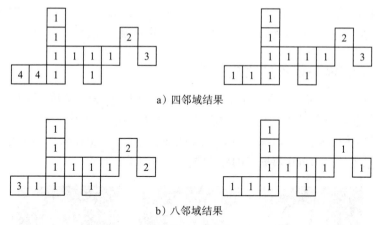

a）四邻域结果

b）八邻域结果

图 4-6　不同邻域连通分量标记

标号 1 和 2、3 相邻，实际上是属于同一连通分量的，但在第一次遍历过程中进行的八邻域标记算法，产生了两个不同的标号，所以就需要对 1 和 2、3 标号进行合并操作，方法是采用树模型进行等价类的标记。设计三种不同操作，即 Mark、Seek 和 Joint 操作。其中，Mark 执行标号初始化操作，所有标号的等价类是自己本身，此时没有子节点，树模型的深度为 1，当扫描到 1、2 标号时，发现它们是八邻域的关系，即 1 和 2 应属于同一等价类，因此进行 Joint 操作，将标号 2 指向 1，此时根节点 1 和整体树的深度为 2，记录下 Seek(2)=1。同理，当进行标号 1、3 合并时，由于节点 1 的深度大于节点 3 的深度，所以将节点 3 也指向 1，同样记录 Seek(3)=1，此时树节点 1、2、3 的深度都变成 2，以此方法进行后续同样属于八邻域但标号不同节点的合并。

2. 基于连通分量的文本检测

在实验过程中，每迭代 5 个完整的训练数据（1 轮表示完整的一个）就保存训练好的场景文本检测模型，同时将训练好的模型应用在测试集上，记录模型在测试集上的性能指标，不断进行迭代，从中选择出一个性能指标最好的模型保存，用于场景文本的检测与定位。场景文本检测的过程是将一批次（batch_size）图像输入训练好的最优模型中，通过特征提取网络生成特征图，然后将特征图转化为 0/1 掩码特征图，这步操作类似于图像的二值化过程，实验中设置生成的掩码特征图的深度是 5，接着利用上述的基于八邻域的连通分量生成算法作用在每个深度的掩码特征图上，提取出 5 个不同大小的文本区域连通分量图，这里列举了三个不同的文本连通分量图 P_1、P_2、P_5（P_3、P_4 省略未给出），如图 4-7 所示，最后再进行后处理操作。

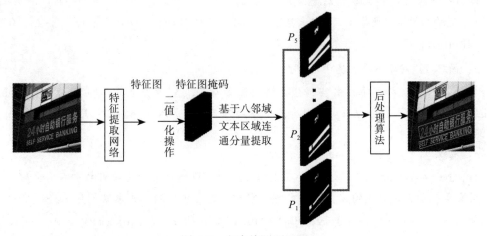

图 4-7　文本检测原理图

4.2.4　文本区域的后处理算法

文本检测网络的后处理算法是基于宽度优先搜索（BFS）进行的，宽度优先搜索算法是常用的图搜索算法之一，这一算法渗透在很多重要的图算法之中，Dijkstra 单源最短路径算法和 Prim 最小生成树算法都蕴含了宽度优先搜索算法的思想。

经过对多通道的掩码特征图提取文本的连通域后，我们得到多种不同比例的文本连通分量图，即输入图像的不同文本分割掩码图。假设分割掩码图 P_i 中包含了所有文本实例，可表示为该分割掩码图含多个文本实例 C_{ij}。如图 4-7 所示，输入原图中存在 5 个文本实例 $C_{ij} \in P_i$ $(i=1\cdots5, j=0\cdots4)$，在经过连通分量提取操作后，文本分割掩码图 P_i 也表现出 5 个文本实例分割掩码，分别代表原图的文本实例。在所有的文本分割掩码图中，P_1 是最小尺寸的文本分割掩码图，作为初始化的文本分割掩码图，P_5 是最大尺寸的文本分割掩码图，我们将 P_1，利用 P_2、P_3、P_4、P_5 文本分割掩码，通过算法 4-1 宽度优先文本分割掩码扩展算法，将 P_1 中所有的文本实例分割掩码按一定的规则合并不属于 P_1 但属于 P_2 中的文本实例分割掩码的边缘像素点，得到的结果同理再合并 P_3 中的文本实例分割掩码的边缘像素点，不断迭代，直到合并完 P_5 中的文本实例分割掩码的边缘像素点。在实验中，存在一个问题，就是当一个像素位置可能同时属于多个正在扩展的文本实例分割掩码时，解决冲突的原则是"先到先得"，哪个文本实例分割掩码先扩展到那个位置，这个位置就属于谁。P_1 经过多次扩展后，得到的文本实例分割掩码最接近真实的文本实例，再将分割掩码的边缘像素位置映射到原图的位置，最终得到文本检测结果。

算法 4-1　后处理算法

算法：宽度优先的文本分割掩码扩展

输入：文本分割掩码 P_i，文本实例分割掩码 C_{ij}，$C_{ij} \in P_i$ $(i = 1\cdots n, j = 0\cdots m)$

输出：扩展之后的文本分割掩码 E

1：变量初始化：使集合 $T = \varnothing$，集合 $M = \varnothing$，队列 $Q = \varnothing$，移动变量 $\mathrm{d}x = [-1, 1, 0, 0]$，$\mathrm{d}y = [0, 0, -1, 1]$

2：循环 1：对于每个 c 属于 C_{ij} 时，执行

更新 T、M、Q，将文本实例分割掩码像素与 T、M 做并运算，即 $T = T \cup \{(p, \mathrm{label}) \mid (p, \mathrm{label}) \in c\}$、$M = M \cup \{p \mid (p, \mathrm{label}) \in c\}$，并将所有的 c 加入队列 Q 中，$\mathrm{Enqueue}(Q, c)$

3：结束循环 1

4：循环 2：当 $Q \neq \varnothing$ 时，执行

$(p, \mathrm{label}) \leftarrow \mathrm{Dequeue(Q)}$，如果存在文本实例分割掩码像素 p 的四周像素不属于 M，且 p 的四周像素在预测的 P_i 中的像素 q 是文字，它属于需要扩展到的文本实例分割掩码像素，即 if $\exists q \in (p + \mathrm{d}x, p + \mathrm{d}y)$ && $q \notin M$ && $P_i[q] = \mathrm{True}$，那么将 $T = T \cup \{(q, \mathrm{label})\}$、$M = M \cup \{q\}$，将 (q, label) 加入 Q 中，$\mathrm{Enqueue}(Q, (q, \mathrm{label}))$

5：结束循环 2

6：将 T 的结果按标签分组，赋给 E

7：返回 E

为了验证后处理算法存在的必要性，对同一张文本输入图像进行两次不同的操作，第一次去掉后处理模块，第二次则保留后处理模块。两次实验的结果如图 4-8 所示，其中图 4-8a 是不采用后处理算法的结果，可以看出，两个文本实例的检测框明显偏小，未完全覆盖文本实例的范围，主要是因为检测模块只检测出了最小的文本实例分割掩码区域，它没有进行后处理操作，所以不能进行分割掩码区域的逐层扩展，导致最终映射到原图的检测框偏小。图 4-8b 是采用了后处理算法的结果，可以看出，它的文本实例分割掩码经过多层的扩展，最终的文本实例分割掩码更加接近原图中的文本实例，所以在原图中的检测出来的框更加准确，更好地接近了要检测出来的文本实例的范围。

a）检测框偏小　　　　　　　　　　　　b）检测框准确

图 4-8　后处理模块是否存在的两种不同结果

4.2.5　文本检测应用实践

1. Transfer Learning

网络的训练需要大量的训练图像样本，如需要从图像中识别出椅子，常见的方法是先找出上百种常见的椅子，并为每种椅子拍摄上千张不同角度、场景的图像，然后在收集到的数据集上训练一个分类模型，虽然这个椅子数据集比 MNIST 数据集要庞大，但其样本数仍不及 ImageNet 数据集样本的十分之一，这可能会导致适用于 ImageNet 数据集的模型在椅子数据集上发生过拟合。同时，因为数据量有限，最终训练得到的模型精度也可能达不到实用的要求。为了解决上述问题，一个简单的办法就是收集更多的数据，然而，收集和标注数据会花费大量的时间和资金，如研究人员花费了数百万美元开发 ImageNet 数据集。

另一种解决方法是迁移学习，将从源数据集学到的知识迁移目标数据集上。如 ImageNet 中的图像大多数跟椅子无关，但在该数据集上训练的模型可以抽取较通用的图像特征，从而能帮助识别边缘、纹理、形状和物体组成等，这些类似的特征对于识别椅子也同样有效。

在文本检测中我们也采用迁移学习这种技术，先在一个与文本相关的大数据集 COCO-Text 上进行判断是否为文本的二分类预训练，然后基于预训练模型训练想要测试的数据集，即迁移学习中的"微调"（Fine Tuning）。当目标数据集远小于源数据集时，微调有助于提升模型的泛化能力。其主要的步骤如下：

①在源数据集（COCO-Text 数据集）上预训练一个 ResNet50 模型，得到一个与文本分类相关的模型参数即源模型。

②复制了源模型上除了输出层外，即除 ResNet 模型最后一层残差结构的所有模型设计及其参数。我们假设这些模型参数包含了源数据集上学习到的知识，且这些知识同样适用于目标数据集。还可以假设源模型的输出层的权重参数与源数据集的标签紧密相关，因此在目标模型中不直接复制源模型的权重参数，而是随机初始化 ResNet 最后一层残差结构的模型参数。

③在目标数据集上训练目标模型。我们将从头训练输出层，而其余层的参数则是基于源模型的参数微调得到的。

2. 损失函数与评价指标

损失函数是网络优化的依据，一般要符合凸函数的条件，通过不断地迭代训练找到全局最优解。常见的损失函数有二分类交叉熵损失、多分类 softmax 损失、SVM 合页损失、负对数似然损失等。文本检测的损失函数可以表示为

$$\text{Loss} = \lambda L_c + (1-\lambda)L_s \tag{4.1}$$

其中，L_c 表示掩码标签没有进行缩放时是否为文本实例的损失函数，即相对于原始大小的掩码标签 Ground Truth 的损失，L_s 是相对于缩放后的掩码标签的损失函数，λ 是用来平衡两种损失的参数，实验中设置 $\lambda=0.7$。

由于文本实例的区域占据整个图像的面积较小，采用交叉熵损失时会导致网络的预测偏向于背景区域，所以采用分割常用的 Dice Coefficient 损失，它是一种重要的评价分割效果的性能指标，具体可以表达为

$$D(S_i, G_i) = \frac{2\sum_{x,y}(S_{i,x,y} * G_{i,x,y})}{\sum_{x,y}(S_{i,x,y}^2) + \sum_{x,y}(G_{i,x,y}^2)} \tag{4.2}$$

式中，$S_{i,x,y}$ 和 $G_{i,x,y}$ 分别表示在位置 (x, y) 处是否为文本的预测结果 S_i 和 Ground Truth G_i 的值。采用上述 OHEM 方法处理不平衡数据问题，对原始掩码标签 S_n 给出训练 mask 为 M，故 L_c 的计算公式为

$$L_c = 1 - D(S_n * M, G_n * M) \tag{4.3}$$

而对于除去 S_n 的缩小的文本掩码标签给出的训练 mask 为 W，当对原始掩码标签处的位置像素点预测结果为文本像素点时，使对应位置处的 W 结果为 1，去除了 S_n 中预测结果为非文本的区域，由于每个文本标签有多个不同比例大小的预测结果，所以要求的是平均损失，L_s 可以表示为

$$L_s = 1 - \frac{\sum_{i=1}^{n-1} D(S_i * W, G_i * W)}{n-1}$$
$$W_{x,y} = \begin{cases} 1, & S_{n,x,y} \geqslant 0.5 \\ 0, & \text{其他} \end{cases} \tag{4.4}$$

通常采用了召回率（Recall）R 和精确度（Precision）P 作为文本检测的性能评价指标。召回率也叫灵敏度，表示实际为正类的数据中有多少数据被正确预测，这里指的是使检测结果包含尽可能多的实际文本区域，精确度表示预测为正类的结果中实际正类所占的比例。

$$P = \frac{\text{TP}}{\text{TP} + \text{FP}}$$
$$R = \frac{\text{TP}}{\text{TP} + \text{FN}} \tag{4.5}$$
$$F = 2 \times \frac{P \times R}{P + R}$$

其中综合指标 F 为一个综合了精确度和召回率的值。TP 表示将正样本预测正确的数目，FP 表示将负样本预测错误的数目，FN 表示将正样本预测错误的数目，即未检测到的文本区域数目。

3. 数据集与实践结果

将经过预训练的模型保存网络的权重参数之后迁移到以下几个公开的数据集上进行训练，然后进行测试，这几个公开的数据集组成的训练数据包括中文文本、英文文本、非水平的倾斜文本、曲线型文本等。

① MSRA-TD500 是微软公开的针对中英文场景的经典文本检测数据集，里面包含 300 张训练图像和 200 张测试图像，数据集主要是相机拍的自然场景，主要包括街道场景、室内场景、各种招牌等，文本方向包括水平、垂直、倾斜。

② ICDAR 是文档分析与识别国际会议发布的数据集，其中 ICDAR2013 分别包含 229 张训练图像和 233 张测试图像，图像较为清晰且文本只是水平方向的；ICDAR2015 数据集的图像分辨率较低，它主要由谷歌眼镜采集获得，里面含有多方向的文本，总共包含了 1000 张训练图像和 500 张测试图像。这三个组成的训练集中不含有弯曲文本，在训练之前将图像固定到 640×640 且文本统一用四边形来标注，每个文本标注框用 8 个数值来表示，程序在其上得到的最好训练模型记为 BEST_QUA.pth。

③ CTW1500 是特别针对弯曲不规则文本提出的文本检测数据集，其中包含 1000 张训练图像和 500 张测试图像，它的文本标注方式与前面三个数据集不同，主要是增加了更多的点来标注，每个文本由含有 16 个顶点的多边形标注，在其上得到的最好训练模型程序记为 BEST_CTW.pth。

为验证模型在上述的公开数据集的表现，采用了精度 P、召回率 R 以及综合指标 F 作为评价指标，首先给出了模型在 MSRA-TD500 和 ICDAR2013 这两个偏小的文本检测数据集上的结果，并与其他算法在这两个数据集上的表现作对比，结果见表 4-1 所示。

表 4-1　不同方法在 MSRA-TD500 和 ICDAR2013 的检测指标

方法	MSRA-TD500			ICDAR2013		
	P (%)	R (%)	F (%)	P (%)	R (%)	F (%)
Yang	69.2	54.3	61.1	67.0	57.7	62.0
Neumann	74.3	58.2	65.2	73.1	64.7	68.7
Yin	71.5	61.4	66.3	86.3	68.3	76.2
TextBoxes	82.2	75.1	78.1	87.7	82.6	85.1
CTPN	87.5	76.2	81.5	93.0	83.0	88.1
R^2CNN	91.1	80.3	85.3	93.5	82.8	87.7
本例方法	93.2	81.5	86.9	95.6	88.9	92.1

通过检测结果可以看出，检测 ICDAR2013 中的文本比在 MSRA-TD500 上更加简单，本章所述的方法在这两个比较清晰的数据集上都实现了最高的检测精度和综合指标，说明检测模型对 ICDAR2013 数据集中的水平文本和 MSRA-TD500 数据集中中英文多方向文本

具有较好的检测效果。在水平文本、倾斜文本、光照不均匀文本条件下的检测结果如图 4-9 所示。

   a）水平文本   b）倾斜文本   c）光照不均匀文本

图 4-9 文本检测结果

  表 4-2 是模型在 CTW1500 上与其他方法的比较结果，目前针对弯曲文本的开源检测算法还比较少，而本例方法也在此数据集上取得了不错的检测精度，但召回率相比精度来看没有明显的优势，本例方法的综合指标接近目前已给出数据的最好结果，证明了本例方法的有效性。图 4-10 给出了一些检测结果，第一行是不规则文本的正确识别结果，主要文本的弧度不是特别大，各文本间相互独立，没有重叠交叉情况，是一种简单的不规则文本。而第二行中文本检测出现漏检、误检的情况，如当存在和文本高度相似的假文本时，可能会把它当成文本检测出来，如图中校徽的边缘很像字符"山"字，所以误检到了边缘的非文本。

表 4-2 不同方法在 CTW1500 上的指标值

方法	P（%）	R（%）	F（%）	方法	P（%）	R（%）	F（%）
CTPN	60.4	53.8	56.9	CTD	77.4	69.8	73.4
SegLink	42.3	40.0	40.8	TextSnake	67.9	85.3	75.6
EAST	78.7	49.1	60.4	本例方法	76.5	75.1	75.8

  将上述模型应用于手机随意拍摄的文本图像上，摆脱数据集的束缚，我们可直接观察它的检测效果，图 4-11 是一些检测样例。图 4-11a 是自然场景下长文本的检测结果，可以看到检测到了两个平行的长文本区域。图 4-11b 是自然场景下小目标文本的检测，虽然拍摄距离较远，文本小且相对模糊，但也被有效检测。图 4-11c 是紧密文本的检测，可以看到图

中的每一行文字都被长矩形框给标记出来了，且每个文本框没有重叠，说明本模型可以区分相邻很近的文本行。图 4-11d 是将其应用在发票上检测其中的文本，可以看到发票中的水平和垂直文本都被有效检测。图 4-11e 为街景文本检测，虽然图像拍摄时有一定的视角倾斜，导致图像中存在透视变换，但可以看到指示牌上的文本都被有效检测。图 4-11f 是门店招牌的检测，其中字体不一的文本都被有效检测。

图 4-10　不规则文本检测结果

a）长文本检测　　　　　　　　　　　　b）小目标文本检测

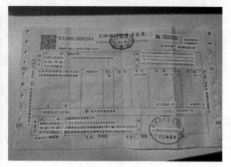

c）紧密文本检测　　　　　　　　　　　d）发票文本检测

图 4-11　不同场景文本的检测结果

e）街景文本检测　　　　　　　　f）门店招牌的检测

图 4-11　不同场景文本的检测结果（续）

4.3　基于序列的场景文本识别

现有的 OCR 系统在受约束的文本识别（即基于词典或固定文本长度）上取得了很好的效果，而场景文本通常由不固定的字符组成，其识别通常需要识别长度变化的文本。传统的文本识别通常有图像预处理、单个字符分割、字符特征设计、训练分类器、语言解码、后处理等步骤，其性能依赖人工设计的特征，难以适应复杂背景的文本识别。

从机器学习的角度出发，场景文本识别属于文字结构化预测问题。仅由卷积神经网络组成的文本识别系统无法利用文本之间的上下文信息，基于卷积神经网络和循环神经网络 RNTR-Net（Robust Natural Text Recognition Network）能更加鲁棒地识别自然场景中的文本。

自然场景文本识别网络 RNTR-Net 整体网络的流程如图 4-12 所示，主要由三部分组成。

①底层的特征提取网络主要由通用的残差学习模块和改进的残差学习模块组成，通过多个模块的卷积操作，能够逐级提取输入文本图像的深层特征，并表示为计算机能够理解的高层语义信息。特征提取层的主要作用是将生成的特征图转化为特征序列，为后续的识别打下基础。

②中间的双向循环网络记忆特征序列中长距离的相关性，改善特征提取网络提取特征的局部性，使其结合更广泛的上下文信息。

③转录层（Transcription）可以将双向循环网络产生的预测序列进行转化，生成的标签序列为文本识别的结果，这种网络可以适应不定长度的文本，以便进行灵活的文本识别。

所提出的文本识别网络可以实现端到端的训练，方便在实践中部署应用。

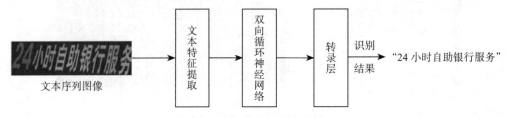

图 4-12　文本识别流程图

4.3.1 场景文本特征序列的提取

1. 特征图映射到特征序列

基于序列的文本识别需要将特征提取输出的特征图转换为特征序列，其过程是将生成的特征图（其形状为 $h \times w \times n$，其中 n、w 和 h 分别代表特征图的深度、宽度和高度）按列的方式从左到右，将每一项特征图都转换为特征向量，向量的大小为 $h \times n$，共有 w 个特征向量，通过这种操作可以将特征图变为一个一维的特征向量序列，把它当成是输入图像的一个特征序列，它是一种帧序列，长度等于特征图的宽度。我们可以将第 i 个特征向量定义为 $\boldsymbol{X}^{(i)}$，特征图可以写成

$$\Phi(i) = \{\boldsymbol{X}^{(i)}\}, \quad i \in [1, \cdots, w] \tag{4.6}$$

如果定义特征序列中的第 i 个为 S_i，特征向量依赖于特征提取之后生成的特征图，由于我们将所有的特征向量组合为特征序列。因此，S_i 等效于 $\boldsymbol{X}_a^{(i)}$ 的连接，其中 $a \in [1, \cdots, n]$，则有如下关系，式（4.7）意味着从左到右的输入图像被分为 w 个切片。

$$\{\boldsymbol{X}_a^{(i)}\big|_{a \in [1, \cdots, n]}\} = \{S_i\} \quad i \in [1, \cdots, w] \tag{4.7}$$

第 i 个特征序列的预测与输入图像的一个感受野（Receptive Field）相关联，其中每个切片对应于特征序列中的一个向量，如图 4-13 所示。

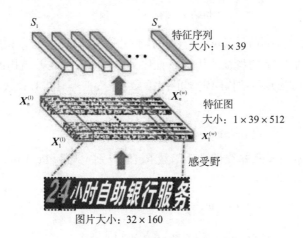

图 4-13　图像特征序列的生成

2. 改进的残差模块生成文本特征序列

从 4.2 节分析中可知，场景文本检测网络中的特征提取模块在整个系统中的重要性，它是整个网络的基础。在文本识别工作中，特征提取器同样在捕获文本特征中起着至关重要的作用。经典 CRNN 文本识别模型基于普通卷积层组成的特征提取网络难以保证从场景文本图像中获得高级特征。如用 ResNet 替换 CRNN 中的特征提取网络，利用残差学习实现深度特征提取，实验结果表明普通的残差学习结构并不适合场景文本的深度特征提取，残

差学习在利用场景图像特征方面的能力仍有待提高。

如图 4-14 所示,改进的残差结构可用于端到端系统提取高级特征图中的文本特征。考虑到后面需要通过多个特征序列来预测图像中的文字,设计一种具有矩形步长的卷积层,用于提取输入文本图像矩形感受野内的特征,以确保从输入图像中提取有效文字特征,该模块可以适应各种输入图像大小。

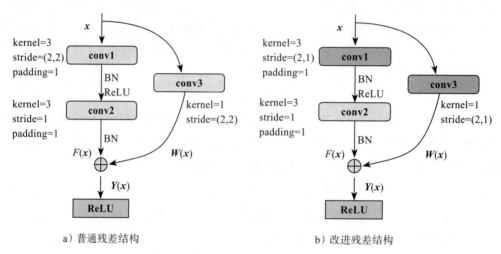

a)普通残差结构　　　　　　　　　b)改进残差结构

图 4-14　两种残差结构

普通残差结构中的 conv1、conv3 卷积被矩形步长为(2,1)的卷积所代替,可以在文字的整体高度上来提取文字的特征,构成特征序列,令 x 表示残差结构的输入,而 $F(x)$ 表示前馈神经网络的输出,残差结构中定义的权重参数为 w_i,$i \in (1,2,3)$,残差结构中的输出可以表示为

$$Y(x, w_1, w_2, w_3) = F(x, w_1, w_2) + W(x, w_3) \qquad (4.8)$$

图中的批量归一化 BN 和非线性激活函数 ReLu 分别定义为 $B(x)$ 和 $\sigma(x)$,式(4.8)可以表示为

$$F(x, w_1, w_2) = B(w_2 \sigma(B(w_1 x))) \qquad (4.9)$$

$$W(x, w_3) = B(w_3 x) \qquad (4.10)$$

由此可得:

$$Y(x, w_1, w_2, w_3) = B(w_2 \sigma(B(w_1 x))) + B(w_3 x) \qquad (4.11)$$

与 CRNN 类似,特征图的形状必须保持 $1 \times w \times n$ 的形状,由于特征图的高度都是 1,所以训练中每次迭代加载的图像都必须缩放到相同的高度,实验中将输入图片的高度都变为 32,然后文本识别网络中的转录层可以根据特征图构成的 w 个特征序列来预测文本。图 4-15 给出了在使用不同残差模块提取特征时,生成不同特征图的差异,图中首先使用相同的 CNN 结构提取图像的特征图,以确保可以获得相同大小的初始特征图。图 4-15b 是改进

的残差模块最终生成的特征图大小为 1×40（省略了特征图的深度），但在使用常规残差模块时，只能生成大小为 1×5 的特征图。对于基于序列的文本识别来说，1×5 的特征图只能构成 5 个特征序列，表示后续的转录层仅预测 5 个序列，只能识别出 5 个字符，但是通过所提出的改进结构可以构成 40 个特征序列，这意味着可以获取 40 个帧序列，用来一次预测 40 个字符。显然，普通的残差结构不能预测图 4-15 中输入图像中包含 10 个字符的文本，而所提出的改进结构能预测出多达 40 个字符的文本图像，能满足大多数可变场景文本识别的需求，对于场景文本的识别更为实用。此外，在实验中值得注意的是，大小为（2，1）的卷积步幅能够有利于提取长棒状字符的特征，例如 i、j、I 等字符。

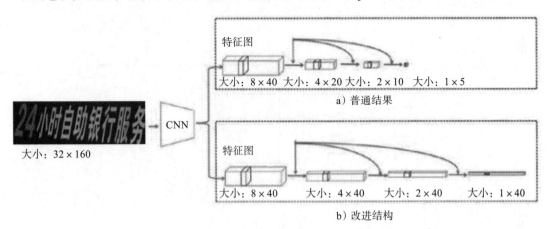

图 4-15 两种不同残差模块生成的特征图

4.3.2 特征序列上下文信息提取

传统神经网络无法基于先前学习的信息来预测下文的信息，由于文本序列可以看成是上下文相互关联的序列，所以应该使用能学习上下文信息的循环神经网络。对于处理序列数据来说此网络有诸多优点，如循环神经网络能有效提取文本序列中的上下文信息，有利于提高文本识别的准确率。当待识别的字符较宽时，往往单帧的信息无法完整地描述整个字符，需要利用左右帧的信息来识别字符。虽然识别字符 "i" 等易混淆字符时容易出错，但可以利用它的左右字符组合（如 ji, il）的高度差异实现准确的识别。

循环神经网络可以将误差梯度反向传递到上层的卷积特征提取网络，具体来说，误差梯度可以反向传递到特征序列的每一帧上。若将特征序列重新组合为原有的特征图，即进行特征提取网络生成的特征图映射到特征序列的逆向工程，可以得到上层卷积特征提取网络输出的误差梯度，每次反向传递完成之后，更新相应的权重参数。任意长度的序列都能被循环神经网络处理，它的循环元可以根据处理的序列长度而展开，且展开只增加模型的规模，不增加模型的参数，可动态地组成相应的网络以处理任意长度序列。

虽然标准的循环神经网络允许信息从网络的一个时间步长传递到下一时间步长，然而，当传递的时间步长较长时，循环神经网络无法处理长距离依赖，存在 "梯度消失或爆炸"

的结构缺陷，导致循环神经网络不能有效地利用上下文信息。针对这一问题，Hochreiter 和 Schmidhuber 等人提出了"长短期记忆"（Long Short-Term Memory，LSTM）结构，LSTM 是循环神经网络的一种非常优秀的改良，在语音识别、机器翻译等领域应用广泛，从结构设计上解决了梯度消失或爆炸的问题。

LSTM 的内部结构如图 4-16 所示，在 t 时刻，LSTM 的输入有三个：当前时刻网络的输入值 x_t、上一时刻 LSTM 的输出值 h_{t-1} 和上一时刻的单元状态 c_{t-1}。LSTM 的输出有两个：当前时刻 LSTM 输出值 h_t、当前时刻的单元状态 c_t。其中 x、h、c 都是向量，下列所述出现的权重 W_j、偏置 b_j，$j \in \{f,i,c,o\}$ 都是 LSTM 中要训练的参数。

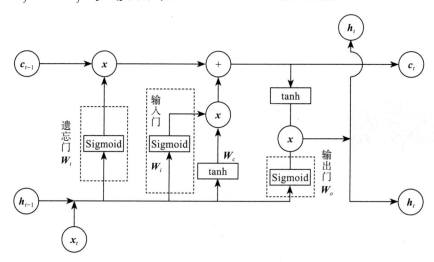

图 4-16 LSTM 的内部结构

LSTM 主要的核心思想是采用"细胞状态"，即长期记忆 c 线通道贯穿整个时间序列，如从 c_{t-1} 到 c_t，这条线上只有乘法操作和加法操作。其通过设计"门"的结构来去除或者增加信息到细胞状态。门是一种控制信息选择性通过的方式，通常由 Sigmoid 和矩阵逐点乘法运算组成。LSTM 中有三个门，分别是"遗忘门""输入门""输出门"。

①遗忘门中细胞状态需要决定保留和遗忘部分信息。遗忘门把前一时刻的输出 h_{t-1} 和当前时刻的输入 x_t 组合起来，送入 Sigmoid 层，输出 0 到 1 之间的值，该值与细胞状态 c_{t-1} 相乘，Sigmoid 层的输出值决定之前状态中的信息有多少应该保留，细胞遗忘门 f_t 可以表达为：

$$f_t = \sigma(W_f \cdot [h_{t-1}, x_t] + b_f) \tag{4.12}$$

②输入门决定什么样的输入信息应该保留在细胞状态 c_t 中，它同样作用于 h_{t-1} 和 x_t，结果也送入 Sigmoid 层。tanh 层主要是用来产生 $\tilde{c}_t$，它是更新值的候选项，tanh 层的输出范围是 $[-1,1]$，当为 -1 时说明细胞状态在某些维度上需要减弱，为 1 时需要加强。输入门通过 Sigmoid 层的结果与 tanh 层相乘，它对 tanh 层的结果起到一个缩放作用，当出现 Sigmoid 层输出为 0 的极限情况下，说明了细胞状态不需要更新，细胞输入门 i_t 和 tanh 层公式如下：

$$i_t = \sigma(W_i \cdot [h_{t-1}, x_t] + b_i) \tag{4.13}$$

$$\tilde{c}_t = \tanh(W_c \cdot [h_{t-1}, x_t] + b_c) \tag{4.14}$$

接下来是细胞状态 c_t 的更新,首先经过遗忘门,得出旧的细胞状态中有多少被遗弃,接着输入门将所得的结果加入细胞状态,表示新的输入信息中有多少加入细胞状态中。计算公式如下:

$$c_t = f_t \cdot c_{t-1} + i_t \cdot \tilde{c}_t \tag{4.15}$$

③输出门是将信息保存到隐含层中,在细胞状态更新之后,将会基于细胞状态计算输出。同样输入数据 h_{t-1} 和 x_t,通过 Sigmoid 层得到输出门的值,然后,把细胞状态经过 tanh 处理,并与输出门的值相乘得到细胞的输出结果。输出门 o_t 和 LSTM 输出计算公式如下:

$$o_t = \sigma(W_o \cdot [h_{t-1}, x_t] + b_o) \tag{4.16}$$

$$h_t = o_t \cdot \tanh(c_t) \tag{4.17}$$

序列识别还面临一个问题,即序列往往不存在严格的从左到右的时间顺序。例如本章的场景文本识别问题,通过上述的操作后可将场景文本图像当成一个特征序列来处理。每一个序列帧的预测同时需要考虑左右两侧上下文的信息,如仅仅考虑前一个时刻的信息,将可能导致预测出错。同样,在语音识别中,虽然语音信号有着严格的时间顺序,但人们发现同时考虑一个帧的左右方向的信息要比只考虑一个方向的信息的识别效果更好。因此,需要一种同时利用左右方向信息的网络,它们在相反的方向上传递信息,实现在每一时刻综合利用左右方向的历史信息,由此,产生了双向 LSTM(Bidirectional LSTM,BiLSTM)网络。

通常而言,更深的网络有着更好的学习效果。本章利用两个 BiLSTM,将两者叠加之后得到双层 BiLSTM,其结构如图 4-17 所示,分别表示从左到右的 LSTM 和从右到左的 LSTM。

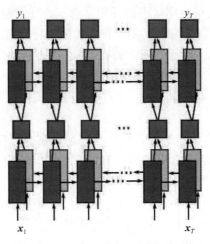

图 4-17　文本识别中双向循环网络

双层 BiLSTM 输入的是文本图像的特征序列 $x = x_1, x_2, \cdots, x_{T-1}, x_T$，经过第一层 BiLSTM 时，处于同一位置节点的输出会经过拼接之后输入第二层的 BiLSTM 中。在第二层中，拼接后的输出向量会被映射到 C 维，C 是上述合成的识别数据集中字符种类个数，仍然是 6855，映射之后的向量经过 softmax 操作，预测得到每帧的标签概率分布，即为 $y = y_1, y_2, \cdots, y_{T-1}, y_T$。

4.3.3　转录层文本识别

对于序列识别任务来说，需要对未分割的输入文本进行字符识别，这种字符识别的适应范围更广，但难度更大，主要是因为输入数据是大量随意、凌乱的未分割序列。循环神经网络具有强大的识别能力，它们能从帧序列数据中利用上下文信息来进行学习，预测输出每一帧的概率分布。但在训练时往往需要先对文本序列进行分割，且需要详细标记出每个字符在图像中的具体位置。若事先不将输入和输出的序列对齐，由于自然场景中的文本字符大小、字符间距等不同，当直接对网络进行训练时，容易导致模型难以收敛，识别精度严重下降。为此，在转录层中采用了语音识别中的一个重要方法——基于连接的时序分类（CTC）来解决上述的问题。

当输入序列为 $X = \{x_1, x_2, \cdots, x_t\}$，对应的标签序列为 $Y = \{y_1, y_2, \cdots, y_u\}$，CTC 时序分类的目的就是将 X 和 Y 进行某种关系的对应，但 X 和 Y 的长度不同且长度会变化，所以它们两者不是一一对应的，传统的分类方法不能处理这种情况。基于连接的时序分类方法可以解决这个问题，它不需要 X、Y 对齐，例如对于输入的序列 X 长度为 5，即 $X = \{x_1, x_2, x_3, x_4, x_5\}$ 时，而对应的标签序列长度为 3，即 Y 为"abc"时，网络会对输入序列 X 的每一帧都会有一个输出，比如对 X 的输出为 {a,b,b,c,c,c}。若采用合并重复字符的规则，则可以得到和标签序列 Y 一样的输出。若只通过这种简单的对应方式，则会出现两个难以解决的问题。第一个是 X 中的所有帧不能对应到输出上，例如当其中的某一帧是文本图像中非字符的空白区域信息时，网络无法将其对应到输出的任何字符上，导致输入序列的输出结果不完善。第二个是上述的合并操作会将 X 输出的不同长度的序列合并为同一个标签序列，如对于长度较短的输出序列 {a,b,b,c}，标签序列"abc"是它的合并结果，{a,b,b,c,c,c} 和 {a,b,b,c} 是两个不同长度的输出序列，识别为同一个标签序列有可能是不合理的，因为可能开始输入的要识别的文本序列长度本来就不同，最终却识别为同一长度的文本结果，从而降低了识别的准确性。

在 CTC 转录机制中，为了解决上述出现的问题，在原有字符集的基础上引入空白字符（blank），记为"-"，它表示文本行中的非字符区域。设原有帧的字符集用集合 S 表示，扩增后记为 S^*，则 $S^* = S \cup \{blank\}$，包含了 $|S| + 1$ 个字符单元。所有帧的最终输出组成了 $T \times (|S| + 1)$ 的概率矩阵，如图 4-18 所示，其表示整个字符序列输出的概率分布。

对于宽度较大的字符，帧与帧之间有较大的重叠，多个帧对应着同一个字符，CTC 方法引入了一个操作算子 $\beta(\pi)$，对通过双层 BiLSTM 网络的帧序列输出生成的预测序列 π 执

行 β 操作，输出最终的标签序列 l 作为文本识别的结果。变换操作如表 4-3 所示，β (aab-bb-cc)=abbc。

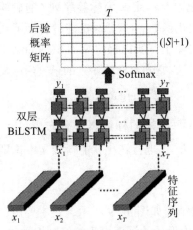

图 4-18　字符序列后验概率矩阵

表 4-3　预测序列的 β 操作

a	a	b	-	b	b	-	-	c	c
	a	b	-		b		-		c
	a	b			b				c
				abbc					

它将预测序列 π 从头到尾扫描两次，第一次将字符间没有 blank 字符的相同字符进行合并，第二次扫描是先去除整个字符序列的 blank 字符，对 blank 字符左右两边相同的字符则不合并。对于这种变换方法来说，有以下几个特点：①单调性，即输入序列、输出序列之间的对应是单调唯一的，当输入序列发生移动时，输出序列也会朝着相同的方向移动，保证两者的单调对应。②可保证对同一个输入序列的预测对应到相同的输出序列。因为在网络的训练过程中，随着参数的更新，即使同一文本序列的所有帧输出的预测序列结果不一样，这种操作也会使得最终的识别结果一样。③输入序列的长度大于等于输出序列的长度，这是识别长度变化序列的一个显著特点。

转录层连接在双层 BiLSTM 的后面，它可以看成双层 BiLSTM 的输出层，双层 BiLSTM 输出序列 y 的长度为 T，预测序列 π 是从左到右穿越整个字符序列输出概率矩阵的一条字符串路径（$\pi \in S^{*T}$），路径的长度也为 T，与帧序列等长。通过最大化双层 BiLSTM 的输出概率路径，来寻找所有路径中的最优路径，一条字符串路径的概率由公式（4.18）给出，其中 n_t 表示字符串路径对应位置的字符。

$$P(\pi \mid y) = \prod_{t=1}^{T} P(n_t \mid y_t) \qquad (4.18)$$

$$P(l \mid y) = \sum_{\pi:\beta(\pi)=l} P(\pi \mid y) \qquad (4.19)$$

$P(n_t | y_t)$ 表示预测序列 π 的第 t 项概率分布中 n_t 对应字符的概率值。一个标签序列 l 的概率如公式（4.19）所示，它的概率为所有能通过操作算子 β 得到同一个标签序列 l 的预测序列 π 的概率和。CTC 算法把 $P(l | y)$ 定义为标签序列 l 的后验概率，训练的目标就是最大化后验概率，这是网络的最优化函数。CTC 算法能计算所有可能字符串的概率，找出后验概率最大的字符串作为最后的输出，所以最终文本识别的结果为能使后验概率 $P(l | y)$ 最大化的任意标签序列，把它记作 l^*，它表示标签序列的最大后验概率 $P(\pi / y)$，公式定义如下：

$$l^* = \arg \max_\pi (P(\pi | y)) \tag{4.20}$$

即只需要选取序列 y 中的每一帧的标签概率分布中最大概率对应的字符，将其组成一个从左到右的字符串，再用 β 操作进行转化就能得到文本识别的结果。

4.3.4 文本识别网络

文本识别网络详细完整的结构如图 4-19 所示，它主要由三部分组成。第一部分文本特征提取是由基于改进的残差结构设计的深度卷积神经网络结构（DCNN），它的组成顺序是 1 个空洞卷积（Dilated Convolution）层、4 个普通的残差模块、2 个改进的残差模块以及 1 个普通卷积层，用来提取文本图像的特征序列。空洞卷积的操作类似于普通卷积，最大区别是卷积计算时输入计算的图像像素位置不相邻，中间相隔了 d 个像素，d 一般为 2，它最大的优点是能扩大网络的感受野，能起到类似最大池化层的作用但又能保证特征图的尺寸不变，减少了特征的丢失，保证得到的特征图的精确性。第二部分是双层 BiLSTM 网络用于序列预测，第三部分是转录层用来翻译所识别出的字符序列。

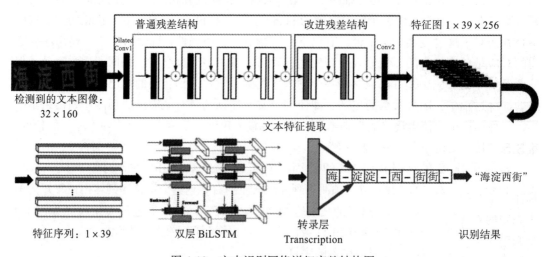

图 4-19 文本识别网络详细完整结构图

在文本识别网络中，每个卷积层之后使用批量归一化层 BN，以加速训练过程中的收敛。表 4-4 展示了网络架构配置的详细信息，其中 C、K、S、P 各自代表特征图深度 Channel、卷积核尺寸 Kernel、步长 Stride 以及图像 Padding 的大小，Dilated Conv1 空洞卷积的 Padding 为 2，比普通卷积多 1，"[]"中数字表示的是 [K，S，C]，Block1 代表的是普通残差结构，Block2 是改进的残差结构，Shortcut 是残差模块卷积的基本配置，包括卷积核、步长以及通道数。通过特征图输出的尺寸（Output size）可以看出，前两个 Block1 降低了特征图宽高维度上的尺寸，后两个 Block2 只降低了一个维度的尺寸，两者都起到了降采样的作用。Param 代表网络的参数量，可以看出网络的参数量比经典 VGG、ResNet、Inception 等网络小很多。

表 4-4　文本识别网络架构配置

模块名称	输出特征图大小	基本配置	残差路径
Dilated Conv1	32×160	$C{:}64, K{:}3 \times 3, S{:}1 \times 1, P{:}2$	—
Block1	16×80	$\begin{bmatrix} 3\times3,2,64 \\ 3\times3,1,64 \end{bmatrix}$	$[1\times1,2,64]$
Block1	8×40	$\begin{bmatrix} 3\times3,2,64 \\ 3\times3,1,64 \end{bmatrix}$	$[1\times1,1,128]$
Block1	8×40	$\begin{bmatrix} 3\times3,1,128 \\ 3\times3,1,128 \end{bmatrix}$	$[1\times1,1,256]$
Block1	8×40	$\begin{bmatrix} 3\times3,1,256 \\ 3\times3,1,256 \end{bmatrix}$	$[1\times1,2\times1,512]$
Block2	4×40	$\begin{bmatrix} 3\times3,2\times1,512 \\ 3\times3,1,512 \end{bmatrix}$	$[1\times1,2\times1,512]$
Block2 Conv	2×40 1×39	$\begin{bmatrix} 3\times3,2\times1,512 \\ 3\times3,1,512 \end{bmatrix}$ $C{:}512, K{:}2\times2, S{:}1\times1, P{:}0$	—
BiLSTM BiLSTM	隐藏单元：256 隐藏单元：256		
转录层	—		
模型参数（#Param）	12.5 M		
模型复杂度（#FLOPS）	1.2 G		

4.3.5　模型训练

设训练数据为 $T = \{I_i, L_i\}$，I_i 表示训练集中的一张图片，L_i 表示训练图片中文本序列的标注，整个网络的损失函数是后验概率的负对数似然函数，由式（4.21）给出，把它当作文本识别的 CTC_Loss，并使其最小化，y_i 是整个网络模型对 I_i 进行预测得到的概率分布。模型利用这个损失函数进行端到端的训练，由式（4.21）右边可以看出，网络的训练过程只需要输入图片对应文本的整体标注，不需要分割出文本序列中每个文字的位置信息。

$$\text{Loss} = -\sum_{(I_i, L_i) \in T} \log p(L_i \mid y_i) \tag{4.21}$$

不同于常见的随机梯度下降算法，文本识别采用 RMSProp 算法对模型参数进行优化，可以防止迭代过程中陷入鞍点处或者局部极小值点。该算法可使模型在各个维度上的摆动幅度都较小，有利于加速模型的收敛，算法的优化步骤如下：

①计算权重参数的梯度平方值的累加和 $G_{dw}^{(n)}$，如式（4.22）所示，其中 dW 是权重参数的梯度，为 $dW = \dfrac{\partial L}{\partial W}\Big|_{W=W^{(n)}}$，$\rho$ 是趋近于 1 的衰减系数，常设置为 0.9，它的作用主要是将过去与现在的梯度平方值累加和做一个权衡，确保不出现极大的情况，保证训练过程的平稳性。

$$G_{dw}^{(n)} = \rho G_{dw}^{(n-1)} + (1-\rho)(dW)^2 \qquad (4.22)$$

②按照式（4.23）更新权重参数，其中 η 是学习率，ε 是一个很小的数，如 10^{-7}，用来避免分母为 0 的情况发生。由于在更新参数时除以了它之前的梯度平方值累加和，所以当梯度变化剧烈时可使梯度更新幅度变小，避免模型震荡剧烈。此算法适用于不同的模型，比标准算法速度快，是深度学习中高效的优化算法。

$$W^{(n+1)} = W^{(n)} - \frac{\eta}{\sqrt{G_{dw}^{(n)} + \varepsilon}} dW \qquad (4.23)$$

③整个网络迭代训练 2.7 万次，每训练 450 次采样一次损失值，损失值不断下降，最终网络的损失值收敛到 0.17 左右。损失函数表明了我们设计的识别网络在训练数据集上提取特征的能力在变强，识别文本的能力也在提高。

4.3.6 文本识别应用实践

1. 预处理

文本识别在实际应用时，要先进行文本检测，找到含有文本的区域，进行一些预处理操作保证文本识别的准确率。

（1）图像校正

为了方便进行文本识别，需要将大于一定角度的倾斜文本进行倾斜校正。为了加快校正速度，保证识别的准确率，本例设置角度调整阈值为 10 度，即文本倾斜角度大于 10 度才需要校正。输入的场景文本图像经过文本检测模型处理之后，程序中使用最小矩形框将检测出的文本行标记出来，这个最小矩形框包含一些基本的信息，如矩形框的宽 w、高 h、矩形框的中心点坐标 (x_0, y_0) 以及相应的倾斜角度 α，可将需要校正的文本按式（4.24）得到水平方向的文本图像。

$$\begin{pmatrix} \tilde{x} \\ \tilde{y} \\ 1 \end{pmatrix} = \begin{pmatrix} 1 & 0 & x_0 \\ 0 & 1 & y_0 \\ 0 & 0 & 1 \end{pmatrix} \begin{pmatrix} \cos\alpha & \sin\alpha & 0 \\ -\sin\alpha & \cos\alpha & 0 \\ 0 & 0 & 1 \end{pmatrix} \begin{pmatrix} 1 & 0 & -x_0 \\ 0 & 1 & -y_0 \\ 0 & 0 & 1 \end{pmatrix} \begin{pmatrix} x \\ y \\ 1 \end{pmatrix} \qquad (4.24)$$

以中心点坐标将原图像按相反方向旋转 α，最后将文本图像中校正好的水平方向的文本从图像中提取出来，得到要识别的文本序列图像，并将得到的图像高度统一变为 32，宽度随高度的比例变化，输入识别网络中，如图 4-20 所示。

a）文本检测结果   b）倾斜校正结果

c）文本检测结果的提取

图 4-20　预处理过程

（2）图像灰度化

对校正之后得到的水平文本序列图像进行灰度化，即将 RGB 图像变成 Gray 图像，减少干扰信息，图像灰度化的方法较多，最常用的是平均值法，就是取出 RGB 三通道的值，求得三个通道的像素平均值，之后替换原来相应位置的像素值。还有常用的最大值法，通过 max(R,max(G,B)) 找出三个通道的最大像素值，作为灰度图像对应位置的灰度值。这两种方法简单高效，在大多数场合能满足应用的要求。但从人眼的视觉感知角度来看，其对反光和阴影处的处理效果不好，考虑到人眼对各种色光的感知能力不同，图像灰度化采用加权值法，对不同颜色通道的像素值乘以一个权重系数再进行相加，获得最终的灰度值，常将蓝色通道、绿色通道和红色通道的像素权重系数分别设置为 0.114、0.587 和 0.299 9。

2. 评价指标

为了验证 CRNN 和本例方法在测试集上的效果，需要选择文本识别的评价标准，常用的指标有完全正确率和编辑距离系数（Edit Distance Coefficient，EDC）。

①完全正确率是使识别出的所有字符和标签字符一一对应相同，其值等于全部完全识别正确的个数除以要识别文本的总个数。

②编辑距离系数小于 1，当其越接近 1 时，表面预测的字符串越接近真实的字符串。如两个字符串 FAMILY 和 FRAME，最小编辑距离就是通过最少几步操作（删除、替换、插入）能将两个字符串变成相同的字符串，这里最小编辑距离的操作是先使 F、A、M 字符对齐，然后在 FAMILY 中的 F 和 A 字符间加入 R，再将其中的 I 字符替换为 E 且删除 L、Y 字符，共操作了 4 步，所以最小编辑距离是 4。

最小编辑距离通过动态规划的方法计算速度非常快，它可以计算任意字符长度的编辑距离。首先用 len1 和 len2 代表真实字符串 gs 和 ps 的长度，设动态规划的矩阵为 *DP*，长为 len1+1，宽为 len2+1，将矩阵 **DP** 的第一行和第一列初始化，值都是从 0 开始逐个递增加 1。所以首行最后一个元素值为 len1，首列最后一个元素值为 len2，设定辅助量 tmp 为

$$\text{tmp} = \begin{cases} 0, \text{gs}[i] \neq \text{ps}[j] \\ 1, \text{gs}[i] \neq \text{ps}[j] \end{cases}, 1 \leqslant i \leqslant \text{len1}, 1 \leqslant j \leqslant \text{len2} \qquad (4.25)$$

则矩阵 **DP** 中其他元素的值可通过下式计算：

$$DP[i,j] = \min(DP[i-1,j], DP[i,j-1], DP[i-1,j-1] + \text{tmp}) \qquad (4.26)$$

最小编辑距离就是矩阵 **DP** 的最右下角中的元素值为 MIN_ED = DP[len1,len2]。先需要得到归一化距离（Normal Edit Distance，NED），其计算见式（4.27），通过 NED，由式（4.28）计算得到编辑距离系数 EDC，其中 n 代表需要识别字符串的个数。

$$\text{NED} = \text{MIN\_ED} / \max(\text{len}1, \text{len}2) \qquad (4.27)$$

$$\text{EDC} = 1 - \frac{\sum_{i=1}^{n} \text{NED}(\text{gs}_i, \text{ps}_i)}{n} \qquad (4.28)$$

3. 实践结果

表 4-5 给出了 CRNN 方法和本例方法在合成数据集中的测试集上的完全正确率和编辑距离系数的指标值。测试集的规模有六万张合成文本图像，从表 4-5 中可以看出，完全正确率比编辑距离系数有较大差异，主要原因是完全正确率的指标更严格，它需要预测的结果和真实结果完全一致。本例方法的两个指标都比 CRNN 方法高，从测试结果对比可以看出中文文本识别需要更加精细化的特征，而本例方法改进的特征提取网络能获得更好的结构化中文字符特征。

表 4-5　合成数据集上两种方法指标

不同方法	完全正确率	编辑距离系数
本例方法	63.73%	0.847 5
CRNN	61.51%	0.813 5

为了更好地比较模型的性能，我们在自然场景数据集 CTW-12K 上进行识别，由于它不是直接针对文本识别的数据集，其中的每张图片是完整的场景图片，尺寸较大（2040×1080），所以需要将文本行字符图像提取出来。由于该数据集也采用四边形标注，故可以找到它的最小矩形，采用上述的提取方法来获得文本行识别图像。在实际操作过程中，由于数据集中每个文本行在 TXT 文件中都给出了对应的字符，但对于尺寸十分小、遮挡、过度不清晰的文本行只给出了含有 "#" 字符的标注。因此，我们将 "#" 字符对应的文本行舍弃，不提取对应位置的图像，由此得到一个新的针对文本识别的数据集，我们将它称为 CTW-12K 数据集的子数据集，命名为 CTW_SubData。

表 4-6 是三种不同方法在这个子数据上的评价指标值。从表中结果可知本例方法在这个数据集上的指标相对在合成数据集上有所降低，主要原因是自然场景的文本更加恶劣，

合成文本无法完全模拟真实文本，但它仍是指标值最高的方法。传统算法 SWT 性能指标值较差，而 CRNN 网络的指标值下降严重。从这些结果数据来看，本例提出的方法相对来说具有更好的鲁棒性。

表 4-6　三种不同方法在 CTW_SubData 上的指标

方法	完全正确率	编辑距离系数
SWT	35.52%	0.436 8
CRNN	57.34%	0.725 6
本例方法	61.25%	0.836 7

图 4-21 是识别算法在真实的场景文本图像上的识别结果。其中，图 4-21a 中虽然只有简单的背景，但拍摄角度发生了倾斜，算法依然可以识别出正确的结果，主要原因可能是合成的识别数据集中数据也进行了透视变换改变视角的操作，这些数据增强方法提升了网络的性能。图 4-21b 中前三行的倾斜文本和最后一行文本存在两种不同的字体，最后一行更显艺术风格，且字体的大小也不一致，识别结果也是正确的，说明合成数据时考虑不同的字体、字号等参数能提高模型的泛化性能。图 4-21c 是一个道路指示牌，虽然它的视角和字体比较简单，但它的拍摄角度比较随意，图像处于一种曝光的状态，但训练数据中模拟过这种状态，模型对这张图像也识别出了正确的结果。图 4-21d 是车牌识别结果，尽管车牌图像比较模糊，数据集中也不含有真实的车牌图像，但由于此模型是一个比较通用的文本检测与识别算法，所以它也能用在车牌识别系统中。

图 4-21　正确识别样例

图 4-22 展示了一些错误的识别结果。图 4-22a 中的竖直文本未完全正确识别，将字符"鸣、企、限"错误地识别为"四、全、眼"，虽然文本正确地被检测出来，但由于它是竖直文本，倾斜校正之后的文字是"卧倒"的，各种数据集中几乎很少有这样的文本，模

型没有学习到这种特征，所以导致无法完全识别出来。图 4-22b 是手写体文本，由于每个人的书写习惯和方式各不相同，手写体的中文字符更具随意性，而合成数据集中主要以规整字体为主，手写体有更加复杂的字符特征，图 4-22b 中有多处手写的字符没有识别出来，如"谢谢"两字书写潦草，识别结果为"滕琳"，手写字符"5"几乎和字符 s 一样，很难区分，导致识别结果为 s。图 4-22c 中的文字和背景颜色一样，两者高度融合，区别度较小，背景对文本造成严重干扰，而自然场景文本为了引起人们的注意，往往和背景有明显的颜色区分度，所以很难识别出这种情况，识别结果为"10/10o"，可以看出它完全没有识别出任何字符。

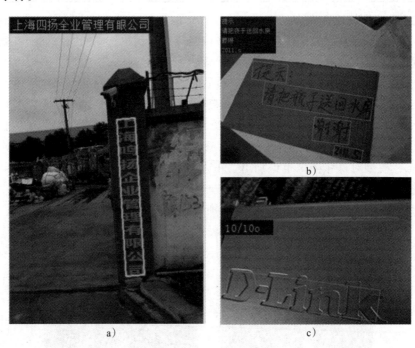

图 4-22　错误识别样例

4.4　基于轻量级模型的喷码文本识别系统

传统的喷码识别方法采用了数字图像处理和机器学习算法相结合的方式，针对检测对象来设计识别方案，主要实现步骤如图 4-23 所示。传统方法的检测速度一般较快，但对于复杂背景下的喷码字符，无法达到很好的字符分割效果，导致后续的字符识别困难。深度学习方法能够极大地提升喷码字符的检测和识别的准确率，但要比传统方法耗费更多的时间，且在大量有标签数据情况下模型才能获得较好的效果。

输入图像 → 预处理 → 图像分割 → 倾斜校正 → 字符分割 → 字符识别 → 输出结果

图 4-23　传统喷码字符识别方法

因此，本节的主要内容通过结合传统图像处理和深度学习文本识别的方法，提出了一种基于轻量级文本识别模型与合成样本学习的喷码识别方法，该方法主要包括三个模块：字符区域提取、字符处理和字符识别。整个端到端的识别方法框架如图 4-24 所示。本节接下来将详细介绍各个模块及其功能。

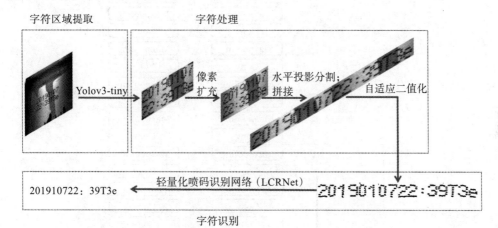

图 4-24　自然场景下端到端的喷码文本识别方法

4.4.1　字符区域提取

字符区域提取的目的是从工业相机采集的图像中提取喷码字符区域作为感兴趣区域，该区域的检测效果将影响后续字符识别的准确性。常用的候选区域提取算法利用图像特征来选择感兴趣区域，如滑动窗口方法考虑了目标大小信息；Selective Search 通过图像颜色、纹理等信息聚合目标相似区域；Edgebox 利用结构化的方法检测目标边缘，并利用非极大值抑制进行筛选。但手工选择特征的方式泛化能力弱，不能适应不同类型的图像。并且本例检测的喷码图像背景复杂，还会受到不均匀光照的影响，传统的算法很难达到精准的定位效果。近年来深度学习技术在各个场景应用中取得了突破性的成果，大量的深度网络结构也被提出，可以有效地解决传统方法存在的手工特征设计复杂、泛化能力较弱的问题。其中 2016 年 Zhi Tian 等[36] 研究者提出的 CTPN（Connectionist Text Proposal Network）网络框架在文本检测任务上取得了较好的结果，但 CTPN 检测时间一般较长，无法满足工业上对实时性的要求。

采用目标检测的方法可以直接将整个字符区域当成一个检测类别对象，使用基于卷积网络的算法可以直接从单张图片上得到字符区域的坐标和大小信息。考虑到网络的简单性和较小的计算量，且能够部署到移动设备上，本例以经典的目标检测算法 YOLOv3-tiny 作为字符区域提取算法，它是 YOLOv3 的简化版本，其边界框定位和分类精度相对其他大型网络较低，但一般在速度上具有优势。如图 4-25a 所示为 YOLOv3-tiny 网络结构，它具有两个尺度的预测输出，其中较大尺度的预测端中的感受野较小，适合小目标检测。相对于整幅图像大小，字符区域适合采用更大的感受野来检测，因此本例剔除了 YOLOv3-tiny 中的多尺度预测部分，如图 4-25b 为改进的 YOLOv3-tiny 网络结构，其中剔除了对小目标的预测端部分。

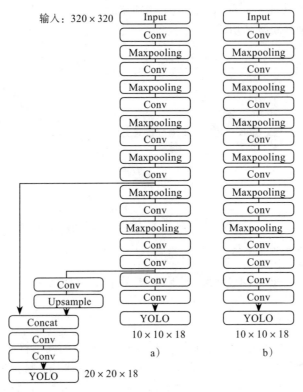

图 4-25　改进的 YOLOv3-tiny 网络结构

4.4.2　字符文本处理

本模块的目的是为后续的字符文本识别做准备，通过字符区域提取到的待识别字符文本有两行。YOLOv3-tiny 网络检测到候选区域的四个参数 $[x, y, w, h]$，分别代表候选区域中心点横坐标、中心点纵坐标、宽度和高度。为保证所有字符在候选区域内，对候选区域进行微调，在检测到的候选区域的长度和宽度上分别增加 14 个像素，即将 $[x, y, w+14, h+14]$ 作为最终字符候选区域的坐标参数；对候选框采用自适应二值化得到二值图像，利用水平投影法在 Y 轴上投影，如图 4-26a 所示。由于二值化后图像无法避免噪声点的干扰，且喷码字符为黑点矩阵字符，直接选取某一域值来裁剪并不适用所有图像。因此，本例提出了一种改进的字符投影分割算法，即对水平投影值进行归一化，得到水平投影的斜率：

$$f'(x) = \frac{f(x-1) + f(x+1)}{2} \tag{4.29}$$

其中，$f(x)$ 代表归一化后水平投影值，$f'(x)$ 代表归一化后水平投影像素值的斜率，如图 4-26b 所示。

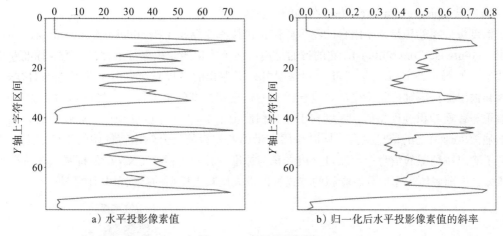

a）水平投影像素值　　　　　　b）归一化后水平投影像素值的斜率

图 4-26　水平投影图像

通过实验分析，最终选择水平投影值斜率以大于 0.5 为阈值进行分割，如图 4-27 所示为改进的水平投影分割方法得到单行文本的效果。

待处理的字符候选框　　　　　　二值图像　　　　　　像素水平投影　　归一化后水平投影的斜率

图 4-27　改进的水平投影分割方法

4.4.3　字符文本识别

深度卷积神经网络的主要作用是提取图像中的特征信息，但不能直接应用于场景文本、音频等变长序列的预测，因此需要设计循环神经网络来处理这些序列。CRNN 是 CNN、RNN 和 CTC 的组合，专为识别图像中的序列对象而设计。在喷码字符识别算法中，字符识别是最后一个关键的算法，其识别的准确率将会直接决定整个系统的好坏。本例提出了一种改进的轻量化 CRNN 网络模型来实现喷码字符的识别，本节将重点阐述基于深度学习的字符识别方法。

1. MobileNetV3 Block

MobileNetV3 Block 是轻量化网络 MobileNetV3 中的主要模块，它核心思想来源于以下三个方面：

① MobileNetV1 中的深度可分离卷积（Depthwise Separable Convolution）操作。

② MobileNetV2 中的线性瓶颈的逆残差结构（the Inverted Residual with Linear Bottleneck）。

③基于 Squeeze and Excitation 结构的轻量级注意力模型。

深度可分离卷积是一个组合的卷积操作，包括深度卷积（Depthwise Convolution）和点卷积（Pointwise Convolution），它的目的是用这两个简化的卷积进行组合，来等效标准卷积的效果，如图 4-28 所示为标准卷积和深度可分离卷积的过程对比。由于深度卷积的方式，输入和输出的深度维度是不变的，这样得到的输出特征图的维度较少，提取到的信息有限。点卷积与普通卷积过程相似，区别在于点卷积使用了 1×1 大小的卷积核。点卷积的方式可以加强深度通道上的信息融合，同时采用大量的卷积核能提升输出特征图的维度，进一步丰富了输出特征图的信息。深度可分离卷积与标准卷积都可以在 CNN 中发挥强大的特征提取能力，但前者所采用的分解卷积的方式可以极大地减少模型的参数量与计算量。

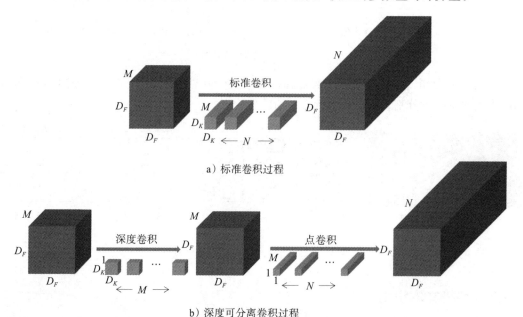

a）标准卷积过程

b）深度可分离卷积过程

图 4-28　标准卷积与深度可分离卷积的过程对比

设输入大小为 $D_F \times D_F \times M$ 的特征图，经过卷积操作后输出大小为 $D_F \times D_F \times N$ 的特征图。由于一次标准卷积操作需要 N 个大小为 $D_K \times D_K \times M$ 的卷积核，因此相应的计算量可以描述为

$$D_K \times D_K \times M \times N \times D_F \times D_F \qquad (4.30)$$

而深度可分离卷积为了达到与标准卷积相同的输出效果，根据深度卷积和点卷积操作的特点，由于深度卷积操作需要 M 个大小为 $D_K \times D_K \times 1$ 的卷积核，而点卷积需要 N 个大小为 $1 \times 1 \times M$ 的卷积核，因此深度卷积操作计算量可以表示为

$$D_K \times D_K \times M \times D_F \times D_F \qquad (4.31)$$

点卷积的计算量为

$$M \times N \times D_F \times D_F \quad\quad\quad (4.32)$$

深度可分离卷积的综合计算复杂度可以通过将深度卷积与点卷积的计算量相加获得：

$$D_K \times D_K \times M \times D_F \times D_F + M \times N \times D_F \times D_F \quad\quad\quad (4.33)$$

因此，深度可分离卷积相对标准卷积的计算复杂度可以表示为

$$\frac{D_K \times D_K \times M \times D_F \times D_F + M \times N \times D_F \times D_F}{D_K \times D_K \times M \times N \times D_F \times D_F} = \frac{1}{N} + \frac{1}{D_K^2} \quad\quad\quad (4.34)$$

其中 $D_K \times D_K$ 为卷积核的大小，常用的有 3×3，N 为特征图的通道数，一般远大于 $D_K \times D_K$，所以深度可分离卷积的计算量约为标准卷积的 $1/D_K^2$，同理可计算其参数量也约为标准卷积的 $1/D_K^2$。

线性瓶颈的逆残差结构其本质上是经典的残差网络设计，传统的残差模块两端的通道数多，中间少，同时添加了跳跃链接的方式，如图 4-29a 所示。而逆残差结构正好相反，它的两端通道少，中间通道多。线性瓶颈的逆残差结构借鉴了残差结构中 1×1、3×3、1×1 卷积核的模式，不同的是 3×3 的卷积核采用的是深度卷积的方式，而不是标准卷积过程，如图 4-29b 所示。由于第二个点卷积的主要功能是降维，对于低维空间而言，进行线性映射会保存特征，而非线性映射会破坏特征，因此，去掉了第二个点卷积后的激活函数，此过程称为线性瓶颈。

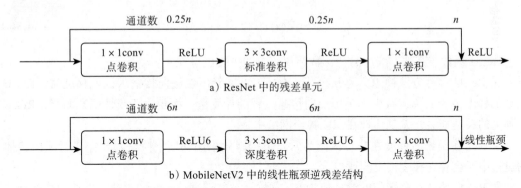

图 4-29 ResNet 和 MobileNetV2 中的残差结构设计

MobileNetV3 在 MobileNetV2 网络结构的基础上加入了一种名为 Squeeze-and-Excitation 的神经网络，简称 SE-Net。它的核心思想是通过学习的方式来判断所有特征通道的重要性，增加重要程度高的特征通道的影响因素，同时抑制重要程度低的特征通道的影响因素，如图 4-30 所示。SE-Net 模块添加在深度卷积之后，先经过池化层，然后通过全连接层使得通道数减少为原来的 $\frac{1}{4}$，再经过一个全连接层改变通道数为原来大小，最后与深度卷积进行按位相加。

通常在深层的神经网络中，上层节点的输出和下层节点的输入之间存在着一个函数关系，称该函数为激活函数。在没有引入激活函数的前提下，网络中每层节点的输入和下一

层的输出之间则都是线性关系。因此，神经网络不管有多少层，最后网络的输出都是输入的线性组合，这样极大限制了网络的逼近能力。而添加的激活函数具有非线性的表达功能，极大地提升了网络的表达能力，理论上可以逼近任意函数。

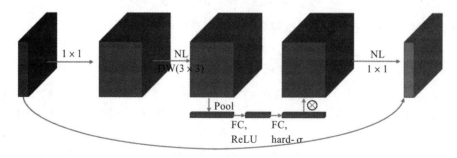

图 4-30　MobileNetV3 Block 结构

深度神经网络模型需要通过正向传播和反向传播的方式完成模型参数的最优化。其中修正线性单元（Rectified Linear Unit，ReLU）是神经网络中常用的激活函数：

$$\mathrm{ReLU}(x)=\begin{cases}x, & x\geqslant 0\\ 0, & x<0\end{cases} \quad (4.35)$$

其在反向传播过程中梯度计算为

$$\nabla\mathrm{ReLU}(x)=\begin{cases}1, & x\geqslant 0\\ 0, & x<0\end{cases} \quad (4.36)$$

ReLU 函数与其他非线性激活函数相比，它的主要优势在于：

① ReLU 计算方法简单，且从公式（4.36）可以看出在反向传播求误差梯度时，ReLU 函数的梯度极为简单，减少了整个反向传播过程的计算量。而相对于线性函数而言，ReLU 有强大的表达能力，尤其体现在深度神经网络中。

② ReLU 函数的梯度在非负区间为常量值，因此采用梯度下降法对误差进行反向传播的过程中不会存在梯度消失问题。

③ ReLU 函数在负区间的激活值为 0，这样会抑制部分神经元的表达，造成网络的稀疏性，减少过拟合的问题发生。

swish 激活函数[62]具有无上界、有下界、光滑、非单调等特性，已被验证了在深度模型上的表现优于传统的 ReLU 函数：

$$\mathrm{swish}(x)=x\cdot\sigma(x) \quad (4.37)$$

其中 $\sigma(x)$ 为 sigmod 函数

$$\sigma(x)=\frac{1}{1+\mathrm{e}^{-x}} \quad (4.38)$$

由于 swish 函数中含有 sigmod 函数，因此相对于 ReLU 函数计算更为复杂。为了降低 swish 函数在模型推理中的计算开销，MobileNetV3 采用分段线性函数来近似 sigmod 函数，

最终得到的近似 swish 函数的具体形式为

$$\text{h-swish}(x) = x \cdot \frac{\text{ReLU6}(x+3)}{6}$$

$$\text{ReLU6} = \begin{cases} 6, & x \geq 6 \\ x, & 0 \leq x < 6 \\ 0, & x < 0 \end{cases} \tag{4.39}$$

图 4-31a 中的 h-sigmod 函数为 sigmod 函数的近似，图 4-31b 中的 h-swish 函数为 swish 函数的近似。从图 4-30 可以看出 h-swish 函数在一定范围内能很好地代替 swish 函数的激活表达效果，而从公式形式上可以看出 h-swish 函数计算梯度相比 swish 更为简单。尽管使用 h-swish 相比 ReLU 来说还是会有计算量上的增长，但是换来的精度提升是更大的。

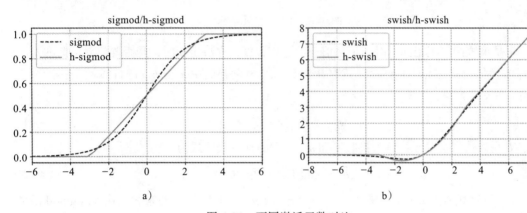

图 4-31 不同激活函数对比

2. 轻量化喷码文本识别网络结构

CRNN 模型一般利用卷积神经网络提取特征，然后按水平顺序送到循环神经网络进行序列建模，最后设计一个分类器对每次输出的特征进行分类。喷码图像经过字符区域提取和字符处理后，要识别的是单行且经过二值化处理后的字符图像，这样经过处理后的图像特征较为简单。为了提升识别网络的速度和充分提取到有用的字符特征信息，本例设计了一种轻量化喷码识别网络（Lightweight Code Recognition Network，LCRNet）。LCRNet 模型结合了 MobielNetV3-Block 结构，增加了两个池化层来提取主要特征，显著减少了参数的数量。此外，RNN 部分使用了两层双向 GRU，增强网络对上下文语义信息的学习能力。采用的 GRU 能有效减轻梯度消失问题，增强网络表达能力。GRU 单元结构如图 4-32 所示，它的主要特点是通过一种类似"门"的结构有选择地让信息传递，从而影响 RNN 中每个时刻的状态。

图 4-32 中的 σ 代表"门"的结构，采用的是 sigmod 函数和按位做乘法的操作组合。当 sigmod 输出为 1 时，此时门打开，全部信息可以通过；当 sigmod 输出为 0 时，此时门关闭，所有信息将会被抑制。x_t 代表 t 时刻的输入向量，h_{t-1} 为前一时刻的记忆单元。z_t 是

更新门，帮助模型决定前一时刻和当前时刻有多少信息需要被继续传递到未来，是更新 h_t 的逻辑门，则在 t 时刻，计算更新门 z_t 的方式如公式（4.40）所示，其中 $W^{(z)}$ 和 $U^{(z)}$ 为更新门中 x_t 与 h_{t-1} 进行线性变换的权重矩阵。

$$z_t = \sigma(W^{(z)}x_t + U^{(z)}h_{t-1}) \qquad (4.40)$$

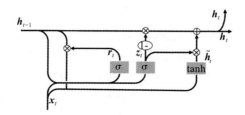

图 4-32　GRU 单元结构

r_t 是重置门，决定前一时刻记忆信息的遗忘程度，在决定 $\tilde{h}_t$ 时，是否要放弃以前的 h_{t-1}，计算方式如公式（4.41）所示，其中 $W^{(r)}$ 和 $U^{(r)}$ 为重置门中 x_t 与 h_{t-1} 进行线性变换的权重矩阵。

$$r_t = \sigma(W^{(r)}x_t + U^{(r)}h_{t-1}) \qquad (4.41)$$

$\tilde{h}_t$ 是候选记忆单元，负责接收 x_t 和 h_{t-1}，它的计算表达式为

$$\tilde{h}_t = \tanh(Wx_t + r_t \odot Uh_{t-1}) \qquad (4.42)$$

其中，"$\odot$"代表 Hadamard 乘积，定义为 r_t 与 Uh_{t-1} 中对应元素的乘积。由于 sigmod 函数的激活作用，使得重置门矩阵中的元素值介于 0 到 1 之间，所以它可以用于控制门控开启的大小。例如某个元素对应的门控值为 1，那么它就代表这个元素的所有信息将被保留。

h_t 是当前时刻记忆单元，即当前时刻的最终记忆，负责接受 h_{t-1} 和 $\tilde{h}_t$，它的计算表达式为

$$h_t = (1 - z_t) \odot h_{t-1} + z_t \odot \tilde{h}_t \qquad (4.43)$$

其中，z_t 为更新门激活后的结果，它同样以门控的形式决定了记忆信息的流入量。

GRU 通过更新门与重置门存储并过滤信息，这种方式不会随时间而清除以前的信息，它会保留相关的信息并传递到下一个单元，因此它利用全部信息而避免了梯度消失问题。

根据以上分析，本例设计的 LCRNet 模型结构如图 4-33 所示，其中网络的配置细节如表 4-7 所示。输入图片大小为 $64 \times 512 \times 1$，分别代表图片的高度、宽度和深度。经过卷积层提取到的特征图大小为 $2 \times 32 \times 128$。由于需要将图片的宽度作为时间序列输入循环层，所以通过 Permute 层翻转输入的维度，将维度 1 和维度 2 交互，即交互图片高度和宽度相关的维度。随后将 Permute 层输出的维度 1 当作样本维度，展开维度 2 和维度 3 为同一维度作为样本输入 Flatten 层。最后通过两层双向 GRU 序列建模，预测每一"时刻"上的喷码字符信息。

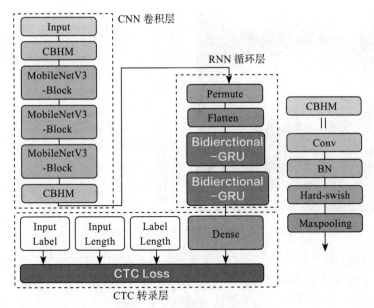

图 4-33　轻量化喷码识别网络

表 4-7　轻量化喷码识别网络的配置细节 ('k'、's'、'e'、'bn'、'nl' 分别代表

kernel、stride、expansion factor、batch normalization和nonlinear activation type)

网络层	参数配置	输出尺寸
Input	—	N, 64, 512, 1
Convolutional	Maps:16, $k3 \times 3$, $s1 \times 1$, bn, nl='HS'	N, 64, 512, 16
MaxPooling	$k2 \times 2$, $s2 \times 1$	N, 32, 512, 16
MobileNetV3-Block	Maps:16, $k3 \times 3$, $s2 \times 2$, e=16, nl='ReLU'	N, 16, 256, 16
MobileNetV3-Block	Maps:32, $k3 \times 3$, $s2 \times 2$, e=72, nl='ReLU'	N, 8, 128, 32
MobileNetV3-Block	Maps:64, $k3 \times 3$, $s2 \times 2$, e=120, nl='HS'	N, 4, 64, 64
Convolutional	Maps:128, $k1 \times 1$, $s1 \times 1$, bn, nl='HS'	N, 4, 64, 128
MaxPooling	$k2 \times 2$, $s2 \times 2$	N, 2, 32, 128
Premute + Flatten	—	N, 32, 256
Bidirectional-GRU	rnn-size=64	N, 32, 128
Bidirectional-GRU	rnn-size=64	N, 32, 128
CTC	—	—

4.4.4　字符文本识别应用实践

1. 数据集构建

多阶段喷码文本识别方案在第一阶段字符区域的提取模型和第三阶段字符序列的识别模型需要构建不同的训练集来训练。字符区域提取阶段采用的是目标检测算法。如图 4-34 所示为字符区域提取模型训练中的有标签数据，最后实际标注 1000 张有标签样本，按照 9:1 分为训练集 900 张，测试集 100 张。

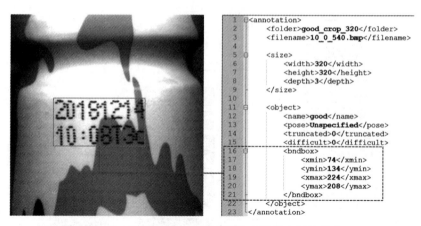

图 4-34　字符区域提取模型训练中的样本标签信息

字符识别阶段的模型训练中，需要有序列信息的文本图像和对应的标签（字符串）作为训练集。为了实现准确的喷码字符识别，需要大量的标签数据集进行训练。然而，该阶段制作标签的过程十分费力费时。为了解决上述问题，本例设计了一个数据生成器来模拟生成字符识别阶段中所需的训练数据。数据生成器产生集的主要流程如图 4-35 所示。

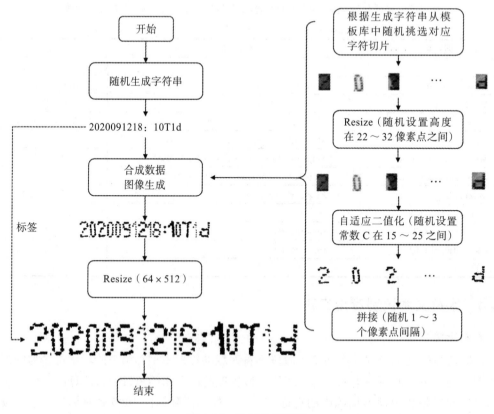

图 4-35　数据生成过程

图 4-36 是候选模板库，它是从不同时期采集的 200 幅原始样本中取单个字符剪切的模板组成的，每个字符类别有 10~30 个不同的候选模板。

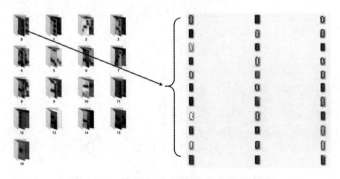

图 4-36　数据生成中使用的候选模板库

首先采用程序随机生成日期和产品编号，如 "2020091218:10T1d"，代表 2020 年 9 月 12 日 18 时 10 分，产品型号 "T1d"。

然后从模板库中随机选择每个字符对应的候选模板；经过随机放大或缩小（调整字符高度在 22~32 个像素点之间），随后采用 OpenCV 中自适应二值化的方法得到每个字符的二值图像，其中自适应二值化函数为 cv2.adaptiveThreshold(src, maxValue, adaptiveMethod, thresholdType, blockSize, C)。其中 src 为需要进行二值化的一张灰度图像；maxValue 为满足条件的像素点需要设置的灰度值，大小设置为 255；adaptiveMethod 为自适应阈值算法，选用高斯模板 ADAPTIVE_THRESH_GAUSSIAN_C；thresholdType 为 OpenCV 中提供的二值化方法，选用 THRESH_BINARY；blockSize 为要分成的区域大小，取值为 25；C 为常数，在每个区域计算出的阈值的基础上，通过减去常数 C 作为这个区域的最终分割阈值。可见对常数 C 的设定将会影响到最终的分割效果，为了满足样本的多样化，这里对常数 C 进行随机取值，范围在 15 ～ 25 之间。

最后按顺序对上述处理后的图像依次拼接得到合成数据，并调整图像大小为 64×512，预先生成的字符串即为该合成图像数据的标签。

2. 模型训练

在字符提取阶段，为了让模型有更好的收敛效果，本例采用 K-means 算法对候选框大小进行聚类，来设计训练时的 Anchor 大小。同时利用在 ImageNet 上 YOLOv3-tiny 的预训练模型进行迁移学习；模型训练 3000 轮，设置学习率为 0.001，批次大小为 128，采用动量梯度下降法，动量为 0.9，衰减为 0.000 5。训练过程中得到模型的损失函数变化曲线如图 4-37 所示，可以看出改进的 YOLOv3-tiny 模型能达到很好的收敛效果，在 RTX 2080Ti 上平均每轮训练耗时 266 ms，以极快的速度达到收敛。

图 4-38 反映了模型在测试集上的表现性能，只需要考虑 Recall@0.5 代表以 IoU=0.5 为阈值时候的召回率，Recall@0.75 代表以 IoU=0.75 为阈值时候的召回率。最终通过训练对喷码字符区域的检测可以达到 99.94% 的准确率和 100% 的召回率。由于检测对象只有喷码

字符区域一个对象，说明几乎所有的喷码字符区域都会被检出，只存在部分将背景区域误检为喷码字符区域的情况。

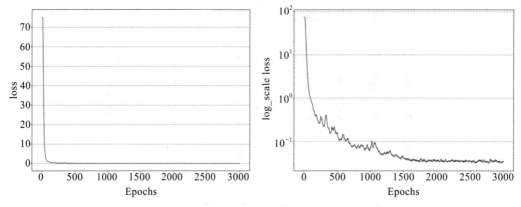

图 4-37　改进的 YOLOv3-tiny 训练损失

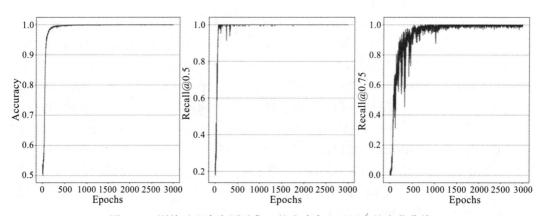

图 4-38　训练过程中在测试集上的准确率和召回率的变化曲线

在 LCRNet 喷码识别模型训练过程中，使用数据生成器每轮迭代随机生成了 5000 张和 2000 张合成数据分别用于模型训练和验证，如图 4-39 所示为部分合成数据。

实验中设置训练 50 轮，批次大小为 32，学习率为 0.01，训练过程中模型在训练集和验证集上的损失函数变化曲线如图 4-40 所示。

对于模型准确率的评价指标如下：

$$\text{Acc}_i = \begin{cases} 1, & \text{字符长度} = C \text{ 且所有字符正确} \\ 0, & \text{其他} \end{cases} \qquad (4.44)$$

$$\text{Acc} = \frac{\sum_i^n \text{Acc}_i}{n} \qquad (4.45)$$

其中，Acc_i 代表每张图片的字符识别准确率，C 代表每张正确图片上的喷码字符个数为 16，如 "2021010112:12J4d"，加上 "："一共有 16 个字符。Acc 代表每轮训练的模型在验证集上的识别准确率，n 为每轮训练中验证集的数量，如图 4-41 所示为模型训练过程中的准确率变化曲线，最终稳定在 99.5% 以上。

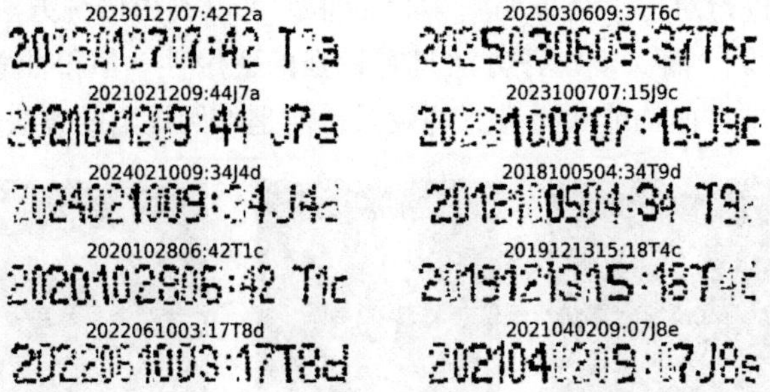

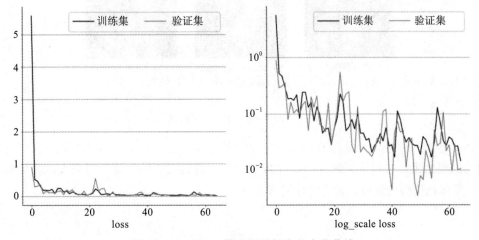

图 4-39　LCRNet 模型训练中使用的合成数据集样例

图 4-40　LCRNet 模型训练损失的变化曲线

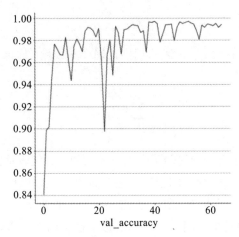

图 4-41　LCRNet 模型训练中准确率的变化曲线

3. 案例实践分析

为了进一步展示本例方法在字符区域提取方面的优势，将其与传统图像处理方法和 CTPN 字符检测方法进行对比，结果如图 4-42 所示。可以看出传统方法很难在复杂背景下获得良好的字符提取效果，而深度学习方法具有较强的适用性。值得注意的是，CTPN 和本例提出的方法在字符提取方面均能取得满意的效果，但是本例提出的方法所需的处理时间更少。

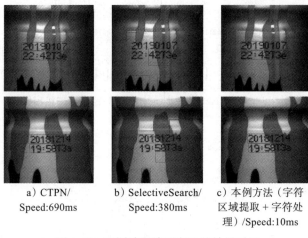

a）CTPN/　　　　　b）SelectiveSearch/　　c）本例方法（字符
Speed:690ms　　　　　Speed:380ms　　　　区域提取 + 字符处
　　　　　　　　　　　　　　　　　　　理）/Speed:10ms

图 4-42　不同喷码检测方法的效果对比

在模型训练过程中，采用的是合成数据来验证模型的准确率。为了验证在真实场景下模型的识别效果，通过本例所提字符区域提取和字符处理方法，筛选得到 180 张分割清晰的样本来验证模型的性能，评价指标定义如下：

$$R = \frac{n}{m} \tag{4.46}$$

其中，R 为喷码字符识别的准确率，n 为喷码字符识别正确的个数，m 为喷码字符总数。

$$Q = \frac{N}{M} \tag{4.47}$$

其中，Q 表示识别准确率的大小，N 表示识别正确样本数量（即该样本上的字符全部被正确识别），M 表示样本数量。

$$ED = \frac{\sum_{i=1}^{M} ED_i(y_p, y_t)}{M} \tag{4.48}$$

其中，ED 代表平均编辑距离，y_p 代表预测字符序列值，y_t 代表真实字符序列值。编辑距离是一种用来评价字符串间相似程度的指标，通过编辑距离可以比较真实字符和预测字符结果之间的差异。编辑距离的测量方式是至少需要多少次的处理（增、删、改）可以完成一个字符串到另一个字符串的转换，用最少处理次数来衡量两个字符串间的编辑距离。编辑距离越小，代表这两个字符序列的相似程度越高。

表 4-8 给出了 LCRNet 和 CRNN 模型在合成数据和真实数据上的识别结果，采用公式（4.46）、公式（4.47）和公式（4.48）的评价方式，并对比了不同网络结构的模型参数和 FLOPs，其中采用合成数据 500 张和真实数据 180 张进行测试。

表 4-8　不同方法喷码识别测试结果

| 网络结构 | 合成数据 | | 真实数据 | | | | 模型参数 | FLOPs |
	字符识别准确率	样本识别准确率（=16）	字符识别准确率	样本识别准确率（=16）	样本识别准确率（≥15）	平均编辑距离		
LCRNet rnn-size =32	0.995 6	0.991	0.976 4	0.888 9	0.955 6	0.155 6	0.1 M	0.23 M
LCRNet rnn-size =64	0.999 4	0.992	0.998 6	0.977 8	1	0.022 2	0.23 M	0.55 M
LCRNet rnn-size =128	0.998 8	0.997	0.995 5	0.955 6	0.994 4	0.05	0.63 M	1.64 M
CRNN rnn-size=128	0.988	0.974	0.992 4	0.977 8	0.988 9	0.033 3	3.15 M	6.68 M

从表 4-8 中可以看出 LCRNet 在 rnn-size=64 的条件下有最好的字符识别效果，在真实数据下测试的字符识别准确率高达 0.998 6，平均编辑距离仅为 0.022 2；同时模型的参数量仅为 0.23 M，约为 CRNN 模型的 1/15，计算复杂度大幅降低。虽然在真实数据上测试的字符识别准确率和样本识别准确率较在合成数据上的表现略有降低，但表现较好。表明了本例所设计合成数据方法的有效性，使得在合成数据上训练的模型在真实场景下也能发挥很好的泛化性能。最终，通过顺序连接字符区域提取、字符处理和字符识别三个模块，完成端到端的喷码识别效果，在复杂背景下的喷码识别准确率可达 0.991。

4.4.5　基于嵌入式系统的算法设计与实现

1. 基于 Jetson TX2 的喷码识别算法部署

通过完成各硬件设备间的连接和调试，最终搭建完成基于嵌入式系统的喷码识别系统硬件平台，如图 4-43 所示。

图 4-43　喷码识别系统

为了节省开发时间，本例所提的算法都是在 NVIDIA RTX 2080Ti 上完成模型的训练与测试，最后将训练好的模型部署到 Jetson TX2 上。表 4-9 列出了 RTX 2080Ti 和 Jetson TX2 两款平台的配置对比。

表 4-9　RTX 2080Ti 和 Jetson TX2 平台配置

计算平台	GPU	存储空间	内存	功耗
RTX 2080Ti	NVIDIA Pascal, 4352 CUDA cores	1 TB	11 GB 352 bit GDDR6	285 W
Jetson TX2	NVIDIA Pascal, 256 CUDA cores	32 GB	8 GB 128 bit LPDDR4	7.5 W/15 W

在 Jetson TX2 上完成喷码识别算法的部署过程如图 4-44 所示。

图 4-44　喷码识别算法在 Jetson TX2 上的部署过程

首先完成 Jetson TX2 上基本的环境配置。Jetson OS 和 Jetson SDK 都是通过 NVIDIA 提供的 Jetson SDK Manager 刷机完成。其中 Jetson SDK 中包含有 CUDA、CuDNN、OpenCV、TensorRT 等深度学习相关的软件。

然后需要安装编程语言和所需支持的软件包，来完成喷码识别算法的部署。相比较于 C/C++ 等编译语言，Python 语言的开发效率非常高。Python 的入门门槛低，语法简便，易于上手，可以大大减少研究者在开发层面花费的时间，转而将更多的时间投入到算法性能的研究当中。同时 Python 在数据分析和人工智能领域有非常强大的第三方库支持，如数据计算与分析库 Numpy、Pandas，机器学习库 Scikit-learn，深度学习框架 TensorFlow、PyTorch 等。因此，本例在嵌入式上的算法部署主要采用 Python 语言完成编写。PyTorch 是基于 Torch 而推出的神经网络框架，提供 Python 语言接口，具有强大的 GPU 加速的张量计算和自动求导系统的深度神经网络。因此，本例选用 Python 语言和深度学习框架 PyTorch 完成核心算法的开发。对于 PyTorch 和其他所需要的 PyThon 工具包可以通过 Pip3 指令完成安装。最后，通过 Baumer 提供的应用程序编程接口（Baumer neoAPI）完成对相机的集成和软件开发，可以实现对相机的调节。在 Jetson TX2 上部署算法需要的主要软件和支持环境如表 4-10 所示。

表 4-10　Jetson TX2 上安装的软件

软件环境	软件包
Jetson OS	Jetson OS image、Flash Jetson OS
Jetson SDK	CUDA、AI、Computer Vision、Multimedia
编程开发环境	Python、PyTorch、PyQt5 等
相机集成	Baumer GAPI SDK、Baumer neoAPI

最后通过 TensorRT 完成对喷码识别算法的优化。TensorRT 是一个可以提高图形处理器性能的优化器，为在大规模数据处理中心、嵌入式系统或人工智能平台上提供了低延迟、高吞吐率的推理部署。TensorRT 目前可以支持 TensorFlow、PyTorch、Caffe 等主流深度

学习框架，提供的 C++ API 和 Python API 几乎让所有的深度学习框架都可以针对 NVIDIA
GPU 进行高性能的推理加速。TensorRT 主要是针对以
下两个方面来提升模型的推理速度。

表 4-11　不同数据类型的精度范围	
数据类型	精度范围
FP32	-3.4×10^{38}~3.4×10^{38}
FP16	$-65\,504$~$65\,504$
INT8	-128~127

① TensorRT 支持不同精度的数据类型计算，如表
4-11 所示。深度神经网络在训练中采用的是正向传播和
反向传播的过程来使得模型收敛，通常网络中的数据采
用的是 32 位浮点数的精度（Full 32-bit Precision，FP32）。而在利用模型预测过程中并不需
要反向传播，完全可以适当地降低数据的精度。如 INT8 仅仅表示 256 个数值，采用这种
更低的精度来表示高精度的数据，将占用更少的内存，模型的体积更小，提升了计算速度。
虽然使用低精度的数据值可以得到速度上的大幅提升，但会造成数据信息的部分缺失，而
影响到模型的性能。

② 在模型推理过程中，GPU 启动不同 CUDA 核心对所有网络层进行运算，而其中大量
的时间都耗费在 CUDA 核心的启动和张量的输入与输出上，使得 GPU 资源的利用效率低。
因此，TensorRT 对深度神经网络的结构进行了重新组合，通过合并一些运算来减少计算操
作。其中纵向组合操作如图 4-45a 所示，网络中顺序连接的卷积层、偏置层与激活函数可以
纵向合并成 CBR 层，只占用了一个 CUDA 核心。横向合并可以将权值不同但输入为相同
张量与相同结构的层融合在一起，如图 4-45b 所示，将三个同一水平方向相连的 1×1 大小
的 CBR 组合成一个大的 1×1 的 CBR，同样只占用了一个 CUDA 核心。除了上述的合并操
作，TensorRT 还将连接层的输入直接连接到下一层上，减少了在连接层上的一次传输吞吐，
如图 4-45c 所示。最后通过 PyTorch 模型→权重文件→ TensorRT 模型完成模型的转换，使
用 TensorRT 加载模型，定义网络结构并进行推断，完成算法的部署。

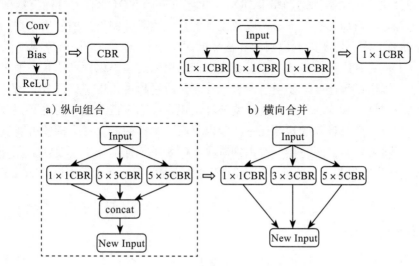

a）纵向组合　　　　　　　　　　b）横向合并

c）取消连接层

图 4-45　TensorRT 组合与优化操作

2. 喷码文本识别算法对比

表 4-12 给出本例所提的两种喷码识别算法与其他方法在识别准确率、速度、应用场景和数据集的使用情况的对比，其中本例的算法识别速度是在 RTX 2080Ti 上的运行结果。

表 4-12　喷码识别算法对比

方法	识别准确率	速度	应用场景	数据集
王斌等[37] 所提方法	99.4%	字符平均耗时 10.57 ms	简单背景纸箱字符喷码；字符倾斜；存在无关字符干扰	单字符图片标签数据集
Jixiu Wu 等[38] 所提方法	99.18%	110 ms	简单背景雷管字符；字符间距小	雷管定位数据集；雷管识别数据集；合成数据集
王炳琪[39] 所提方法	98.7%	800 ms	简单背景啤酒瓶盖喷码字符；字符扭曲、旋转、倾斜	单字符图片标签数据集
王浩楠等[40] 所提方法	99.51%	1493 ms	轮胎胶料表面的 5×7 点阵喷码字符	无训练数据；少量字符模板组成标准模板库
4.4 节方法	99.99%	11 ms	复杂背景饮料瓶点阵喷码；扭曲字符；任意字符位置	大量喷码字符标签数据集
本例方法	99.1%	45 ms	复杂背景饮料瓶点阵喷码；扭曲字符；字符区域集中	少量喷码定位数据集；合成喷码识别数据集

由表 4-12 可以看出本例方法相较于其他方法有很大的速度优势，同时可以在复杂背景的喷码字符识别中取得较高的识别准确率。由于本例方法是基于深度学习提出的，所以实验中需要一定数量的数据集才能取得较好的结果，而传统方法则并不需要。

对比本书所提的两种算法中可以看出，为了实现识别速度上的提升以及方便部署在嵌入式系统中，本例所提的两种喷码识别算法中分别设计了轻量化喷码检测网络 Ghost-YOLO 和轻量化喷码文本识别网络 LCRNet。由于 Ghost-YOLO 有大量标签数据集训练与设计的自训练方法增加的扩充样本，以及设计的位置重复抑制方法的使用，在识别准确率上可达 99.99%，高于基于文本识别的算法。同时由于只通过一个网络完成喷码的检测和识别，速度上也更有优势。而基于轻量级文本识别模型的喷码识别算法是一个多阶段模块结合的方法，算法运行速度上要慢于前者。且多阶段过程中采用了传统数字图像处理的方式，会受到一定复杂背景的干扰，是影响该算法识别准确率低于前者的主要原因。但在字符提取阶段完成一个单目标的检测任务，所以只需要少量的数据样本标签就能实现很好的喷码文本区域检测效果，同时在字符识别阶段不需要手工标记样本，设计了合成数据完成 LCRNet 模型的训练过程。因此，基于多阶段文本识别的算法在少样本标签的情况下更具有应用优势。

4.4.6　系统运行测试

由于 Ghost-YOLO 模型的识别算法有更好的性能，在检测速度上和识别准确率上都优于基于文本识别的方案。所以本例主要用 TensorRT 加速 Ghost-YOLO 模型的喷码识别算法，来测试系统的运行性能。将采用 TensorRT 加速的方案和未采用 TensorRT 加速的方案分别在嵌入式平台 NVIDIA Jetson TX2 上进行实时性的测试。表 4-13 展示了系统实时性的测试结果,为了避免低精度带来的准确率的降低,仅比较了在 FP16 和 FP32 精度下的测试结果,没有进行 INT8 精度测试。由于 Ghost-YOLO 模型的优异性,FP16 精度对模型的识别准确率几乎没有影响,可以看出采用 TensorRT 加速后的方案在 320×320 尺寸图像上实时性能达到 36 FPS,满足了系统的实时性需求。

表 4-13 系统实时性测试结果

方法	FPS(在不同图像输入尺寸下)	
	320×320	448×448
TX2(未采用 TensorRT 加速,FP16)	15	11
TX2(未采用 TensorRT 加速,FP32)	15	9
TX2 + TensorRT(FP16)	36	35
TX2 + TensorRT(FP32)	32	31

最后采用 PyQt5 完成人机交互界面的开发,主要有系统运行控制区、测试区、设置区、显示区和输出区。系统运行控制区主要包括数据的加载和图像的采集等功能。测试区包括图像批量检测、输入字符串对比、相机的测试等功能。设置区主要是对工业相机的参数进行设置,通过调节相机曝光时间、触发模式、缓冲模式等来配合现场中的工作模式。显示区可以显示工业相机采集的图像或预加载的图像,并在输出区中显示字符识别的结果,图 4-46 所示为喷码识别系统的交互界面。

a)基于轻量级 Ghost-YOLO 模型的喷码识别方法结果　　b)基于轻量级文本识别模型的喷码识别方法结果

图 4-46 喷码识别系统的交互界面

4.5 本章小结

自然场景下文本检测与识别是机器人视觉感知系统重要的任务之一。本章概述了自然场景下文本检测和识别任务,重点描述了基于图像分割的场景文本检测和基于序列的场景文本识别方法,最后通过自然场景下的喷码识别系统对文本检测和识别方法进行了应用分析。实验结果表明本章所设计的自然场景下的文本检测与识别方法具有较好的性能。

第 5 章

视觉目标检测

目标检测在智能监控、图像检索、机器视觉、人机交互和智能驾驶等领域获得了广泛的应用。视觉目标检测是图像处理中核心的关键问题，主要是从图像中找出对应的目标，并得出其在图像中的具体位置和所属类别。由于在实际的场景中所感兴趣的目标往往存在遮挡、光照不均等问题，加上目标物体的纹理、现状、大小、姿态都各不相同，视觉目标检测一直是图像处理领域最具挑战的难题之一。

5.1 目标检测系统概述

传统的视觉目标检测方法一般分为三个阶段。

①在给定的图像上采用滑动窗口的方式产生候选框。

②用手工设计的特征对各候选框进行特征提取。

③利用 SVM、AdaBoost 等机器学习方法分类识别出目标。

Viola 等人基于 Haar 特征提出了第一个目标检测框架，此后 Navaeet Dalal 等人针对 Haar 特征对非刚性物体检测效果较差的问题，提出了基于梯度直方图特征和 SVM 分类器的方法。在传统目标检测方法中，应用最为广泛的是 Felzenszwalb 等人提出的基于可变形部件模型的方法，该方法对图像中的目标进行多尺度多部件检测，极大提升了检测效果。

2012 年，多伦多大学的 Alex Krizhevsky 等首次提出了 AlexNet 深度学习模型，极大提升了 ImageNet 数据集中图像分类任务的精度，从此神经网络开始受到广泛的关注。受此启发，Girshick 等 [41] 提出了第一个应用于目标检测的深度学习框架 R-CNN（Region-CNN），作者采用了一个卷积神经网络用于提取目标特征，并结合 SVM 分类器，极大提升了目标检测任务的精度。随后，Girshick、何凯明、任少卿等又在 R-CNN 的基础上改进提出了 Fast R-CNN[42]、Faster R-CNN[43] 等方法，大大提升了深度学习应用于目标检测的速度。此后，基于深度学习的目标检测方法也逐渐成为目标检测领域的绝对主流方法。

随着基于深度学习的目标检测技术的发展，现有的目标检测算法大致可以分为两类：两阶段目标检测算法和单阶段目标检测算法。两阶段目标检测算法将检测问题分为两个阶段，第一阶段首先产生候选区域，包含目标大致的位置信息，然后在第二个阶段对候选区域进行分类和位置回归,这类算法的典型代表有 R-CNN、Fast R-CNN、Faster RCNN 等。而单阶段目标检测算法则不需要上述区域候选阶段,而是直接通过一个阶段预测出目标的类别和位置坐标,典型的算法主要有 YOLO、SSD、CornerNet、CenterNet 等。目标检测模型的主要指标是检测准确度和处理速度,一般情况下两阶段目标检测算法在准确度上有优势,而单阶段目标检测算法则在检测速度上更胜一筹。到目前为止,尽管目标检测技术在过去十多年得到了非常迅猛的发展,但当前的检测效果与人们在实际应用中的预期仍存在较大差距,因此当前的目标检测技术还有很大的发展空间。

在过去几年,微小运动目标的检测与跟踪已被广泛研究。如足球视频中的球检测方法很多是基于轨迹的方法,首先使用显著物体检测技术来检测中心圆、球门和球员。其次使用球的形状、大小和颜色属性生成候选球,最后基于卡尔曼滤波器的预测系统生成球的轨迹。尽管此算法在足球广播视频中具有良好的检测和跟踪结果,然而该算法的复杂度比较高。Y Tian 等 [44] 则是在检测过程中使用圆度、颜色以及运动特征来进行球的定位,同时应用多视觉特征融合方法来提高模型鲁棒性。

2009 年,为了跟踪篮球视频中的篮球以及重建篮球的 3D 轨迹,Chen 等 [45] 首先获取整个视频中篮球的 2D 轨迹,其次利用篮球视觉特征以及施加速度等物理限制来获得篮球候选框。首先使用背景相减的帧间差分方法将每帧中的运动对象分割出来,其次采用边缘检测技术将运动物体与背景清晰地区分开,最后使用多个基于球的大小、形状和补偿特征过滤器来识别候选球。得到候选球后,通过绘制随时间变化的候选球的质心位置(即帧数),可以生成 2D 候选分布图。使用轨迹生长过程形成一组球轨迹,通过分析物理运动和球的轨迹特性来确定真实的球轨迹,进行轨迹插值以找到丢失球的位置,最后将计算出的轨迹叠加在原始帧上,便可估计沿轨迹的球位置,这是一种基于轨迹的球检测方法。在 2013 年到 2015 年,对篮球的检测均是采用基于轨迹的方法,主要在于有些情况下篮球的运动轨迹可预测。然而在实际比赛场景中,篮球的轨迹并不都可预测且无规律,因此这种方法只能运用在简单场景中。

为了解决诸如足球被其他物体部分遮挡或者图像分辨率较低等困难情况,J. Halbinger 等 [46] 提出一种两阶段方法。第一步使用圆检测方法得到候选圆,第二步通过检查找到轮廓的 Freeman 链码来评估候选区,进而完成足球的定位。

2015 年,随机森林这种机器学习方法被引入体育视频中进行网球的跟踪,T.Qazi 等 [47] 借助黄色平面强度和相四元数傅里叶变换(PQFT)显著性特征来获得目标。A. Maksai 等 [48] 提出一种原则性和通用性方法以对球的轨迹施加适当的物理约束。具体来说,使用一阶和二阶约束(速度和加速度)对三维坐标中的球位置进行建模。2017 年,Y. Zhao 等 [49] 使用基于深度学习的 R-CNN 方法进行乒乓球检测,模型效果可与当时比较好的方法进行比较。2019 年,张飞云等则提出了一种改进 Hough 的篮球定位方法,该方法第一步采用混合高斯背景建模以及形态学操作对图片进行处理,第二步将篮球看作一个圆,第三步利用改进的 Hough 方法进行篮球定位。

总体而言,从上述方法中提取的球特征大部分基于颜色、形状及大小等先验知识。然而，由于环境复杂，要准确地提取这些特征并不容易。因此，准确检测篮球运动视频中的篮球充满挑战。首先，与球员相比，篮球体积很小。其次，篮球经常被运动员遮挡或者运动变形。另外，篮球运动轨迹在很大程度上不可预测，因为球员经常踢球或扔球以欺骗对手。最后，背景中的篮球相似物体亦会影响检测结果。采用深度学习方法由于不必手动提取篮球特征，而且通过不断迭代使得学习的特征具有更好的表示能力，因此能够提高篮球检测准确率。对于球员检测亦有非常多的方法。基于边界的球员检测算法主要是采用边缘检测算法获得图像边缘信息，同时结合基于背景的球员检测方法，对获得的球员区域进行再次检测，既能够排除误检情况又能增加检测准确性，从而更加精准地确认球员的区域大小，这种二次检测方法能够降低基于背景的球员检测算法的误检率。2010 年，崔国栋等[50]提出一种改进帧间差分法，该方法通过颜色空间统计信息利用反投影技术获得运动场地，利用球场的主色调对球场边缘进行补色和区域补偿操作从而得到球场的固定场景。通过帧间差分法对球员进行定位，最后再对球员候选区域的颜色信息和模板直方图进行匹配，从而可以分辨球员所属队伍。

基于高斯混合模型的背景建模检测算法被应用于足球视频中的球员检测，该算法执行步骤如下：

①对图像进行预处理来构建静态背景。

②将背景模型设置为高斯模型的初始化参数。其中，模型的更新方式为首先对相邻的两帧图像做差分处理，从而对图像变化区域和未变化区域进行区分，其次对于不同区域则以不同更新频率加入背景图片中，从而能够更迅速地进行背景重建。

③采用背景差分方法对球员进行分类和定位。

Lu 等[51]使用可变形部件模型（DPM）检测器来自动定位球员，其中准备了 5000 个球员正样本和 300 个不包含球员的负样本来训练 DPM 检测器。根据足球场地的颜色特征和颜色分量差值的统计信息，进而从视频中分割出球员，这是孙仕柏等人提出的基于有向图的球员检测方法。闵军等[52]提出了一种基于尺度不变特征变换（SIFT）的球员检测和跟踪算法，该方法利用场景颜色特征进行场地区域提取，利用尺度不变特征点对球员进行定位，最后采用帧间特征点关联图方法完成球员的跟踪。邵靖雯等人提出基于质心的篮球运动员检测与跟踪方法，利用最大后验概率（MAP）检测器来分割场地和检测球员。2016 年，张斌等[53]提出基于 AdaBoost 分类器的运动员检测方法，使用积分图技术从目标图像中提取 Haar 特征，利用 AdaBoost 算法选择具有较强分类性能的特征，先训练弱分类器然后再级联成强分类器，从而完成球员检测。

总结上述球员检测方法，有基于背景的球员检测方法，先将球员和背景进行分割，然后再对球员进行识别与定位；亦有基于机器学习的方法，如 AdaBoost 算法，但是大多数均是基于球员的颜色、边界等特征来进行球员的检测，因此对于背景复杂、颜色特征不明显的图片，检测效果难以满足要求。当前的深度学习方法，由于能够自动从模型中学习目标特征，因此具有较好的检测效果。

综上所述，对于篮球与球员的检测目前使用比较多的是传统方法，该方法比较依赖手工提取的特征，无论是对球的大小，或是球员的颜色特征均不易提取。由于深度学习方法具有良好的特征提取能力，故我们采用基于深度学习的方法来进行篮球和球员的检测。同时参考基于深度学习的目标检测方法在人脸检测、行人检测以及交通检测方面的性能均优于传统的目标检测方法，由此表明基于深度学习的目标检测方法相比较于传统方法来说具有更大的优势，因此将深度学习方法应用于体育场景具有一定的研究价值[54]。

5.2　目标检测的相关概念

1. IoU (Intersection over Union)

在集合论中，我们假设 A,B 是两个不同的集合，对于所有属于集合 A 并且属于集合 B 的元素所组成的集合，叫作集合 A 与集合 B 的交集，记作 $A \cap B$；把集合 A 与 B 所有的元素合并在一起组成的集合，叫作集合 A 与集合 B 的并集，记作 $A \cap B$。IoU 是目标检测中的交并比，常用来衡量在某个数据集中目标检测的准确程度，它表示的是产生的候选框与原标记框的交叠率，即它们的交集与并集的比值（如图 5-1 所示）。

$$\text{IoU} = \frac{\text{area}(C) \cap \text{area}(G)}{\text{area}(C) \cup \text{area}(G)} \qquad (5.1)$$

其中，area 表示区域，C 表示候选区域，G 表示真实的标签区域。

因此，IoU 可以衡量预测框和真实框的重叠程度。当 IoU 为 0 时，两个框不重叠，没有交集；IoU 为 1 时，两个框完全重叠，是最理想的情况；IoU 取值为 0 ~ 1 之间的值时，代表了两个框的重叠程度，数值越高，重叠程度越高。

2. 边框回归（Bounding Box Regression）

边框回归是指在目标检测过程中对产生的候选框以标注好的真实框为目标进行逼近的过程，如图 5-2 所示。

图 5-1　交并比示意图

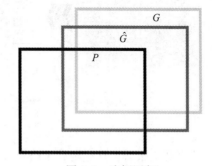

图 5-2　边框回归

其中，方框 P 代表的是最初的候选区域，方框 G 代表的是真实的目标区域，所以我们的目的是找寻一种变换可以让输入的原始窗口 P 在经过映射之后获得一个比真实窗口 G 更加相近的回归窗口 $\hat{G}$。我们一般采用四维向量 (x,y,w,h) 来表示窗口，它们分别代表窗口的中心点坐标和宽高。

为了能使 P 逼近 G，需要寻找一种变换方法，直观的方式是对 P 先平移，再缩放。

先做平移 $(\Delta x, \Delta y)$， $\Delta x = P_w d_x(P)$， $\Delta y = P_h d_y(P)$，则有：

$$\hat{G}_x = P_w d_x(P) + P_x \tag{5.2}$$

$$\hat{G}_y = P_h d_y(P) + P_y \tag{5.3}$$

然后再做尺度缩放 (s_w, s_h)，其中 $s_w = \exp(d_w(P))$， $s_h = \exp(d_h(P))$

$$\hat{G}_w = P_w \exp(d_w(P)) \tag{5.4}$$

$$\hat{G}_h = P_h \exp(d_h(P)) \tag{5.5}$$

边框回归学习就是 $d_x(P), d_y(P), d_w(P), d_h(P)$ 这四个变换。也就是说，对于给定的输入特征向量 X，线性回归就是学习一组参数 W，使得经过线性回归后的值非常接近真实值 Y。即 $Y \approx WX$。

因此通过对候选框做边框回归，可以使最终检测到的目标定位更加接近真实值，提高定位准确率。

3. 池化

池化其实也是另外一种意义上的降采样，即该位置的输出值是用某一位置的附近区域所输出的总体统计特征来表示。其中，平均池化和最大池化是两种较为常见的降采样形式，平均池化指的是将输入的图片先均匀分成若干个小区域，然后再输出每个子区域的平均值，而最大池化则是输出最大值，如图 5-3 所示。其中最大池化是最为常见的。

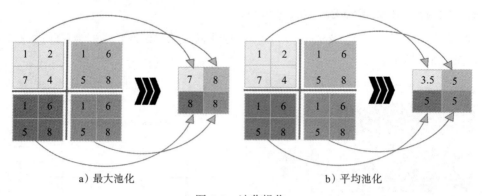

a）最大池化   b）平均池化

图 5-3   池化操作

从直观上来看，这些池化策略可以起作用是因为获得了目标的某个特征，更加关键的是这个特征和其他特征的相对位置而不是它的精确坐标。由于池化操作会导致数据空间减小、参数数量变少以及计算量降低，所以这种操作在某种程度上对模型的过拟合也具有一定的抑制作用。一般来说，卷积神经网络的卷积层之间会加入池化层，它作用在每一个输入的特征上并缩小特征图的大小。

当前最经常使用的最大池化方式是每间隔 2 个元素将特征图分成2×2大小的小区域，接着再将每个小区域中的最大值取出来构成了新的特征图。这种方式使得数据量的大小只有原来的 25%。所以说，池化操作不仅降低了数据的维度和参数的数量，而且还很容易结合网络的多层级结构，使得获得的特征更加抽象和高级。

4. 非极大值抑制

非极大值抑制（Non-Maximum Suppression，NMS）算法搜索局部极大值，然后抑制非极大值元素。

在训练目标检测模型时，输入经过特征提取、滑动窗口和分类器分类之后，每个候选窗口都会获得一个概率值（即分数）。由于滑动窗口这种操作方式会使得很多的候选窗口之间存在交叉，当交叉的部分比较大的时候很容易造成冗余。所以需要使用非极大值抑制方法来进行筛选，通过选取邻域里具有较高分数的窗口，并且抑制具有低分数的候选窗口。也就是说，在目标检测方法中应用非极大值抑制方法就是为了消除多余或者具有较多交叉重复的窗口，从而找到物体的最佳位置，如图 5-4 所示。

图 5-4　非极大值抑制

非极大值抑制算法的流程如下：

①给出一张图片，上面有许多物体检测的候选框（即每个框可能都代表某种物体），但是这些框很可能有互相重叠的部分，我们要做的就是只保留最优的框。假如有 N 个候选框，每一个候选框获得的分数记为 s_i，其中 $1 \leqslant i \leqslant N$。

②创建一个集合 H，用来存放那些还没有筛选的候选框，因此初始化时集合 H 包括了所有的 N 个候选框；再创建一个集合 M，用来存放筛选后的最优候选框，初始化是一个空集。

③对集合 H 中的全部候选框按照分数由高到低的顺序进行排序，然后选择得分最高的候选框 m，并将 m 从集合 H 移动到集合 M。

④遍历集合 H 中的框，并分别和候选框 m 计算它们之间的交并比 IoU，如果高于某个阈值（一般为 $0 \sim 0.5$），那么可以认为这个候选框和 m 是重叠的，则可以将这个候选框从集合 H 中删除掉。

⑤回到①进行迭代，直到集合 H 为空。集合 M 中的框为我们所需。

非极大值抑制算法在计算机视觉领域的应用非常广泛，比如常见的目标检测、目标识别、目标跟踪、三维重建、数据挖掘以及纹理分析等。

5. 评价指标

机器学习模型通常在验证集或测试集上进行性能评估，并且场景不同使用的指标也不一定相同。常用的指标有准确度、精度以及召回率等。具体评测指标一般是根据应用场景和用例来选择的。因此，对于具体的应用场景，选择一个能够客观评测模型性能的度量指标是很重要的。在目标检测问题中往往比较常用的评测指标是平均精度 AP（Average Precision），对于具有多个类别的目标则使用 mAP（即 mean Average Precision），也就是在 AP 上进行平均。

目标检测问题是从给定的图片中找出所包含的物体，并定位物体所在的位置和对应的物体类别。目标检测模型通常是在特定类别的数据集上进行训练，因此，模型只会定位和分类图片中对应数据集中的那些物体类别。此外，物体的位置通常是以矩形边界框的形式表示。因此，目标检测问题同时包括图片中目标物体的定位和物体的分类。

对于任何算法，评测指标一般都是相对于真实标签数据进行计算的。一般只知道训练集、验证集和测试集的真实标签。对于目标检测问题，其 GT（Ground Truth）包括图片、图片中目标物体的类别以及图片中各目标物体的边界框，如图 5-5 所示。

图 5-5　GT

当训练好目标检测模型，便可在验证数据集上评测该模型的性能。其中准确度的计算为

$$accuracy = \frac{正确预测的正反例数}{总数} \tag{5.6}$$

对于精度和召回率的计算，所有机器学习问题都一样，首先要判断出真正例（True

Positives，TP）、假正例（False Positive，FP）、真负例（True Negative，TN）和假负例（False Negative，FN）。

为了得到 TP 和 FP，需要用到 IoU，以判断检测结果是正确的还是错误的。一般设定 IoU 阈值为 0.5，如果 IoU>0.5，则检测结果是 TP；否则，检测结果是 FP。对于每张图片，GT 标注数据给出了图片中各物体类别的实际物体数量。

可以计算每个类别模型检测框和 GT 框的 IoU 值。基于该得到的 IoU 值和设定的 IoU 阈值（0.5），计算出图片中每个类别的 TP 以及 FP，用于计算每个类别的精度（Precision）：

$$Precision = \frac{TP}{TP+FP} \tag{5.7}$$

给定图片中类别 *C* 的精度等于图片中类别 *C* 的真正数量与图片中类别 *C* 所有目标的数量之比：

$$Precision_C = \frac{N(TP)_C}{N(Total)_C} \tag{5.8}$$

计算得到了 TP 和 FN 后，进而可以计算出召回率 (Recall)：

$$Recall = \frac{TP}{TP+FN} \tag{5.9}$$

其中，TP+FN 相当于 GT 的总数。

目标检测中的 mAP 概念首先在 Pascal VOC（Visual Objects CLasses）竞赛中被提出。根据前面介绍的精度和召回率的计算方法，还有两个其他变量影响精度和召回率的值，即 IoU 和 置信度阈值。

IoU 是一种简单的几何度量，很容易标准化。比如 Pascal VOC 中采用的 IoU 阈值为 0.5，在 COCO 竞赛中以 0.05 到 0.95 的多个 IoU 阈值计算 mAP。

但置信度阈值对于不同模型，差异会比较大，可能一个模型采用 0.5 的结果，却等价于另一个模型采用 0.8 的结果，都会导致精度 – 召回率曲线变化。对此，Pascal VOC 组织者提出了一种方法来处理该问题，在论文中，推荐使用如下方法计算 AP：

对于离散情况，一般选定 11 种不同的置信度阈值，即 [0, 0.1, 0.2, 0.3, ···, 0.9, 1.0]，而 AP 定义为在这 11 个召回率值和精度值的均值。因此，mAP 是所有类别的平均精度值的均值。

5.3 目标检测模型分类

基于深度学习的目标检测方法在训练目标检测模型时通常需要完成目标定位与目标分类两个子任务。当前的模型虽然都使用卷积神经网络作为特征提取器，但实现目标定位和分类的方式明显不同，大致可以分为基于候选区域的方法和基于回归的方法两类。当然，每种方法都有各自的优势与劣势。基于候选区域的方法的优点则是检测的精度稍好于基于回归的方法，但是在速度方面则相对较慢。因此，选择哪种方法进行检测则需要根据实际情况来考虑。

1. 基于候选区域的方法

基于候选区域的方法的显著特点是分"两步走"，通过一定方法给出可能存在目标的候选区域，也称感兴趣区域（Region of Interest，RoI），再通过卷积神经网络提取 RoI 的特征，最后通过分类器判别目标类型以及边框回归网络调整定位，整体流程如图 5-6 所示，此类方法的典型代表有 R-CNN，以及随后基于此的改进方法 SPP-net、Fast R-CNN、Faster CNN、R-FCN 等。

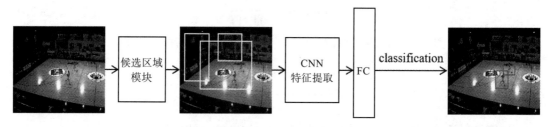

图 5-6　基于候选区域的方法流程

在候选区域的方法中，2015 年提出的 Faster R-CNN 是第一个实现端到端训练与检测的算法，在速度、精度、计算资源消耗方面等都实现显著进步，并于 Pascal VOC 2012、ILSVRC 2015 和 MS COCO 2015 的目标检测任务上都获得了最优成绩，引起广泛关注。

2. 基于回归的方法

为加速目标检测速度，抛弃了单独的候选区域过程，J. Redmon 等 2016 年提出了基于回归的方法 YOLO（You Only Look Once），实现了更彻底的端到端检测，在同一个网络中直接回归便完成了位置和类别的判定，极大提高了检测速度，达到了实时性的要求。基于回归的方式就是彻底地去掉了区域的思想，也不使用 RPN，直接在一个网络中进行回归和分类。其代表的方法主要有 YOLO 和 SSD。由于减少一个网络的同时可以减少一些重复的计算，所以它在速度上有较大的提升。

YOLO 的目标检测过程如下，其流程如图 5-7 所示。

①将输入图像划分成 $S \times S$ 大小的网格。

②对于每个网格，一般是预测 2 个值，一个是每个候选区域是目标的概率，另一个是每个候选区域在多个类别上的置信度。

③由第②步可以预测出 $S \times S \times 2$ 个候选窗口，然后再依据设定的阈值按照得分的高低去除掉分数较低的目标窗口，接着再采用非极大值抑制算法来去除冗余窗口，最后便得到检测结果。

图 5-8 是 SSD 的框架示意图，SSD 对目标进行定位和分类的方法与 YOLO 方法相同，均是采用基于回归的方法。区别在于 YOLO 是使用全局的特征来对目标进行定位和识别，但 SSD 则是使用这个位置周围的局部特征，其中借鉴了 Faster RCNN 的 anchor 机制。从 SSD 的流程图可以看出，假如某一层的特征图大小是 8×8，然后再采用 3×3 滑动窗口对

每个位置进行特征提取，则对这个特征进行回归能够获得目标的位置信息以及所属类别。

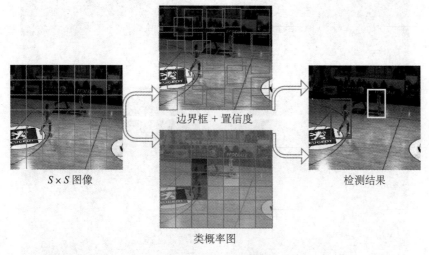

图 5-7　YOLO 流程

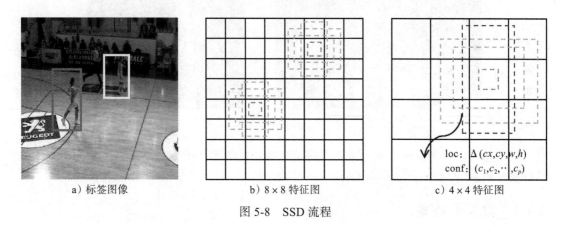

图 5-8　SSD 流程

从 YOLO 和 SSD 的流程可以知道，整个过程比较简单，没有中间的候选窗口过程，直接对目标进行回归就完成了目标的定位和分类。

5.4　数据获取与处理

本例所使用的数据集为 APIDIS 数据集，该数据集由 7 个不同步的每秒 22 帧的相机所捕获，这些相机放置在球场的上方和周围。其中部分数据集样本如图 5-9 所示。

从样本图片可以看出数据集的特点。对于篮球检测来说，首先篮球的体积非常小，这是进行篮球检测时最大的难点。其次，在比赛的过程中，篮球会产生运动模糊以及形变。还有就是篮球会被球员遮挡以及类似篮球的物体均会造成漏检和误检，从而使得篮球的检测准确率降低。

图 5-9　训练集样本图片

对于球员的检测来说，视频采集于多个相机，导致有些球员的特征非常不明显，以及球员之间的遮挡，使得球员的检测存在一定的难度。

5.4.1　数据预处理

数据作为训练深度学习的重中之重，也可以说数据是深度学习的原料，因此在把数据投入深度学习模型前，将数据进行预处理可以进一步提升模型的性能。对数据进行预处理是为了清除掉图像中的一些不相关信息，减少其他因素的干扰，使得相关的信息更容易被获取。

由于深度学习对于数据集的大小非常依赖，因此我们预处理的重点便是进行数据增强以扩大数据集，从而增加数据的多样性。我们主要进行了翻转、旋转和平移几种数据增强方法。实现数据增强主要是依赖 Python 和 OpenCV 这两个库。OpenCV（Open Source Computer Vision Library）即开源的跨平台计算机视觉库，它具有非常好的兼容性，可以运行在 Windows、Linux、Android 和 macOS 操作系统上。它由 C 和 C++ 编写而成，是一个轻量级并且高效的依赖库，同时它还具有 MATLAB、Python、Ruby 等语言的接口，对用户的使用非常友好。

对图片进行翻转的时候，可以进行水平翻转也可以进行垂直翻转。翻转的时候以图像的中心点作为原点进行翻转。图 5-10 分别是进行水平翻转和垂直翻转后的效果图。

图 5-10　翻转操作

图 5-11 分别是对图像旋转 30° 和 60° 之后的效果图，通过这种方式能极大地增加图像的多样性。

图 5-11　旋转操作

由于只需要检测球场上的球员和球，因此对于背景的观众部分则可以忽略掉。如图 5-12 所示，通过上、下、左、右等平移方式，不仅可以减少背景的干扰，同时还能增加图像的平移不变性。

图 5-12　平移操作

图 5-12　平移操作（续）

5.4.2　数据标注

1. 篮球数据标注

对篮球数据的标注，采用的是 ImageJ 工具。ImageJ 是一款功能强大的图像处理软件，是由 NIH（National Institutes of Health）团队基于 Java 语言开发的；它可以运行于多种平台，比如 Windows、macOS、Linux 和 Sharp Zaurus PDA 等；同时由于它是基于 Java 语言开发，所以编写的代码能够以 Applet 等方式分发；另外，ImageJ 还可以显示、编辑、分析、处理、保存、打印 8 位、16 位、32 位的图片，并且支持 TIFF、PNG、GIF、JPEG、BMP、DICOM、FITS 等多种格式。其软件界面以及标注界面如图 5-13 所示。

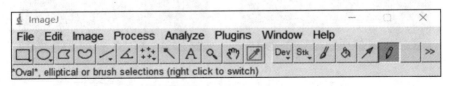

图 5-13　ImageJ 软件界面

篮球数据集总共有 20 000 张图片，手动标注的工作量非常大。由于篮球的体积较小且面积相似，因此在进行标注的时候，没有使用矩形框，而是在篮球的中心点进行标注。然后根据像素，在其周围生成矩形框。这种操作方法不仅可以减轻工作量，同时还能加快速度。

在训练篮球检测模型时，数据集按比例分成了训练集和测试集，其中训练集大小为15 000，测试集为 5 000。

2. 球员数据标注

我们对球员检测数据集采用 labelme 工具对球员进行标注。labelme 是一个用 Python 语言编写，图形界面使用 Qt 的软件。它可以对图像进行多边形、矩形、圆形、多段线、线段、点形式的标注，因此可用于目标检测、图像分割等任务，功能非常强大。其软件界面以及球员标注界面如图 5-14 和图 5-15 所示。

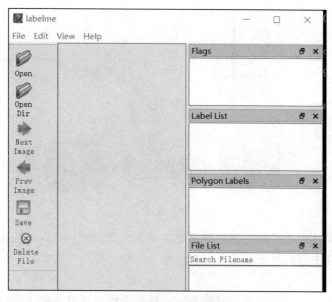

图 5-14　labelme 软件界面

图 5-15　labelme 标注界面

　　在实践的过程中，发现仅使用少量标注好的图片进行训练也能有非常不错的效果，这是因为使用了迁移学习。迁移学习（Transfer Learning）顾名思义就是将已经训练好的模型参数迁移到新的模型来帮助新模型训练。同时考虑到大部分数据或任务是存在相关性的，所以通过迁移学习可以将已经学到的模型参数通过某种方式分享给新模型从而加快并优化模型的学习效率，不用像大多数网络那样从零学习，如图 5-16 所示。

　　在图像处理领域应用深度学习方法时，会观察到第一层中提取的特征基本上是类似于Gabor 滤波器和色彩斑点之类的。

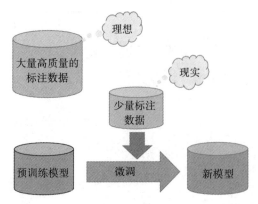

图 5-16   迁移学习

通常情况下第一层与具体的图像数据集关系不是特别大，而网络的最后一层则是与选定的数据集及其任务目标紧密相关；一般将第一层特征称为一般特征，最后一层称为特定特征。

特征迁移使得模型的泛化性能有所提升，即使目标数据集非常大的时候也是如此。随着参数被固定的层数 n 的增长，两个相似度小的任务之间可迁移性差距的增长速度比两个相似度大的两个任务之间的可迁移性差距增长更快，两个数据集越不相似特征迁移的效果就越差。

即使从不是特别相似的任务中进行迁移也比使用随机的参数要好，使用迁移参数初始化网络能够提升泛化性能，即使目标任务经过了大量的调整依然如此。因此，在最后进行训练时，训练集为 210 张，测试集为 40 张，在测试集上获得了 96.3% 的 AP 值。

5.5   基于 R-FCN 的目标检测

5.5.1   R-FCN 基本原理介绍

在介绍 R-FCN 之前，首先介绍 Faster R-CNN 算法。在 R-CNN 和 Fast R-CNN 的基础之上进一步改进，Ross B. Girshick 在 2016 年提出了 Faster R-CNN 算法。从结构上来看，Faster R-CNN 已经将特征抽取、候选框提取、物体分类和边框回归都整合在了一个网络中，大大地提高了网络的综合性能，尤其是在检测速度方面。具体为在网络的训练时间方面，Fast R-CNN 的训练时间为 84 h，而 Faster R-CNN 则仅需要 9.5 h；在测试时间方面，Fast R-CNN 的时间为 47 s，Faster R-CNN 的时间为 0.32 s。Faster R-CNN 的结构如图 5-17 所示。

Faster R-CNN 结构主要由四个部分组成。

（1）卷积层

输入的图片经过卷积层之后得到相应的特征图，即进行特征提取。Faster R-CNN 作为一种基于 CNN 的目标检测方法，它采用一组基础的卷积、激活和池化层来进行特征提取。

然后该特征图作为 RPN 的输入进行后续候选窗的选取。在进行卷积操作时，卷积核大小均为 3×3，填充大小为 1，卷积步长也为 1；所有的池化层的卷积核大小都为 2×2，填充大小为 1，卷积步长为 2。

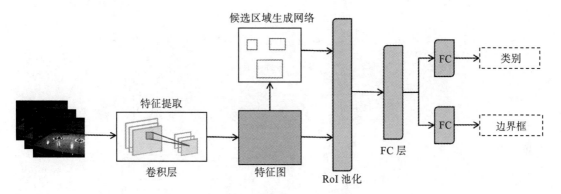

图 5-17　Faster R-CNN 结构

需要说明的是，这种卷积核和卷积步长的设计是非常重要的，在 Faster R-CNN 的卷积层中对全部的卷积操作都进行了扩边（即在特征图的外围补充一圈 0），则将会导致原图大小变为 $(M+2) \times (N+2)$，再做 3×3 卷积后得到的输出大小为 $M \times N$，如图 5-18 所示。

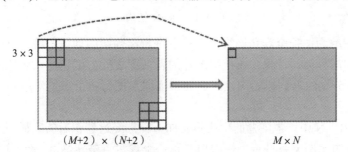

图 5-18　Faster R-CNN 的卷积示意

这样的设计，使得卷积层中的特征图在经过卷积操作之后仍然能保持大小不变。类似地是卷积层中的池化操作卷积核大小为 2×2，填充为 1，卷积步长为 2，所以对于每个经过池化层大小为 $M \times N$ 的特征图，它的大小均会变成 $(M/2) \times (N/2)$。所以，对于卷积层来说，经过卷积操作和激活操作的特征图的大小保持不变，而经过池化操作的特征图大小则会变为原来的 1/4。

因此，一个 $M \times N$ 的图片在经过 4 层卷积层后大小将会变成 $(M/16) \times (N/16)$，那么有了这种对应关系，特征图便可以按比例映射到原始图片上。

（2）候选区域网络（Region Proposal Network，RPN）

由于很多经典的检测方法在生成候选区域的时候都需要很长时间，例如 OpenCV 中的 Adaboost 算法，它使用的是滑动窗口结合图像金字塔的方法来生成候选区域；R-CNN 则是采用随机搜索方法来产生候选区域等。所以 Faster R-CNN 便不再使用滑动窗口、图像金字塔和随机搜索等旧的方法来生成候选框，而是重新设计了一个 RPN，这也是 Faster R-CNN 一个比较大的创新点，所以这种改进能极大提升候选框的生成速度。RPN 结构如图 5-19 所示。

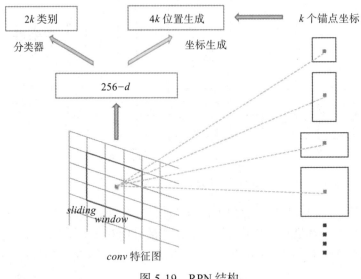

图 5-19　RPN 结构

RPN 可以理解为一种全卷积网络，它可以进行端到端的训练，最终目的是生成候选区域。RPN 的工作流程为：首先，在获得图片的特征图之后，把它输入候选区域网络，接着将特征图上的点分别映射到原始图片上，而特征图上的每一个点均对应着多个具有不同尺寸和大小的包围盒。

在 Faster R-CNN 中，包围盒的生成步骤如下：把经过卷积后的特征图上的元素和原始的输入按照相应的比例关系进行一一映射，每一个像素点被定义为一个锚点，每一个锚点都可以对应很多个不同大小的"锚"，也就是后面所说的包围盒，使用的面积尺度为 128^2、256^2 和 512^2，包围盒的宽高比为 1:1，1:2 和 2:1 三种，因此便产生了 9 种不同大小的包围盒。

RPN 自身含有两个卷积网络，这两个卷积网络的卷积核都是 1×1 大小，其中一个是用来分类包围盒是属于前景还是属于背景图像，所以输出的维度为 18 维，之所以是 18 维，是因为包围盒有 9 个，需要判断每个包围盒是否为前景即 0 和 1；另外一个则是用来进行回归的输出的维度为 36 维，即获得包围盒相对于真实目标的相对位置坐标 $dx(A), dy(A), dw(A), dh(A)$。也就是说，一个用来给 softmax 层进行分类，另一个用于给候选区域精确定位，原文也称这两个卷积层的关系为 sibling。

由于特征图上每个像素点均对应 9 个锚点，所以对于 WH 大小的特征图，将会产生 $9WH$ 大小的特征图。因此对于 50×50 大小的特征图，将会产生大约 2 万个包围盒，所以还需要先使用非极大值抑制方法筛选出那些含有目标的候选框，接着再对这些筛选后的框进行预测以及定位。softmax 层会输出锚点属于前景和背景，边框回归会输出锚点的坐标并映射到原图得到精确的候选区域。

Faster R-CNN 算法在 SPP-Net 算法的基础上进一步改进从而提出了感兴趣区域池化方法 RoIPooling（Region of Interest Pooling）。感兴趣区域池化相比空间金字塔来说，更加简洁，因为它只有一层金字塔，所以说 RoIPooling 只包含一种尺度。因此，结构上的简化带来的是速度上的提升，实验也证明了经过 RoI 处理后的算法比 R-CNN 算法运行速度快了数十倍，而且没有精度损失。

（3）感兴趣区域池化

感兴趣区域池化的工作流程如下：

①把候选框对应到特征图的相应位置上。

②将该区域划分成 7×7 大小。

③对每一个小块采取最大池化操作。

如此，每一个候选区域经过感兴趣区域池化后的大小都变为 7×7，从而使得后续全连接层的输入都是固定大小。

（4）分类和边框回归

在获得固定大小的特征向量后，该特征向量被输入两个并行的分支。其中一个进行分类，获得该区域的所属类别以及概率。另一个分支则是进行边框回归，获得该区域相对于真实目标的偏移量，从而使得候选检测框更加接近于真实的目标框。这就是 Faster R-CNN 的整个工作过程。

基于区域的全卷积网络（Region-based Fully Convolutional Network，R-FCN）是一类使用全卷积网络对目标进行定位和分类的网络，它比较适合应用在具有复杂背景的小目标检测。R-FCN 是基于 Faster R-CNN 进一步改进的，它不仅实现了在整张图片上的计算共享，减少了参数的冗余，而且利用位置敏感得分图，处理了图像分类问题中的平移不变性和目标检测问题中的平移敏感性这两难问题。该网络在 ImageNet 公共数据集上获得了比较令人满意的定位分类效果，现在已经被广泛地运用在目标的分类和定位问题中。R-FCN 网络结构如图 5-20 所示。

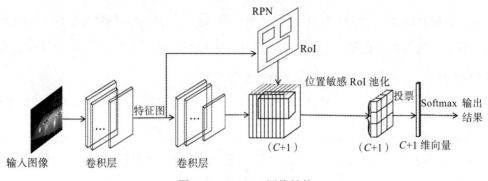

图 5-20 R-FCN 网络结构

FCN 网络由三部分组成，分别是基础的全卷积网络（Fully Convolutional Network, FCN）、RPN 和 RoI 子网。其中，FCN 作为基础的特征提取，RPN 则是依据 FCN 生成的特征图来产生感兴趣候选区域 RoI，然后 RoI 子网将结合特征图和 RoI 来共同对候选框进行分类和定位。

从结构上来讲，R-FCN 是在 Faster R-CNN 的基础上进一步改进。改进的地方如下：把 Faster R-CNN 基础网络的最后一个全连接层替换为一个 1×1 的卷积，而这个 1×1 的卷积是为了生成位置敏感得分图，从而引入平移敏感性，接着再进行感兴趣区域池化操作。这样设计的原因是感兴趣区域池化操作会丢失位置信息，所以需要在池化操作的前面加入目标的位置信息，即位置敏感得分图的不同区域对应着目标的不同部分，分区域来检测。在对得分图进行池化以后，再把这些得分图拼接在一起便能够恢复以前的位置信息，从而解决图像分类问题中的平移不变性和目标检测问题中的平移敏感性之间的两难问题。

生成位置敏感得分图的详细过程如下：在全卷积网络的最后层之后添加一个 1×1 卷积层输出 $k^2(C+1)$ 维的位置敏感得分图，其中 k^2 表示 RoI 池化层将 RoI 划分成 k^2 个空间位置，C 为目标的种类数，$C+1$ 为目标种类和背景总数。每张得分图中存放的是所有目标的某一部位的特征图。如图 5-21 所示，k 为 3 时，其中每个方框分别代表物体的上左（左上角）、上中、上右、中左、中中、中右、下左、下中、下右（右下角）位置。

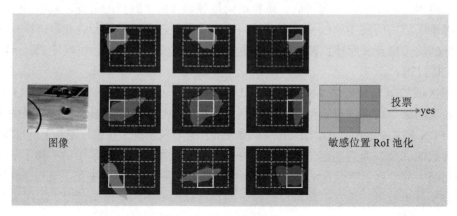

图 5-21 位置敏感得分图

在位置敏感得分图之后再进行位置敏感池化操作：对于从 RPN 网络生成的 $w \times h$ 大小的候选区域，首先需要将它划分为 $k \times k$ 个子区域，则每个区域的大小为 $\frac{w}{k} \times \frac{h}{k}$，第 (i,j) 个子区域 $(0 \leqslant i, j \leqslant k-1)$ 对第 C 个类别的池化响应表达式为

$$r_c(i,j \mid \Theta) = \sum_{(x,y) \in \text{bin}(i,j)} z_{i,j,c}(x+x_0, y+y_0 \mid \Theta) / n \qquad (5.10)$$

其中，$\text{bin}(i,j)$ 指的是候选区域的第 (i,j) 个子区域，$z_{i,j,c}$ 指的是 $k^2(C+1)$ 个得分图中的一个得分图，(x_0, y_0) 是候选区域左上角的坐标，n 表示这个子候选区域中的像素数量，Θ 表示网络在经过学习后获得的参数，第 (i,j) 个 bin 的范围为

$$\left[i\frac{w}{k} \right] \le x \le \left[(i+1)\frac{w}{k} \right],\ \left[j\frac{h}{k} \right] \le y \le \left[(j+1)\frac{h}{k} \right] \tag{5.11}$$

在获得候选区域每个子区域的池化响应后，再利用获得的 k^2 个位置敏感得分图对候选区域是否是目标区域进行投票，便可以获得候选区域归于每一个类别的得分，其计算方式如公式（5.12）所示。接着再计算出它的 softmax 响应便可以判断候选区域归于每一个类的概率值，其表达式见公式（5.13）。最后，在 RoI 子网的作用下，就可以确定候选区域属于哪一个类别，还可以确定它的位置参数 (t_x,t_y,t_w,t_h)，其中，t_x、t_y、t_w 和 t_h 分别代表的是候选区域的左上角坐标以及它的宽和高。

$$\hat{r}_c(\Theta) = \sum_{i,j} r_c(i,j\mid\Theta) \tag{5.12}$$

$$s_c(\Theta) = e^{r_c(\Theta)} / \sum_{c'=0}^{C} e^{r_{c'}(\Theta)} \tag{5.13}$$

R-FCN 的损失函数定义为在每个 RoI 上的交叉熵损失和边界回归损失的总和，其公式如下：

$$L(s,t_{(x,y,w,h)}) = L_{cls}(s_{c^*}) + \lambda[c^*>0]L_{reg}(t,t^*) \tag{5.14}$$

其中，λ 表示平衡参数，用来平衡分类和回归所占的比重；c^* 代表目标候选区域属的类；t 表示预测的目标区域位置；t^* 表示真实的目标标记区域位置。分类误差用的是交叉熵误差，可以表示为

$$L_{cls}(s_{c^*}) = -\log s_{c^*} \tag{5.15}$$

定位误差表示的是 t 和 t^* 之间的误差，为了使得误差函数对于那些离群点具有更好的鲁棒性，因此定位误差采用平滑的 L_1 函数来对梯度的量级进行控制，有

$$L_{reg}(t,t^*) = \sum_{i\in\{x,y,w,h\}} S_{L_1}(t_i,t_i^*) \tag{5.16}$$

而平滑公式为

$$S_{L_1}(x) = \begin{cases} 0.5x^2 & ,|x|<1 \\ |x|-0.5 & 其他 \end{cases} \tag{5.17}$$

最终，篮球检测的整个流程如图 5-22 所示。

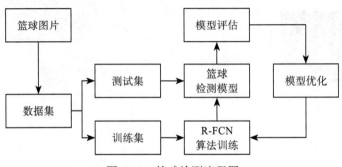

图 5-22 篮球检测流程图

5.5.2　R-FCN 算法的改进

1. OHEM

在线难例挖掘（Online Hard negative Example Mining，OHEM）提出通过 OHEM 算法训练基于候选区域的目标检测方法。该方法具有如下两个优点：一是对于数据类别不平衡问题不再需要采用手动设置正负样本比例的方式来处理，这种在线选择方式相对来说具有更强的针对性；二是当数据集数量变大时，算法可以在原来基础上提升更大。

如在二分类中正负样本比例存在较大差距，导致模型的预测偏向某一类别。如果正样本占据 1%，而负样本占据 99%，那么模型只需要对所有样本输出预测为负样本，模型轻松可以达到 99% 的正确率。一般此时需要使用其他度量标准来判断模型性能，比如召回率。

对于正负样本不平衡问题，从数据层面有两种解决办法，即欠采样和过采样。欠采样指的是将模型中类别较多的样例除去一些，使类别样本数量平衡。但此法由于除去一些样本，导致丢失许多信息。一种改进办法是 EasyEnsemble，将数量多的类别分成几份，分别与少数类别组合，形成 N 份数据集。从全局上看信息没有丢失。

而过采样则是增加数量少的类别样本，简单方法使用直接复制、数据增强、添加噪声等。典型算法是 SMOTE 算法：通过对少数样本进行插值来获取新样本。一般过采样的效果要好于欠采样。

难分样本指的是模型对某个样本学习困难，难以学得其特征。而数据不平衡会导致某一类别在模型中学习迭代次数较少，逐渐成为一种难分样本。

OHEM 算法的核心是选择一些难例作为训练的样本从而改善网络参数效果，难例指的是有多样性和高损失的样本。难例是根据每个 RoI 的损失来选择的，选择损失最大的一些 RoI。但是这里有一个问题：重合率比较大的 RoI 之间的损失也比较相似。因此采用 NMS 方法来去除重合率较大的 RoI，设定阈值 IoU 为 0.7，大于 0.7 就认为重合率较高，需去除。

将 OHEM 应用于 Fast R-CNN 结构如图 5-23 所示。

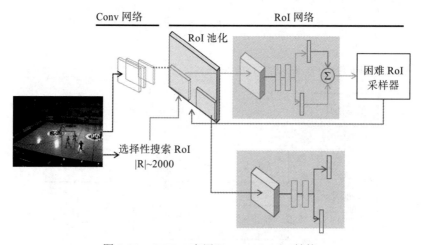

图 5-23　OHEM 应用于 Fast R-CNN 结构

从图 5-23 可以看出，OHEM 被应用在 Fast R-CNN 网络结构上面，并且将 Fast R-CNN 划分成两小部分：ConvNet 和 RoINet。ConvNet 是一个共同享有的底层卷积层，RoINet 为 RoIPooling 后面的层，包括全连接层。具体工作流程如下所述。

每一张输入的图片，在经过前向传播以后，用 ConvNet 获得特征图，将已经计算好的候选区域经 RoI 池化层投影到特征图上，则全连接层的输入便是固定大小的向量。RoINet 包含两个 RoI 网络，上面一个 RoI 网络是只读的，为所有的 RoI 在前向传递时分配空间。下面一个 RoI Network 则同时为前向和后向分配空间。

首先，RoI 经过 RoI 池化层生成特征图，然后进入只读的 RoI 网络得到所有 RoI 的损失；然后对损失从高到低排序，同时利用 NMS 方法选出前 k 个候选区域，也就是难例，并把这些难例作为下面那个 RoI 网络的输入，计算这 k 个候选区域的损失，并回传梯度给 ConvNet 从而更新整个网络。

实际上，在线负样本挖掘方法也是一次机器学习经典算法 Bootstrapping 在深度学习方法中的完美嵌入。

2. 优化网络结构

ResNet 网络差不多是当前应用最为广泛的 CNN 特征提取网络。VGG 网络试着探寻深度学习网络的深度几许以能持续地提高模型的性能。我们的一般印象中，深度学习愈是深、复杂、参数多，愈是有着更强的表达能力。凭着这一基本准则 CNN 网络自 AlexNet 的 7 层发展到了 VGG 的 16 层乃至 19 层，后来更有了 GoogleNet 的 22 层。可后来我们发现深度 CNN 网络达到一定深度后再一味地增加层数并不能进一步地提高性能，反而会招致网络收敛变慢，测试集的准确率也变差。排除数据集过小带来的模型过拟合等问题后，我们发现，相对于较浅些的网络而言过深的网络会使模型的准确度下降。正是受制于此，VGG 网络达到 19 层后再增加层数就开始导致模型性能下降。

在本例的篮球检测中，由于篮球的体积非常小，当把 ResNet50 用作特征提取网络时，由于特征图的分辨率减少到原来的 1/32。因此，对于篮球这个小物体，可能在最后的卷积层中已经消失，也就是说在特征图上不存在了。所以，针对该问题，首先在 ResNet50 的基础上逐渐减少卷积的层数，同时引入空洞卷积来增大物体的感受野以提高特征图的分辨率。

空洞卷积（Dilated Convolution）的提出最初是为了解决图像分割领域中的像素分割问题。典型的图像分割网络如全卷积网络（FCN），一般操作步骤类似于传统的卷积神经网络，先对图像做卷积后进行池化，不仅能使图片的尺寸变小，而且还能使图片的感受野扩大。但不同的是，图像分割领域是 pixel-wise 的输出，由于池化操作会使图像变小，因此需要再次使用上采样方法将图片扩大到原始的图片大小，然后再预测目标的类别。对图片进行上采样通常使用反卷积方法。先进行下采样，再进行上采样，在操作过程中会损失掉一些图像信息，因此，空洞卷积便出现了，这样特征图不进行池化操作也能获得比较大的感受野，从而能看到更多的信息。如图 5-24 所示为标准卷积和空洞卷积的比较。

如图 5-25 所示，将红点位置标记为正常的卷积核，没有红点的位置记为 0。假设将初始特征图记为 map0，首先将初始的特征图记为 feat0，然后使用扩张率为 1 的空洞卷积生成

feat1，feat1 上的一点相对 feat0 的感受野为 3×3，如图 5-25a 所示。

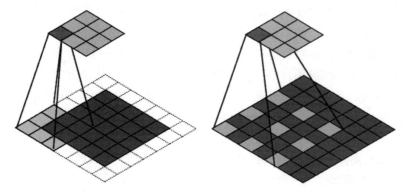

图 5-24 标准卷积和空洞卷积比较

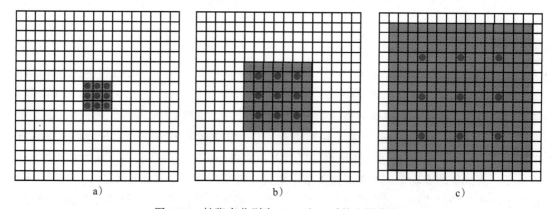

图 5-25 扩张率分别为 1，2 和 4 时的空洞卷积

接着将扩张率的大小设为 2，再对 feat1 进行空洞卷积生成的特征图记为 feat2，如图 5-25b 所示。对比图 5-25a 和图 5-25b，可以发现，feat0 上卷积核的大小和 feat1 上像素点的感受野大小是相同的，均为 3。图 5-25b（即 feat1）上一个点综合了图 5-25a（即 feat0）上 3×3 区域的信息。依此类推，图 5-25c（即 feat2）上的感受野大小是 7×7，即整个图 5-25b 的深色区域。

第三次处理同上，空洞卷积的卷积核为 feat2 上的感受野，大小为 7，所以说图 5-25c（即 feat2）上的每个点综合了 feat0 上 7×7 的信息。若采用扩张率为 4 的空洞卷积，生成的 feat3 每一个点的感受野大小便是 15×15。

相比较之下，使用步长为 1 的普通 3×3 卷积，三层之后感受野仅仅为 7×7。可以看出，使用空洞卷积能够明显增加感受野。

3. 多尺度训练

最初的 RCNN 具有很好的尺度不变性，因为它先从图片中提取 proposal，然后缩放到 224×224 去提取特征。但是这样每个 proposal 不共享特征的计算，速度很慢，而 Fast

RCNN 系列为了解决这个问题，使得网络的输入大小不固定，不同尺度的图片都经过同一个 CNN 提取特征然后拿 proposal 去对应位置进行特征映射，这就破坏了 R-CNN 原来的尺度不变性，但速度很快并且整体做特征提取能捕捉更多的目标信息，从而得到广泛的应用。

在训练篮球检测模型时，图片的大小均为 800×600，而篮球所占的像素大小则大约为 30×30，可见篮球的体积较小，这也是篮球检测的难点之一。多尺度训练 / 测试最早的做法是在训练时，预先定义几个固定的尺度，每轮随机选择一个尺度进行训练。测试时，生成几个不同尺度的特征图，对每个候选区域，在不同的特征图上也有不同的尺度，我们选择最接近某一固定尺寸（即检测头部的输入尺寸）的候选区域作为后续的输入。

因此，为了进一步提升模型的检测效果，使用多尺度的方法来进行训练和测试。在进行模型的训练时，将图片的输入大小范围设置为 $600 \sim 1000$，也就是说在训练过程中，输入图片会被随机裁剪或者扩大。并且还进行了比较实验，验证多尺度训练和单一尺度训练的实验效果。

因此，在训练时将一张图像随机缩放为多个尺寸，而测试时可以将图像缩放各个尺寸，得到不同尺度的框进行非极大值抑制，整体的思路和图像金字塔网络比较类似。此种方法可以有效增加数据的多样性，提高网络的性能。

4. 使用 K-means 改进锚点尺寸

前面的部分介绍过，假设特征图大小为 $W \times H \times C$，其中 W、H、C 分别表示特征图的宽、高和通道数。然后在特征图上使用滑动窗口来生成候选区域，对于每一个滑动窗口，它的中心点会映射到原始的图片上，这个点就被称为锚点，并且以锚点为中心去生成 K 个建议窗口。通过滑窗和锚点机制就可以找到固定比例、一定大小的候选区域。

在训练模型时，一般都是基于锚点机制先生成大约 20 000 个候选框，然后再经过非极大值抑制算法进行筛选。因此，合适的锚点有助于进一步提高目标定位与分类的准确性。由于在进行模型训练的时候，会对数据集进行标注，因此可以获得每个目标的真实大小与位置。因此在训练之前，在训练集上利用 K-means 等方法聚类出来的一组矩形框，则能代表数据集中目标主要分布的长宽尺度。一般情况下，默认的锚点比例和尺度分别为 [0.5,1,2]，[128,256,512]。对于我们的篮球检测来说，明显是非常不合适的。因此我们首先通过聚类算法，获得篮球的大小分布。

聚类算法非常多，而 K-Means 算法则是聚类算法中最经典且最常用的一种。K-means 算法进行聚类的步骤为：

① 确定将数据划分为几类，即确定 K 个聚类中心；

② 从数据集中随机选择 K 个数据点作为初始中心点，再次计算每个聚类中心；

③ 对集合中的每一个样本，计算它和每一个聚类中心的距离，根据距离来判定属于哪一个类；

④ 再在每一个类中选出新的质心；

⑤ 若新的质心和原来的质心之间的距离小于某一个设置的阈值，则可以认为聚类已经

达到期望的结果，算法结束；否则需要重新迭代直到收敛。

针对本例中的篮球数据集，使用 K-means 算法进行聚类，划分为 6 个簇，结果发现篮球的大小基本为 20×20、28×28、33×33，长宽比大约为 0.5、0.75、1。因此，最终设定了 12 种锚点，比例分别为 [0.5, 0.75, 1, 2]，尺度分别为 [16, 32, 64]。

5.5.3　目标检测应用实践

1. 实践细节

训练篮球检测模型的服务器配置如表 5-1 所示。实践所使用的处理器型号为 Intel i7 8700K；显卡的版本为 Nvidia GTX1080TI，容量为 11 G；内存大小为 32 G，并且还配备了 2 T 的硬盘。整个服务器的配置非常完备，足够流畅地进行模型的训练。

表 5-1　服务器硬件配置

项目	型号
中央处理器（CPU）	i7 8700 K
内存	32 G
硬盘	2 T
显卡（GPU）	$2 \times$ GTX1080Ti

我们在 Ubuntu16.04LTS 系统的计算机上进行，CUDA 版本为 10.0，Cudnn 版本为 7.5.0，OpenCV 版本为 3.4.1，Python 版本为 2.7，深度学习框架为 Caffe（Convolutional Architecture for Fast Feature Embedding），它是一个清晰而且高效的深度学习框架，其核心语言是 C++，既支持 Python 也支持 Matlab 接口，既可以运行在 CPU 上也可以运行在 GPU 上。

在进行模型的训练时，优化器选择的是随机梯度下降方法（即 SGD），动量设置为 0.9，权重衰减 0.000 5，学习率为 0.005，学习率变化规律为每迭代 10 000 次学习率下降为原来的 1/10，整个学习过程迭代 20 000 次。

2. 实践结果分析

为了进一步提高篮球检测的效果，我们在 R-FCN 的基础上，针对篮球样本特征，进行了一些优化和改进，同时也通过实践证明了这些改进对于提高篮球的检测效果有一定的帮助。

在确定使用基于候选区域的方法进行目标检测时，为了进一步比较 Faster R-CNN 和 R-FCN 的效果，因此对篮球数据集分别进行训练以及测试，如图 5-26 所示。

其横坐标表示召回率，纵坐标表示精度，即精度 – 召回率曲线图。一般来说，曲线与坐标轴围成的面积越大，表示检测的效果越好。因此，从图 5-26 可以看出，使用 R-FCN 作为基础网络的效果是要好于 Faster R-CNN。另外可以发现，对于 Faster R-CNN，使用 16 层的卷积网络效果要好于 50 层的 ResNet，可见网络越深效果不一定会更好。这也为进一步的优化指明了方向。

所以为了进一步优化网络结构，我们在基于 R-FCN 的 50 层 ResNet 的基础之上，对网络的结构进行优化，具体则是通过逐渐减少卷积的层数，并添加空洞卷积的方式。优化的对比结果如表 5-2 所示。

从表 5-2 可以看出，相比于 50 层的卷积层，38 层的卷积效果更好。由此也可以看出，对于篮球这种小目标的检测不适合使用比较深层的卷积神经网络。而且卷积层数的减少，不仅减少了网络的参数，同时也加快了网络的训练速度。

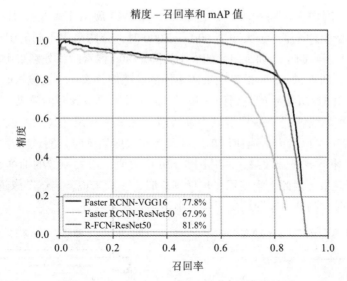

图 5-26　Faster R-CNN 和 R-FCN 的检测结果

表 5-2　网络结构优化

方法	基础网络	Dila_conv	OHEM	锚点	多尺度	mAP
R-FCN	ResNet-50	×	×	9	×	80.4%
R-FCN	ResNet-47	√	×	9	×	80.3%
R-FCN	ResNet-43	√	×	9	×	80.0%
R-FCN	ResNet-41	√	×	9	×	80.4%
R-FCN	ResNet-38	√	×	9	×	81.2%
R-FCN	ResNet-35	√	×	9	×	80.3%

　　表 5-3 是使用 OHEM 方法的对比结果，可以看出，相比于不使用该方法，性能提升了
1.4%。可见，OHEM 方法通过对难分的负样本重新进行训练，从而扩大了训练集的范围，
提高了检测效果。

表 5-3　OHEM 对比效果

方法	基础网络	Dila_conv	OHEM	锚点	多尺度	mAP
R-FCN	ResNet-50	×	×	9	×	80.4%
R-FCN	ResNet-50	×	√	9	×	81.8%

　　由表 5-4 的发现，在将锚点的数量由原来的 9 种变成 12 种后，在测试集上模型的性能
提高了 0.6%，也说明锚点对于性能的提升是有效果的。因此合理设置锚点的大小和尺寸，
能够增大边界框的检出率。

表 5-4　锚点数量对比效果

方法	基础网络	Dila_conv	OHEM	锚点	多尺度	mAP
R-FCN	ResNet-50	×	×	9	×	80.4%
R-FCN	ResNet-50	×	×	12	×	81.0%

　　为研究输入图像大小对模型训练的影响，图 5-27 展示了多尺度训练实验对比。图 5-27a 表示的是当训练图片范围大小为 600～1000 时，分别采用不同的图片大小进行测试的效果；图 5-27b 表示的是当训练图片的大小为固定 800 像素时，分别采用不同的图片大小进行测试的效果；图 5-27c 表示的是当采用不同的训练图片大小，而测试时图片大小为 600 像素时的效果；图 5-27d 表示的是当训练和测试的图片大小一致时的效果。

　　从图 5-27a 可以看出，当使用多尺度训练时，测试图片尺寸越大，检测效果越好；从图 5-27b、图 5-27c 可以看出，当使用单尺度或者多尺度训练时，测试图片尺寸大于训练时的图片大小时，并不会提升效果；同时图 5-27d 也表明，增大图像的训练尺寸和测试尺寸也能够提升检测效果。因此，当使用多尺度训练时，一般来说，测试图像越大，效果越好；使用单尺度训练时，测试图像和训练图像大小相同时效果较好。

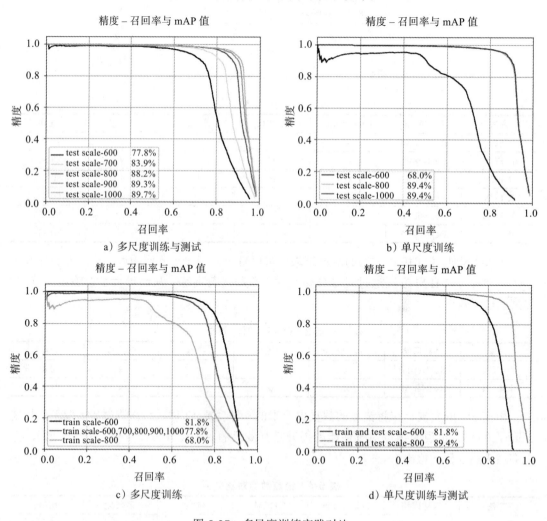

图 5-27　多尺度训练实践对比

以上的结果也证明了输入图片的尺寸能够影响检测模型的性能。当然，针对小目标物体，由于卷积池化等操作，使得特征图相比原图要小数十倍，所以小目标的特征信息很难被网络学习到。因此，当输入的图像数量更多、尺寸更大时，可以进一步提高小目标物体的定位精度。

最终模型的检测效果与其他方法的检测效果对比如表 5-5 所示，基于轨迹的方法精确度为 80.75%。基于边缘的方法准确度为 89.62%。我们采用基于 R-FCN 的深度学习方法，精确度为 90.6%，效果相对更好。

表 5-5 各种方法检测性能比较

方法	基于轨迹	边缘检测	R-FCN
评价指标	accuracy	precision	mAP
性能	80.75%	89.62%	90.6%
优缺点	可检测到被遮挡的球，但实际中球的轨迹并不可预测	适用于背景简单场景，鲁棒性有待提高	可适用场景范围广，较好的鲁棒性；模型设计较复杂

如图 5-28 所示为最终模型的检测效果。

图 5-28 检测效果示意图

5.6 基于 Mask R-CNN 的目标检测

MS COCO（Microsoft Common Objects in Context）起源于微软 2014 年出资标注的 Microsoft COCO 数据集，与 ImageNet 竞赛一样，被视为计算机视觉领域最令人瞩目和最具有权威性的赛事之一。

COCO 数据集是一个大型的数据集，既可以用于物体检测也可以用于分割任务。该数据集主要来自于复杂的日常场景，图片里面的物体标注都是通过了精准的分割技术。它包含了 91 类目标、328 000 影像和 2 500 000 个标签，是目前为止有语义分割的最大数据集，提供的类别有 80 类，超过 33 万张图片，其中 20 万张有标注，整个数据集中个体的数目超过 150 万个。

从图 5-29 可以明显看出，使用 Mask R-CNN 方法对球员目标检测的效果更好，因此我们将重点介绍 Mask R-CNN 方法，并通过体育视频中的球员检测进行讲解。

图 5-29　Faster R-CNN（上）与 Mask R-CNN（下）

5.6.1　Mask R-CNN 算法基本原理

由于卷积网络中的深层网络更倾向于响应语义特征，而特征图的尺寸较小，几何信息不多，难以进行目标检测。相对而言，浅层网络包含较多的几何信息，但是语义特征不多，图像分类困难。因此，如何结合卷积网络中的深层和浅层特征来同时满足分类和检测的需求，获得了持续的关注。

FPN 网络（见图 5-30）通过自底向上、自顶向下以及横向连接将特征图高效地整合起来，在提升精度的同时并没有过度降低检测速度。同时通过将 Faster R-CNN 的 RPN 和 Fast R-CNN 的骨干框架换成 FPN，Faster R-CNN 的平均精度从 51.7% 提升到 56.9%。

自底向上方法即是卷积网络的前向过程，在 Mask R-CNN 的残差网络中，C2、C3、C4、C5 经过的降采样次数分别是 2、3、4、5，即分别对应原图中的步长为 4、8、16、32。其中，C2、C3、C4、C5 指的是卷积部分的 5 个卷积块，每个卷积块都由卷积层、池化层、激活函数层组成，但是每个卷积块中卷积层的数目却不一样。

通过自底向上路径，FPN 得到了 4 组特征图。浅层的特征图（如 C2）含有更多的纹理信息，而深层的特征图（如 C5）含有更多的语义信息。为了将这 4 组倾向不同的特征图组合起来，FPN 使用了自顶向下及横向连接的策略。

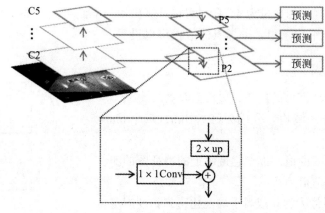

图 5-30　FPN 结构图

残差网络得到的 C2 ～ C5 由于经历了不同的降采样次数，所以得到的特征图的尺寸也不同。为了提升计算效率，首先 FPN 使用 1×1 进行降维，得到 P5，然后使用双线性插值进行上采样，将 P5 上采样到和 C4 相同的尺寸。

然后，FPN 也使用 1×1 卷积对 P4 进行降维，由于降维并不改变尺寸大小，所以 P5 和 P4 具有相同的尺寸，FPN 直接把 P5 单位加到 P4 得到了更新后的 P4。基于同样的策略，我们使用 P4 更新 P3，P3 更新 P2。整个过程从网络的顶层向下层开始更新，所以叫自顶向下路径。

FPN 使用单位加操作来更新特征，这种单位加操作被称为横向连接。由于使用了单位加操作，所以 P2、P3、P4、P5 应该具有相同数量的特征通道数，所以 FPN 使用了 1×1 卷积进行降维。

在更新完特征图后，FPN 在 P2、P3、P4、P5 之后均接了一个 3×3 卷积操作，该卷积操作是为了减轻上采样的混叠效应。

Mask R-CNN 是一个两阶段的框架，扩展自 Faster R-CNN，并将其扩展为实例分割框架。由于 FPN 网络在特征提取部分能够融合特征图的浅层特征和深层特征，所以 Mask R-CNN 网络便将其嵌入在卷积部分进行特征提取。另外由于分割需要较准确的像素位置，而在 Faster R-CNN 方法中，在进行 RoIPooling 之前需要进行两次量化操作。第一次是原图像中的目标到 Conv5 之前的缩放，比如缩放 32 倍，目标大小是 600，结果不是整数，需要进行量化舍弃。第二次量化比如特征图目标是 5×5，RoIPooling 后是 2×2，这里由于 5 不是 2 的倍数，需要再一次进行量化，这样对于 RoIPooling 之后的结果就与原来的图像位置相差比较大了。因此对 RoIPooling 进行改进，提出了 RoIAlign 方法，在下采样的时候，对像素进行对准，使得像素更准确一些。不同于 Faster R-CNN 中使用分类和回归的多任务回归，Mask R-CNN 在其基础上并行添加了一个用于语义分割的 Mask 损失函数，以上便是 Mask R-CNN 相对于 Faster R-CNN 所做的改进。

RoIAlign 取消了所有的量化操作，不再进行四舍五入，如图 5-31 所示，虚线代表特征图，黑框代表目标的位置，可见目标的位置不再是整数，而可能在中间，然后进行 2×2 的

Align-Pooling，采样点的数量为 4，所以可以计算出 4 个位置，然后对每个位置取距离最近的 4 个坐标的值取平均求得。采样点的数量可以设置，默认设置为 4 个点。

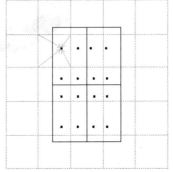

图 5-31　RoIAlign

其步骤如下：

①首先计算 RoI 区域的边长，边长不取整；

②接着将 RoI 区域均匀分成 2×2 个 bin，每个 bin 的大小不取整；

③对于每个 bin 的值，都是它最邻近的特征图的四个值通过双线性插值得到；

④最后再使用最大池化或者平均池化得到长度固定的特征向量。

Mask R-CNN 结构如图 5-32 所示。

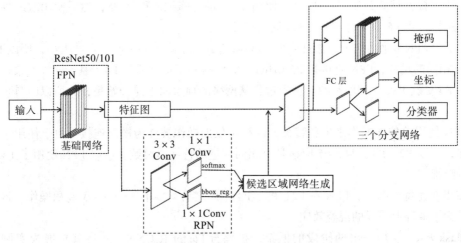

图 5-32　Mask R-CNN 结构图

Mask R-CNN 采用了和 Faster R-CNN 相同的两步走策略，主干网络是一个标准的卷积神经网络，通常以 ResNet50 或者 ResNet101 作为特征提取器。它的底层网络检测到的一般都是比较低级的特征，例如图片的边缘、颜色、角以及纹理等特征；而较高层网络检测到的特征则更加高级，如汽车、人、天空等。

在经过基础卷积网络之后，图片将从大小为 1024×1024×3 的张量变换为大小为 32×32×2048 的特征图。该特征图作为 RPN 网络的输入，生成候选区域。然后再将它和特征图进行一一对应，接着进行 RoIAlign 操作，先经过全连接层，最后再进行分类、边框回归和分割。其流程如图 5-33 所示。

Mask R-CNN 有三个分支，其损失函数表示如下：

$$L = L_{cls} + L_{box} + L_{mask} \tag{5.18}$$

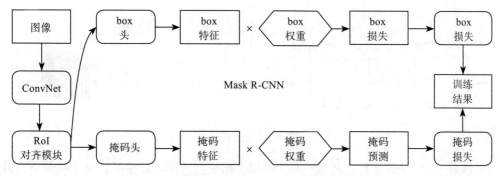

图 5-33 Mask R-CNN 流程图

其中，L_{cls} 表示边界框的分类损失值，L_{box} 表示边界框的回归损失值，L_{mask} 表示 mask 部分的损失值。L_{cls} 和 L_{box} 的计算方式与 Faster R-CNN 相同，因此仅讨论 L_{mask}。

在进行掩码预测时，FCN 的分割和预测是同时进行的，即要预测每个像素属于哪一类。而 Mask R-CNN 将分类和语义分割任务进行了解耦，即每个类单独地预测一个位置掩码，所以 Mask R-CNN 基于 FCN 将 RoI 区域映射为一个 $m \times m \times n\_class$（FCN 是 $m \times m$）的特征层。由于每个候选区域的分割是一个二分类任务，所以 L_{mask} 使用的是二值交叉熵损失函数，该损失一般配合 Sigmoid 激活函数使用。

5.6.2 改进 Mask R-CNN 模型

1. 嵌入 SENet

压缩和激励网络（Squeeze-and-Excitation Network，SENet）是一种新的网络结构，研究者利用 SENet 取得了 ImageNet 2017 竞赛中 Image Classification 任务的冠军。最初设计 SENet 是为了了解每个特征的通道和通道之间是否存在一定的相关性。在这种设计中，没有因为要对特征通道进行融合就增加通道的空间维度数量，而是对特征进行重新标定，这样可以减少新增的参数量和计算量。具体来说，就是通过模型来学习哪些特征是有用的，哪些特征是无效的，便可以依据这个特征的重要性来增加或者降低每个特征所占的权重大小。

也就是说，SENet 的核心思想便是让网络自动学习特征的权重，使得那些有效的特征权重较大，无效或效果小的特征权重小。通过这种方式对模型进行训练从而获得更优的性能。

图 5-34 为 SE 模块的示意图。给定一个输入 x，其特征通道数为 c_1，在经过一系列的卷积池化等操作后得到一个特征通道数为 c_2 的特征。将其输入输出的定义如下：

$$F_{tr} : X \to U, X \in R^{H' \times W' \times C'}, U \in R^{H \times W \times C} \tag{5.19}$$

以卷积核为例，$V=[v_1, v_2, \cdots, v_c]$，其中 v_c 表示第 c 个卷积核。那么输出 $U=[u_1, u_2, \cdots, u_c]$。

$$u_c = v_c X \sum_{s=1}^{C'} v_c^s x^s \tag{5.20}$$

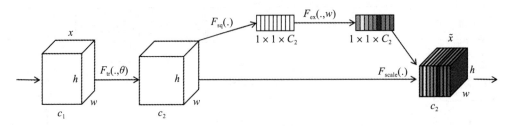

图 5-34　SE 模块

v_c^s 代表一个 3D 卷积核，其输入一个通道上的空间特征，它学习特征空间关系，但是由于对各个通道的卷积结果做了求和操作，所以通道特征关系核、卷积核学习到的空间关系混合在一起。而 SENet 就是为了抽离这种混杂，使得模型可以直接学习到通道特征关系。和传统的卷积神经网络不一样的是，接下来则是通过三个操作来对前面得到的特征进行重标定。

（1）Squeeze 操作

依据空间维度的顺序对特征进行压缩。假设原始特征图的维度大小为 $H \times W \times C$，其中 H 是高度，W 是宽度，C 是通道数。那么 Squeeze 操作便是将 $H \times W \times C$ 压缩为 $1 \times 1 \times C$，相当于把 $H \times W$ 压缩成一个一维度的实数。这个压缩过程一般是采样全局平均池化方法来实现的，从某种意义上来说，这个实数含有之前 $H \times W$ 全局的视野，感受区域更广，而且输出的维度和输入的特征通道数是相同的。这个操作在很多任务中都能够起到一定的作用。

$$z_c = F_{sq}(u_c) = \frac{1}{H \times W}\sum_{i=1}^{H}\sum_{j=1}^{W} u_c(i,j), z \in R^C \tag{5.21}$$

（2）Excitation 操作

在得到 $1 \times 1 \times C$ 的特征后，再插入一个全连接层来预测每个特征通道的重要性，然后将重要性再激励到之前的特征图所对应的通道上。

$$s = F_{ex}(z, W) = \sigma(g(z, W)) = \sigma(W_2 \mathrm{ReLU}(W_1 z)) \tag{5.22}$$

其中，$W_1 \in R^{\frac{C}{r} \times C}, W_2 \in R^{C \times \frac{C}{r}}$。

（3）Reweight 操作

在经过 Excitation 操作后便可以得到每个特征通道的重要性，然后再通过乘法逐通道加权到先前的特征上，便实现了在通道维度上对原始特征的重标定。

$$\tilde{x}_c = F_{scale}(u_c, s_c) = s_c u_c \tag{5.23}$$

图 5-35 表示的是将 SENet 应用在残差网络的残差分支的示意图。

2. 改进 RPN 损失函数

分类任务中经常用 softmax 输出，然后用交叉熵作为损失。然而这种做法也有不少缺点，比如分类结果表示过于绝对，即使输入噪声，分类的结果也是非 1 即 0，这容易导致过拟合，还会使得在实际应用中不能很好地确定置信区间、设置阈值。因此为防止分类过于自信，修改损失也是常用的手段之一。

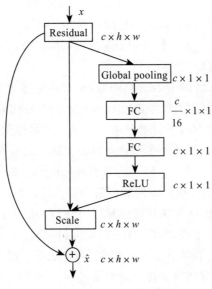

图 5-35　SE-ResNet 模块

如果不修改损失，可以使用交叉熵去拟合一个独热的分布。交叉熵的公式为

$$S(q \mid p) = -\sum_i q_i \log p_i \tag{5.24}$$

其中，p_i 是预测的分布，而 q_i 是真实的分布，比如输出为 $[z_1, z_2, z_3]$，那么损失函数的表达式为

$$\text{loss} = -\log(e^{z_1} / Z) \tag{5.25}$$

$$Z = e^{z_1} + e^{z_2} + e^{z_3} \tag{5.26}$$

z_1 是 $[z_1, z_2, z_3]$ 的最大值，那么我们总可以 "变本加厉" ——通过增大训练参数，使得 z_1, z_2, z_3 增加足够大的比例，即增大向量 $[z_1, z_2, z_3]$ 的模长，从而 e^{z_1} / Z 足够接近 1，也就是说损失足够接近 0。这就是通常 softmax 结果过于绝对的原因，即只要增大模长，就可以降低损失。为了使得分类结果不至于太绝对，可以避免单纯地拟合独热分布，如尝试拟合均匀分布：

$$\text{loss} = -(1-\varepsilon)\log(e^{z_1} / Z) - \varepsilon \sum_{i=1}^{n} \frac{1}{3} \log(e^{z_1} / Z) \tag{5.27}$$

这样，盲目地增大比例使得 e^{z_1} / Z 接近于 1，就不再是最优解了，从而可以缓解 softmax 过于绝对的情况，并且增大分类的准确度。

3. Adam 优化器

卷积神经网络的训练目标是使得代价函数的值最小，寻找最优参数，解决该问题的过程也被称为最优化过程。但是由于在深度学习中，参数的数量非常大，因此最优化的问题也比较复杂。

其中，最常用的神经网络优化方法便是随机梯度下降法（Stochastic Gradient Descent，SGD），即将参数的梯度作为线索，使参数沿着梯度下降的方法进行更新，并重复执行迭代过程，从而逐渐靠近最优参数。

Adam 优化器是由 OpenAI 的 Diederik Kingma 和多伦多大学的 Jimmy Ba 共同提出来的。Adam 的名称源自适应性矩估计（Adaptive moment estimation）。

Adam 算法和传统的随机梯度下降算法有所区别。随机梯度下降算法的训练过程如下：首先选取一组样本进行训练，根据结果进行参数的更新，接着再训练一组样本，再次更新参数，在训练的过程中学习率保持不变。而对于 Adam 算法来说，在训练的过程中计算梯度的均值和方差从而控制模型的更新方向和更新步长，进而为每个参数设计不同的学习率。因此，学习率是否变化是 Adam 算法和随机梯度下降算法的不同之处，而 Adam 算法由于能够在训练的过程中自适应更新学习率，因此可以使得模型更快地达到收敛状态。

Adam 算法的详细更新过程如算法 5-1 所示，从它的更新过程可以看出，整个算法的实现非常直接，并且计算也非常高效，各个超参数具有可解释性并且只需要少量的调参，因此非常适合具有大规模数据和参数的问题。

算法 5-1　Adam 算法更新过程

Adam 算法

参数：步长 ε，默认为 0.001；

矩估计的指数衰减速率，ρ_1 和 ρ_2，默认为 0.9 和 0.999；

用于数值稳定的小常数 δ 默认为 10^{-8}；

初始参数 θ；

初始化一阶和二阶矩变量 $s=0, r=0$

初始化时间步 $t=0$

while 没有达到停止准则 do

从训练集中采包含 m 个样本 $\{x^{(i)}, \cdots, x^{(m)}\}$ 的小批量，对应目标为 $y^{(i)}$

计算梯度：$g \leftarrow \dfrac{1}{m} \nabla_\theta \sum_i L(f(x^{(i)}; \theta), y^{(i)})$

$t \leftarrow t+1$

更新有偏一阶矩估计：$s \leftarrow \rho_1 s + (1-\rho_1)g$

更新有偏二阶矩估计：$r \leftarrow \rho_2 r + (1-\rho_2)g \odot g$

修正一阶矩的偏差：$\hat{s} \leftarrow \dfrac{s}{1-\rho_1^t}$

修正二阶矩的偏差：$\hat{r} \leftarrow \dfrac{r}{1-\rho_2^t}$

计算更新：$\Delta\theta = -\varepsilon\dfrac{\hat{s}}{\sqrt{\hat{r}}+\delta}$

应用更新：$\theta \leftarrow \theta + \Delta\theta$

end while

---

4. Soft-NMS

在 R-FCN 方法中，有多个地方需要使用非极大值抑制算法进行后处理，从而消除交叉重复的候选区域，找到目标的最佳检测位置。正如前面所介绍的非极大值抑制方法，一般步骤是先将检测框按照得分进行排序，然后保留得分最高的框，同时删除与该框重叠面积大于一定阈值的其他框，这个阈值是手动设置的。

这种贪心式方法存在如图 5-36 所示的问题：假设框 1 和框 2 是当前的检测结果，二者的得分分别是 0.97 和 0.92。如果按照传统的 NMS 方法进行处理，首先选中得分最高的框 1，然后框 2 就会因为与之重叠面积过大而被删掉，很明显这种做法会造成极大的漏检。同时，两个框之间重叠的阈值也不太容易确定，设置得比较小容易增大漏检，设置得比较大则容易增大误检。

图 5-36　NMS 可能出现的问题

可以看出传统的 NMS 算法是比较直接、简单，是通过对比预选框之间的 IoU，将较大 IoU 值的框舍弃，这样会漏检一些具有较大重叠度的目标。为了解决上述问题，Bodla 等人提出了改进的非极大值抑制方法 Soft-NMS，该方法的思想是用稍低一点的分数来代替原有的分数，而不是直接置零。

M 为当前得分最高框，b_i 为待处理框，b_i 和 M 的 IoU 越大，b_i 的得分 s_i 就下降得越厉害，而不是直接置零。得分有两种衰减方式，一种是线性加权：

$$s_i = \begin{cases} s_i & ,\ \mathrm{IoU}(M,b_i) < N_t \\ s_i(1-\mathrm{IoU}(M,b_i)) & ,\ \mathrm{IoU}(M,b_i) \geqslant N_t \end{cases} \tag{5.28}$$

一种是高斯加权：

$$s_i = s_i e^{-\frac{\mathrm{IoU}(M,b_i)^2}{\sigma}}, \forall b_i \notin D \tag{5.29}$$

由于线性加权的不连续性，可能导致 box 集合中的得分出现断层，因此大部分情况下采用高斯加权的形式。

5.6.3　Mask R-CNN 应用实践

硬件平台的配置如下：Ubuntu16.04 的操作系统；NVIDIA 1080Ti 的显卡；CUDA 和 cuDNN 的版本分别为 9.0 和 7.1.2；TensorFlow 深度学习框架；版本为 3.6 的 Python。在训练过程中，学习率设置为 0.006，迭代 10 000 轮后模型达到了收敛。

TensorFlow 是 Google 开源的机器学习工具，于 2015 年 11 月正式实现开源。Tensor-Flow 采用数据流图来计算，所以首先创建一个数据流图，然后再将数据存放在数据流图中进行计算。数学操作在图中用节点表示，图中的边表示节点间相互联系的多维数组，称之为张量（tensor)。训练模型时张量会不断地从数据流图中的一个节点到另一个节点，这也就是 TensorFlow 名字的由来。

我们在对球员进行检测的时候基于 Mask R-CNN 网络进行了一些改进，能有效地提高球员检测的效果。为了体现这些改进的作用，进行了一些对比实验。

在 RPN 网络中，需要对每个锚点进行分类是前景或者背景，即进行二分类。由于分类的正确性会影响后续的各个阶段的准确度，所以为了使得分类更加准确，因此将损失函数修改为

$$\mathrm{loss} = -(1-e)\log(e^{z_1}/Z) - e\sum_{i=1}^{n}\frac{1}{3}\log(e^{z_i}/Z) \tag{5.30}$$

$$Z = e^{z_1} + e^{z_2} + e^{z_3} \tag{5.31}$$

可以发现，e 的值非常关键，因此进行了一些对比实验来确定 e 的合适值。我们采用 ResNet101 主干网络，结合 Mask R-CNN 和 SGD 优化方法，对比结果如表 5-6 所示。

表 5-6　修改 RPN 损失对比

e	mAP	e	mAP
0	93%	0.28	93.9%
0.1	92.1%	0.3	92.9%
0.2	89.8%	0.33	89.5%
0.25	91.3%	—	—

从表 5-6 可以看出，e 为 0 即为修改之前的交叉熵损失；随着 e 值的增大，mAP 值逐渐下降，然后再次上升，最后又下降。当 e 的取值为 0.28 时，相比于初始值，mAP 值提高了 0.9%，从结果上来看，该方法对于性能的提升具有一定的效果。

接着比较了网络嵌入 SENet 之后与之前的结果，如表 5-7 所示。

表 5-7 使用 SENet 的效果对比

方法	网络	e	SENet	mAP
Mask R-CNN	ResNet101	0.28	×	93.9%
Mask R-CNN	ResNet101	0.28	√	94.6%

从表 5-7 的结果来看,引入 SENet 后 mAP 值达到了 94.6%,提升了 0.7%。SENet 具有非常灵活的结构,可以很方便地应用在现有网络中,而且只需要增加少量的计算就能带来性能上的提升。

网络训练过程中的优化方法能够影响到网络最终是否收敛以及需要达到收敛所需的时间。比较好的优化器不仅能够加快网络训练过程中的模型收敛,同时还能够避免模型达到局部收敛。为了比较各种优化器的收敛效果,设计了一些对比实验进行说明。

从表 5-8 可以发现,使用 Adam 优化器时,模型的检测效果最好,mAP 达到了 95.1%,相对于比较常用的 SGD 优化器,提升了 0.5% 的精度。可见,选择合适的优化策略对于模型的训练是比较重要的。

表 5-8 使用 Adam 的效果对比

方法	网络	e	SENet	优化器	Soft-NMS	mAP
Mask R-CNN	ResNet101	0.28	√	SGD	×	94.6%
Mask R-CNN	ResNet101	0.28	√	Adam	×	95.1%

表 5-9 展示的是使用传统的 NMS 方法和改进的 Soft-NMS 方法的检测结果对比,可以看出,使用改进后的非极大值抑制方法 mAP 提高了 1.2%。对于球员检测来说,由于在运动过程中,会出现比较多的遮挡情况。因此,在对后处理中的 NMS 算法作出改进,能够降低球员漏检情况的发生。最终训练好的模型检测效果如图 5-37 所示。

表 5-9 使用 Soft-NMS 的效果对比

方法	网络	e	SENet	优化器	Soft-NMS	mAP
Mask R-CNN	ResNet101	0.28	√	Adam	×	95.1%
Mask R-CNN	ResNet101	0.28	√	Adam	√	96.3%

图 5-37 Mask R-CNN 检测效果图

图 5-37　Mask R-CNN 检测效果图（续）

5.6.4　篮球以及球员检测系统软件设计

在开发篮球以及球员检测系统软件时，主要基于开发工具 Microsoft Visual Studio，同时在开发的过程中，最重要的是依靠计算机视觉库 Open CV 来调用训练好的 Caffe 模型和 TensorFlow 模型。它的 contrib 库中的 DNN 模块能够支持 Caffe、TensorFlow、PyTorch 这三种主流的深度学习框架。部分开发代码如算法 5-2 所示。

算法 5-2　部分开发代码展示

```
int main(int argc, char **argv)
{
    CV_TRACE_FUNCTION();

    String modelTxt = "resnet.prototxt";
    String modelBin = "resnet.caffemodel";
    String imageFile = (argc > 1) ? argv[1] : "001.png";

    Net net;
    try {
        //! [Read and initialize network]
```

```
    net = dnn::readNetFromCaffe(modelTxt, modelBin);
    //! [Read and initialize network]
}
catch (cv::Exception& e) {
    std::cerr << "Exception: " << e.what() << std::endl;
```

经过调试与完善，最终设计的篮球与球员检测系统界面如图 5-38 所示。

 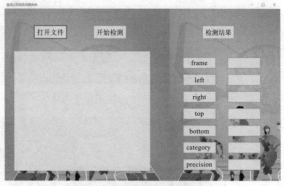

a）检测系统初始界面　　　　　　　　　b）篮球检测界面

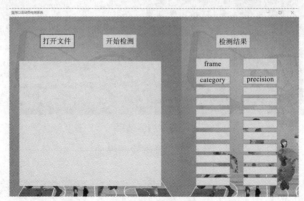

c）球员检测界面

图 5-38　篮球与球员检测系统界面

从篮球与球员检测系统界面可以看出，整个系统的功能非常简洁，其使用亦非常简单。当进行篮球检测时，首先单击篮球检测按钮，然后再单击打开文件按钮，从文件夹中选择要进行测试的视频文件，当文件加载完毕后，再单击开始检测按钮。而右边的检测结果一栏则显示的是当前检测的图片帧，该帧图片的检测结果以及检测出的目标的左上角和右下角坐标、准确度以及物体的类别，如图 5-39 所示。

相比于篮球检测的单一性，一般在比赛场景中，只会存在一个篮球，而球员则有很多。因此在界面的设计上存在着不同。与篮球检测的步骤类似，首先单击球员检测按钮，然后选择打开文件，再进行检测。最终检测结果会展示当前的帧数以及每个目标的检测类别和准确度，如图 5-40 所示。

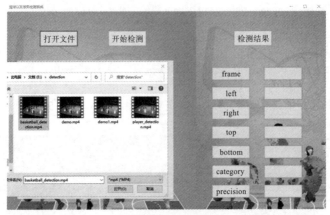

a）篮球检测打开文件界面

b）篮球检测结果

图 5-39　篮球检测界面

a）球员检测打开文件界面

图 5-40　球员检测界面

b）球员检测结果

图 5-40 球员检测界面（续）

随着深度学习技术的不断发展和创新，目标检测技术也取得了巨大的突破，各种新的网络，新的算法也在不断打破各种公共数据集上的成绩排名。同时，目标检测技术也不断地被应用在各个领域，比如说最常见的行人检测，人脸检测，交通信号灯等等方面，极大地方便了人们的日常生活。

5.7 本章小结

目标检测是机器人视觉感知系统最重要的任务之一。本章首先介绍了视觉目标检测系统的概述和相关概念。对基于候选区域和回归的视觉目标检测方法进行了对比说明。对 Mask RCNN 视觉目标检测方法的基本框架以及检测原理进行了阐述，介绍了使用 Mask RCNN 方法进行球员检测并对该方法做出了一些改进来提升模型的检测效果。在网络结构方面，融入了 SENet 模块，使得特征图也具有权重，其次对 RPN 网络中的分类损失函数进行了优化，使得对于候选区域的分类更加精准。更改网络的优化策略，由原来的随机梯度下降方法变换为自适应梯度下降方法。在候选框的后处理方法上，使用了 Soft-NMS 方法。相应的应用实践也证明了这些优化策略的效果。

CHAPTER 6

第 **6** 章

多目标跟踪

多目标跟踪主要完成多个运动目标的提取、检测、识别和跟踪，并获取感兴趣目标的位置、速度、加速度等信息。目标跟踪已成为计算机视觉、机器人视觉感知领域的关键问题，已被广泛应用于机器人控制、动作识别、人机智能交互、视频监控分析、智能驾驶、移动机器人视觉导航、战场态势侦察等领域。

6.1 目标跟踪概述

目标跟踪是视觉技术领域最为基础的研究方向之一，也广泛应用于视频监控、无人驾驶等众多领域。国内外针对目标跟踪取得了丰硕的研究成果。卡内基梅隆大学、麻省理工学院等高校结合多传感器技术，最早开展了目标跟踪相关的研究，实现了城市主动监视和战场态势估计等功能。国内的中国科学院自动化研究所、清华大学、上海交通大学、西安交通大学、大连理工大学、湖南大学等科研院所也对目标跟踪展开了理论和应用的研究。

目标跟踪算法在初始帧自动或手动标记待跟踪的目标，在后续帧中持续准确跟踪目标。在实际应用中，后续帧中的目标往往存在大小、位置、形态的变化，而且经常出现光照变化、遮挡、前景背景中与目标相似的物体等问题，使得当前的目标跟踪方法在准确性、鲁棒性、实时性等方面还有待进一步提升。

根据感兴趣的目标数量可以将目标跟踪分为单目标和多目标跟踪两种。其中，多目标跟踪更能满足实际应用的需求，但算法相对更加复杂，鲁棒跟踪实现更加困难。一般的单目标跟踪系统包含初始化目标框（手工标注或目标检测算法）、运动模型（对目标的运动状态构建运动模型，并在下一帧中生产候选样本）、外观模型（对多目标外观进行建模，提取候选样本的特征）、观测模型（对候选样本评分，选择最优的候选样本作为跟踪结果）、模型更新（根据跟踪结果对运动和外观模型进行更新）五个部分。

6.1.1 单目标跟踪

经典的单目标跟踪方法可以分为基于模型建模的方法和基于搜索的方法。如在 20 世纪 80 年代，对视频的分析和处理基本依靠对静态图像的处理，因此这阶段的目标跟踪任务在很大程度上依靠对单帧图像的处理。Horn 等 [55] 通过在相邻图像中寻找匹配的特征点实现光流向量的获取。这种光流法即为典型的基于模型建模的目标跟踪方法。除此之外，还有经典的特征匹配法。基于搜索的目标跟踪方法结合预测算法，在预测值附近进行目标搜索，以此缩小搜索范围并加快跟踪速度。常见的方法有卡尔曼滤波 [56]、粒子滤波 [57]、Meanshift[58]、Camshift[59] 等方法。Bolme 等 [60] 提出一种基于最小均方误差滤波器的跟踪算法，取得了较好的效果，使得基于相关滤波的目标跟踪算法获得了广泛的重视，大量的相关滤波类跟踪算法不断涌现。KCF 算法引入循环矩阵和核函数，并将最小均方误差滤波器中单通道的灰度特征扩展为多维的方向梯度直方图特征。DSST 算法 [61] 增加一个滤波器用于尺度估计，以最大响应对应的尺度作为最优尺度。SAMF 算法 [62] 提出了一种具有特征集成的尺度自适应和相关滤波跟踪器。这些基于相关滤波的目标跟踪算法都取得了较好的跟踪效果。

1. 经典的单目标跟踪算法

早期的单目标跟踪算法大都属于生成式跟踪方法，其主要有两种思路：

①基于目标模型建模的方法。通过对目标的外观模型进行建模，然后在后续帧中找到相匹配的目标，如光流法、特征匹配法等。

②基于搜索的方法。由于基于目标模型建模的方法处理效率较低，人们将预测算法加入跟踪中，在预测值附近进行目标搜索，可以减小搜索范围，加快处理速度。

基于生成模型的方法在对目标外观建模时没有充分利用到背景信息，因此很容易受到遮挡、光照等干扰的影响。随后，人们为了更好地处理背景干扰，开始将单目标问题建模为一个二分类问题，也就是说通过训练一个二分类器来区分目标和背景。机器学习中的很多分类方法都被成功地应用到基于判别模型的跟踪算法中，如 Boosting 算法 [63]、支持向量机 [64]、多示例学习 [65]、随机森林 [66] 等。由于同时利用了目标信息与背景信息，基于判别模型的跟踪方法比绝大多数基于生成模型的跟踪方法表现更优。至此，基于判别模型的方法在单目标跟踪领域受到了更多的关注，目前最具代表性的是相关滤波类方法和深度学习类方法。

2. 基于相关滤波的单目标跟踪

基于相关滤波的单目标跟踪算法的基本思路是将单目标跟踪问题转化为对搜索区域进行相关滤波，并寻找滤波器响应最大位置的过程。相比于传统的跟踪方法，相关滤波跟踪算法利用快速傅里叶变换将空间域的相关操作转化为频域的点乘操作，减小了计算量，从而极大地提高了跟踪效率。Bolme 等人首次提出了基于单通道灰度特征的相关滤波算法，即最小均方误差滤波器（Minimum Output Sum of Squared Error，MOSSE），在当时取得了不错的跟踪效果，且跟踪效率高达 600 多帧每秒，首次向世人展示了相关滤波类跟踪方法的巨大潜力。随后，大量相关滤波类跟踪算法不断涌现出来，后续的这些方法大都是在MOSSE 算法的基础上从特征表达、尺度自适应、处理边界效应等方面进行的改进。比如，在特征表达方面，KCF 算法在引入循环矩阵和核函数的基础上将 MOSSE 中单通道的灰度特征扩展为多维的方向梯度直方图特征，进一步提高了跟踪算法的鲁棒性。CN 算法则将单通道灰度特征扩展到了多通道的颜色属性特征，降低了光照、遮挡对颜色失真的影响程度。此外，为了解决边界效应带来的不利影响，SRDCF 算法[67]采用了更大的搜索区域，同时加入空间正则化惩罚项对滤波器边界函数加大权重约束，并进行迭代优化。CFLB 算法[68]则直接将滤波器边缘部分填充为零。

3. 基于深度学习的单目标跟踪

随着深度学习的不断发展和应用，目标跟踪领域不断地涌现出新颖的基于深度学习的目标跟踪模型。如将相关滤波中的特征替换为深度特征，或在跟踪序列上进行端到端的训练或微调。深度目标跟踪算法也分为判别式算法和生成式算法，其中判别式算法主要是基于粒子滤波或相关滤波框架，通过训练分类器来区分前景和背景。生成式算法则运用生成模型描述目标的表观特征，之后搜索候选目标最小化重构误差，如基于孪生结构的跟踪算法。为解决单目标跟踪方法中样本数量较少的问题，Wang 等[69]通过离线预训练，结合网络在线微调解决跟踪中目标和背景的变化问题。Danelljan 等[70]在 SRDCF 相关滤波跟踪算法的基础上加入深度特征，虽然提升了算法性能，但由于深度特征的提取速度较慢，因此影响了算法的实时性。

C-COT 算法[71]使用深度神经网络提取特征，通过立方插值，将不同分辨率的特征图插值到连续空间域，再应用 Hessian 矩阵求得亚像素精度的目标位置。ECO 算法[72]则是在 C-COT 方法的基础上融合了人工特征和卷积特征，并从特征维度、样本、模板更新等方面去除了冗余操作，进一步提高了跟踪算法的效率。

由于深度网络的训练一般需要大量的训练样本，而单目标跟踪过程中可以获得的样本数量较少，因此基于卷积神经网络的单目标跟踪方法通常是先进行离线预训练，然后在跟踪时根据目标初始框和后续帧的跟踪结果对网络在线微调，以适应跟踪过程中目标和背景的变化。这一"离线预训练 + 在线微调"的思想首次由 Wang 等人提出，并为深度学习在单目标跟踪领域的应用开拓了一个可行的方向，之后很多算法都采用这种方法实现深度目标跟踪。

为了扩展卷积神经网络在目标跟踪领域的能力，Nam 等[73]提出了一种由一个共享网络层以及多个特定层组成的多域网络（Multi-domain Network, MDNet），该网络由一个共享网络层以及多个特定层组成。训练时，每个跟踪视频都对应共享网络层，用于学习普遍的特征表示；跟踪时，去掉共享层，使用一个特定层进行微调，以适应新的目标变化。这种方法使特征更能适应单目标跟踪任务，效果大幅提升。在 MDNet 上改进的 SANet[74]则将循环神经网络得到的目标显著性图融入原网络中，使网络更能关注到对结果有用的部分。

2016 年后，孪生网络成了基于深度学习的目标跟踪的重要方法，如 SINT[75]首次开创性地将目标跟踪问题转化为基于图像块匹配的问题。SiameseFC[76]则提出在初始离线阶段把深度卷积网络看成一个更通用的相似性学习问题，然后在跟踪时对这个问题进行在线的简单估计。SiamFC 开创了深度学习目标跟踪方法的一个新的范式，后续出现了大量的改进方法，如 SiamRPN[77]、DaSiamRPN[78]、SiamRPN++[79]。基于孪生网络的单目标跟踪方法使得深度学习类目标跟踪方法在综合性能上可以与相关滤波相匹敌，目前也已占据各大单目标跟踪数据集的榜单，同时这也充分证明了深度学习方法的巨大潜力。

6.1.2 多目标跟踪

当前便于实现的在线多目标跟踪方法主要有两种：基于检测的多目标跟踪与基于轨迹预测的多目标跟踪。

1. 基于检测的多目标跟踪

首先利用目标检测算法对每一帧中的目标进行检测，得到 m 个检测框；然后通过某种数据关联方法将当前帧的 m 个检测框与上一帧的 n 个跟踪框进行关联匹配。因此，基于检测的跟踪框架最终可以简化为：在上述 $m \times n$ 个匹配对中找到最优的一种匹配。其中，目标检测是视觉技术中最为基础的研究领域之一，其检测结果影响着后续多目标跟踪的效果。而随着近年来深度学习技术的发展，以 Faster R-CNN 和 YOLO 为代表的目标检测技术获得了极大的发展。当前很多目标检测算法，无论是在速度还是精度上都可以满足绝大多数视觉任务需求。

而对于数据关联，最简单的方法是通过计算两帧中两个目标之间的交并比或目标框中心点间的直线距离进行匹配，这类方式仅适用于目标运动速度较慢时的情形。如图 6-1 所示，实线框表示目标在上一帧（$t-1$）的位置，虚线框为目标在当前帧（t）的位置。当目标运动速度较慢时，基于交并比或直线距离的匹配都可以得到准确的关联结果（A_{t-1}, A_t）和（B_{t-1}, B_t）。

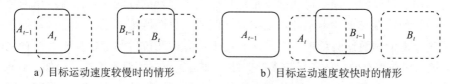

a) 目标运动速度较慢时的情形   b) 目标运动速度较快时的情形

图 6-1 基于检测的跟踪方式

而当运动速度较快时，当前帧中目标 A 很可能运动到上一帧中 B 的位置，而 B 运动到其他位置，这时如果仍采用交并比或直线距离则会得到错误的匹配结果（B_{t-1}, A_t）。因此，目前较先进的方法是通过比较两目标间的深度特征距离或通过构建深度学习网络直接学习得到关联匹配分数。

2. 基于轨迹预测的多目标跟踪

上述基于检测的多目标跟踪是将当前帧中目标的检测框与上一帧中的跟踪框直接进行匹配，而基于轨迹预测的跟踪则需要利用轨迹预测方法预测出跟踪目标在当前帧中的位置，然后再对当前帧中目标的检测框与轨迹预测框进行匹配。将当前帧中目标的检测框（A_t 和 B_t）与根据已有轨迹预测出来的预测框（A'_{t-1} 和 B'_{t-1}）进行关联，即可得到准确的匹配结果

（ A'_{t-1}, A_t ）和（ B'_{t-1}, B_t ），因此该类方法在利用交并比或直线距离进行匹配时便不再受目标运动速度过快的影响。常见的可用于轨迹预测的方法包括经典的卡尔曼滤波，以及适于处理时间序列数据的 LSTM 等。

下面介绍几种较为经典的多目标跟踪方法，再介绍近年来受到关注的基于深度学习的多目标跟踪方法。

（1）多假设多目标跟踪

多假设跟踪算法（Multiple Hypothesis Tracking，MHT）是最为经典的多目标跟踪算法之一，由 Reid 等 [81] 在雷达信号的自动跟踪研究中提出，其本质上是基于卡尔曼滤波跟踪算法在多目标跟踪问题中的扩展。MHT 算法保留了多个目标的所有假设，并让其继续传递，从后续的观测数据中消除当前假设的不确定性。MHT 算法还构造了一个假设树，通过计算置信度来选择最佳假设作为跟踪结果。理想条件下，MHT 是处理数据关联问题的最优算法，它能检测出目标的终止和新目标的生成。Blackman 等 [82] 首次将其应用于视觉技术中的多目标跟踪，随后 Kim 等 [83-84] 在 ICCV2015 和 ECCV2018 通过归一化的最小均方差优化算法引入表观模型扩展了 MHT 算法，并在行人数据集上取得了不错的跟踪结果。

（2）基于二分图匹配的多目标跟踪

在上述基于检测的多目标跟踪框架中，在线跟踪方法在最后的关联匹配阶段需要将当前帧的检测与上一帧中的已跟踪目标或已有轨迹进行匹配，这就自然地将多目标问题建模为一个节点不相交的二分图匹配问题。该二分图的节点由检测或已有轨迹段组成，节点间的连接权重则由待匹配对象之间的相似度表示，最后用贪心匹配算法 [85] 或匈牙利算法 [86] 来求解该二分图匹配问题。Bewley 等 [87] 提出的 SORT 是一个典型的二分图匹配方法，该方法首先利用卡尔曼滤波预测得到已有跟踪目标在当前帧的预测位置，然后用匈牙利算法求解当前帧检测位置与上述卡尔曼预测位置之间的二分图匹配问题，最后再根据匹配到的检测位置来修正卡尔曼预测结果。交并比被用来计算检测位置与卡尔曼预测位置之间的匹配依据。该方法简单有效，受到了较多的关注，并衍生出很多改进版本。比如，Wojke 等 [88] 在 SORT 的基础上提出了 DeepSort，该方法将行人重识别特征引入多目标跟踪，通过将外观相似度和运动相似度相结合，最终获得的二分图匹配效果更优，且解决了行人离开相机视野又重新进入视野后的重识别问题。

（3）基于网络流的多目标跟踪

很多离线跟踪方法将多目标跟踪问题视为一个根据检测来估计其最优跟踪状态的最大后验估计问题 [89]（Maximal A Posteriori, MAP）。这类方法主要通过构建最大化概率函数或最小化能量函数来求解这一问题。最典型的离线跟踪方法是将多目标跟踪问题转化为一个最小费用最大流的网络流图，该网络流图以每帧中的每个目标检测框或已有的轨迹段为节点，以节点之间的潜在匹配为边，边权值还可以根据两节点之间的相似度来度量。为了满足流量守恒的要求，图中还添加了两个特殊的节点：源节点和汇节点。一条从源节点流到汇节点的流动路径即被视为一条轨迹，流动路径的总数量即为轨迹数。最终，多目标跟踪问题可以转化为一个流量最大化或费用最小化的优化问题，该问题可以在多项式时间内求解。网络流数据关联方法首先由 Castanon 等[90] 提出，Zhang 等[91] 则首次将网络流法应用于多目标跟踪中。Pirsiavash 等人提出通过连续最短路径算法实现了在多项式时间内求解网络流问题。Chari 等[92] 将二次成对代价加入经典的最小代价网络流框架中，并设计了一个凸松弛方法进行求解。Dehghan 等[93] 提出在网络流框架中将目标身份信息考虑在内，有助于区分密集人群中外观相似的行人。Schulter 等[94] 为基于网络流数据关联的多目标跟踪方法提出了一种可供端到端学习的参数化代价函数，避免了针对不同任务需要设计不同代价函数的问题。

其他的一些较为经典的多目标跟踪方法包括线性规划法、最短路径法、子图分解法、条件随机场法、最大权重独立集法等。

（4）基于深度学习的多目标跟踪

深度学习技术在多目标跟踪领域的应用滞后于图像分类、目标检测、单目标跟踪等任务，现有的基于深度学习的多目标跟踪方法主要集中于解决深度特征提取和相似度度量学习这两方面的任务。此外，近年来联合检测与跟踪的多目标跟踪方法以及基于图神经网络的多目标跟踪方法受到了更多的关注。

1）基于深度特征提取的多目标跟踪。

利用深度神经网络强大的特征表示能力可以简单有效的提升多目标跟踪性能。第一个基于深度学习的多目标跟踪方法由 Wang 等[95] 于 2014 年提出，该方法使用了一个两层神经网络提取外观特征，然后通过 SVM 计算外观相似度，最后将多目标跟踪问题转化为一个最小生成树问题来求解。实验表明，基于简单两层神经网络提取到的外观特征大大提升了多目标跟踪性能。随着近些年深度学习技术的快速发展，当前的多目标跟踪方法大都使用了基于卷积神经网络的外观特征提取方式。如 Kim 等将 CNN 特征融合进经典的多假设跟踪方法后，其多目标跟踪性能在当时的 MOT15 数据集直接跃居至首位。还有一些多目标跟踪方法的外观特征提取用到了 ResNet、GoogLeNet、行人重识别等不同类型的深度特征。与此同时，一些多目标跟踪方法利用循环神经网络提取外观特征或运动特征。如 Maksai 等[96] 同时考虑了基于 ReID 模型的外观特征与基于 LSTM 的外观特征，很多研究中提出的多目标跟踪方法都用到了基于 LSTM 的运动特征。还有一些多目标跟踪方法采用孪生网络提取更具有区分能力的深度特征，如 Laura 等[97] 采用孪生卷积神经网络来学习描述两个输入图像块之间的局部时空结构、聚合像素值和光流信息，所学习到的特征更便于区分不同的目标。Kim 等[98] 也提出用孪生网络监督学习目标的深度特征，该网络以待匹配的两个图像、交并比以及面积比为输入，以两张图像之间的匹配损失为输出。最后，两个目标之间的相似度分数由基于上述深度特征的欧氏距离、目标框的交并比与面积比共同决定。

2）基于深度相似度度量学习的多目标跟踪。

上述基于深度特征提取的多目标跟踪方法大都是直接使用了在其他任务中学习到的深

度特征，并没有充分利用到多目标跟踪任务的自身特点，更好的做法是学习待匹配目标之间的相似度度量。该类方法主要是基于孪生网络和循环神经网络实现。

孪生网络通常以两张图像块为输入，以二者的相似度分数为输出，因此常被一些多目标跟踪方法用于学习相似度度量。Wang 等[99]首先对孪生网络进行离线预训练，在跟踪时将预训练好的孪生网络和短时约束度量进行联合在线训练，得到适用于不同时间段的相似度度量。Son 等[100]进一步提出了四元结构的网络，训练时该网络以四张图同时作为输入，便于学习到更具区分性的特征，测试时则以两张图为输入，可以更好地预测两个目标之间的相似度分数。

在目标之间的相似度度量学习方面，循环神经网络也是一种常见的解决办法。Milan 等[101]采用循环神经网络直接学习得到目标之间的相似度。该方法主要由 2 个循环神经网络实现，其中一个循环神经网络用来预测待跟踪目标在下一帧的位置，而另外一个 LSTM 用来关联匹配当前帧的检测位置与待跟踪目标的预测位置。该方法可以端到端学习待匹配对象之间被匹配的概率，但该方法由于仅考虑了运动特征而忽视了外观特征，因此还有较大的改善空间。Sadeghian 等[102]提出用三个不同的循环神经网络分别提取外观特征、运动特征和目标之间的交互特征，最后再用一个 LSTM 学习待匹配目标之间的相似度。Ran 等[103]针对运动员的跟踪提出了一个基于人体姿态的三元结构网络，分别利用三个 LSTM 计算出基于 CNN 特征与姿态信息的外观相似度、基于各姿态节点速度向量的运动相似度以及运动员之间的交互相似度。最后将上述三个相似度融合为一个相似度矩阵，并用贪婪二分图匹配算法完成关联匹配。

3）联合检测与跟踪的多目标跟踪。

由于目标检测结果对多目标跟踪性能影响较大，因此为了公平比较，绝大多数多目标跟踪数据集都提供了公共检测结果，这也使得已有的多目标跟踪算法侧重于解决除目标检测以外的数据关联问题。而随着多目标跟踪方法的发展，也出现了一些联合检测与跟踪的多目标跟踪方法。比如 Feichtenhofer 等[104]提出的方法是最早将检测与跟踪相结合的多目标跟踪方法之一，在传统目标检测的分类和回归任务上，增加了一个跟踪分支，巧妙地将跟踪任务转化成预测相邻两帧各目标位置相对偏移量的回归任务。Yi 等[105]也提出了一个联合检测与跟踪的框架，作者提出了一个置信度评分函数，并充分利用高置信度的检测结果来防止长时间跟踪漂移，同时利用高置信度的轨迹来补偿由于遮挡造成的漏检和误检。Wang 等[106]在 YOLOv3 检测框架中原本的分类和回归分支上增加了一个表观特征提取的分支，增加了深度特征的复用性。Bergmann 等[107]提出的 Tracktor++ 算法则是在两阶段目标检测算法的基础上加以改动，利用跟踪框和观测框代替原有的 RPN 模块，从而得到真正的观测框，最后利用数据关联实现跟踪框和观测框的匹配。

4）基于图神经网络的多目标跟踪。

随着近两年图神经网络（Graph Neural Network，GNN）受到广泛关注，其对于关系的建模特性也被引入多目标跟踪领域。Jiang 等[108]提出了一种基于图神经网络的关联匹配方法，以观测目标与当前目标轨迹为节点，将其表观特征与位置信息的拼接作为节点属性，节点之间的相似度作为边权值，构建二分图，然后利用图神经网络训练得到最优的二值匹配矩阵。

与在关联匹配阶段引入 GNN 不同，Li 等 [109] 则是在特征提取阶段采用 GNN。该方法以观测目标与上一帧中的已跟踪目标为节点，分别以表观特征和运动特征为节点属性构建两个二分图，边权重取各自节点特征的相似度。经过多层 GNN 训练后可以得到整合了邻居信息的新的节点特征，再计算新节点特征之间的表观相似度和运动相似度，最后用匈牙利算法求解二分图匹配问题。Guillem 等人提出了一个端到端的离线多目标跟踪方法，采用 GNN 来解决观测目标之间的匹配关联问题。它以所有帧中的所有观测目标为节点构图，只有跨帧节点之间存在连接，同一帧节点不存在连接；节点属性初始化为各观测目标的 CNN 表观特征，边则在几何特征的基础上用一个多层神经网络来得到其最终表达。经过 GNN 训练后的边的特征表达被用来做匹配与不匹配的二分类。此外，Wang 等 [110] 还提出了基于图神经网络的联合检测与多目标跟踪的方法。

6.1.3　多相机多目标跟踪

与单相机中的多目标跟踪相比，多相机多目标跟踪（Multi-Camera Multi-Object Tracking, MCMOT）难度更大，其不仅要解决时序上的数据关联问题，还需要解决跨相机之间的数据关联问题。而由于多相机不仅可以扩宽监控视野，还可以通过多个视角的信息更好地处理目标交互和遮挡等问题，因此基于多相机的多目标跟踪在智能视频监控、城市交通管控、体育视频分析等领域有着广泛的应用前景。

尽管经过近十年来努力，多相机多目标跟踪得到了一定的发展，但还有很多问题亟待解决。比如，多个相机网络的准确标定问题，不同视角中目标外观与周边环境的变化造成的跨相机目标之间难以匹配的问题，各相机视角中目标数量的变化带来的全局优化困难的问题，以及误检和漏检造成的错误匹配等问题。

目前，大部分的多相机多目标跟踪方法是分两步来实现的，即先重建再跟踪（Reconstruction-Tracking）或者先跟踪再重建（Tracking-Reconstruction），重建是指跨相机之间的数据关联，跟踪则指的是时序上的数据关联。近年来，基于单相机的多目标跟踪问题得到了更为广泛的研究，而重建问题通常被转化成线性分配的问题。Fleuret 等 [111] 提出的基于概率占用图的多人跟踪方法是最早采用先重建再跟踪的框架来解决多相机多目标跟踪的方法之一，其首先利用贝叶斯方法将多个相机视角中的二维检测目标转化为三维空间中的概率占用图，该图中的每个值即表示其所在位置存在目标的概率，然后再用一个基于线性规划的多目标跟踪方法完成跟踪。Berclaz 等 [112] 在上述方法的基础上将多目标跟踪问题转化为网络流问题，并用最短路径算法求解。与之相反，Wu 等 [113] 则采用先跟踪再重建的方式，即先用网络流方法解决时间序列的关联问题，然后再用集合覆盖的方法解决跨相机的关联问题。Wu 等 [114] 针对上述两类方法的先后顺序进行了比较，一般来说，与先跟踪再重建的方法相比，先重建再跟踪的方法所得到的轨迹更完整，但是误跟踪数会更多。

随后，还有一些学者提出了同时解决重建和跟踪问题的统一框架。比如，Laura 等 [113, 115]

首次提出利用一个全局优化框架同时解决跨相机数据关联与时序数据关联的问题，通过构建一个时空图将多相机多目标跟踪问题转化为一个最小化代价流问题，并用 Dantzig-Wolfe 算法[114]和分支定价算法[115]来求解该组合优化问题。Martin 等[116]也提出了一个可以同时解决重建和跟踪问题的网络流图，与 Laura 等[117]所构建的时空图不同，该图只是一个时间序列上的图，而跨相机的匹配问题被作为约束条件加入图中。这样一来，图得到了简化，简单的二元线性规划方法即可用来求解。Web 等[118]在分析将重建与跟踪工作分开求解存在缺点的基础上进一步提出了一种基于时间–空间–视角（Space-Time-View，STV）的超图，将多相机多目标跟踪问题最终转化为在 STV 超图上搜索稠密子超图的问题，并提出了一种基于采样的逼近方法来求解这一问题。该方法实际上是基于单相机的多目标跟踪方法在多相机中的一次扩展。

近年来，随着基于单相机的多目标跟踪技术得到了快速的发展，大多数工作又重新回归到两步走的框架。主要分为两个阶段，一是局部轨迹生成阶段，即分别在各个相机平面进行多目标跟踪以提取局部轨迹；二是跨相机匹配阶段，即对上述局部轨迹进行跨相机的匹配。在局部轨迹生成阶段，随着目标检测技术的快速发展，基于检测的多目标跟踪方法成了近年来最为主流的方法。而随着深度特征提取和相似度度量学习的深度模型被引入多目标跟踪方法以后，基于单相机的多目标跟踪性能已得到了大大提升。因此，近年来基于多相机的多目标跟踪主要集中于解决后一阶段跨相机匹配的问题。Hu 等[117]与 Eshel 等[118]采用极线约束来寻找跨相机的匹配目标，基于极线约束的方法主要是将各相机中的目标点投影到同一个参考平面，若它们在参考平面上对应的线有相交，则认为二者属于同一个目标。Xu 等[119]则同时考虑了目标之间的外观特征和它们在参考平面上的位置，来完成局部轨迹之间的匹配。Bredereck 等[120]提出了一种贪婪匹配关联算法，以一种迭代的方式来实现局部轨迹的跨相机匹配。Xu 等[121]提出了一种基于贝叶斯方法的局部轨迹匹配方法，并提出了一种基于语义信息的时空稀疏结构进一步筛选匹配结果。

在一些解决跨相机匹配的工作中，大多数工作是解决局部轨迹之间的匹配，但这类方法在匹配一致性方面表现不好，因此还有一类方法将跨相机的轨迹匹配问题转化为局部轨迹与目标之间的匹配问题。比如，He 等[122]将每个局部轨迹分配给唯一的目标，并且使用受限非负矩阵分解算法来计算满足一组约束的最佳分配矩阵，该算法保证了解决方案满足匹配一致性原则。另外使用最佳分配矩阵，并整合来自所有局部轨迹集的信息，以此校正由局部轨迹集中存在的遮挡和漏检而引起的跟踪错误，并为跨相机中的每个目标生成完整、准确的全局轨迹。此外还提出了一种方法来分析估计整个跨相机网络中的目标数，该方法在计算轨迹与目标间的匹配中起着重要作用。

6.2 多目标跟踪系统构成

近年来，随着目标检测算法的快速发展，基于检测的数据关联跟踪方法已经成为多目标跟踪领域的主流框架。基于该框架的多目标跟踪方法通常可以分为以下 4 个阶段。

①目标检测：目标检测结果对多目标跟踪的影响往往较大。为了公平评测各方法，当前很多 MOT 公共数据集提供了统一的检测结果。因此，绝大多数多目标跟踪方法的研究致力于解决后续的数据关联问题。而目标检测问题则属于一个单独的研究领域，且随着深度学习时代的到来，已得到了极大的发展。

②特征提取：特征提取方法一般是从目标检测框或已有轨迹中提取其外观特征、运动特征和交互特征等。当前，深度模型已广泛应用于特征提取任务中。

③相似度计算：根据上一阶段所获取的各种特征计算待匹配的检测或轨迹之间的相似度。

④匹配关联：根据上一阶段所获得的相似度对各检测或轨迹进行匹配，并将匹配上的目标赋予相同的身份 ID。

在经典的多目标跟踪算法中，离线方式的多目标跟踪通常将多目标跟踪问题转化为基于检测的网络流图，其中设计和计算各检测之间的相似度或距离度量是决定网络流图构建正确性的关键。而在线方式的多目标跟踪算法中，设计并度量当前检测与已有轨迹之间的相似度同样也决定了最终的匹配效果。因此，无论是离线多目标跟踪还是在线多目标跟踪，提取目标检测结果的特征并计算匹配相似度或距离度量都是多目标跟踪算法的关键步骤。而在之后的基于深度学习的多目标跟踪方法中，深度学习方法也主要是集中解决深度特征提取和相似度度量学习的任务。

6.3 基于序列特征的多目标跟踪方法

多目标跟踪是计算机视觉中最基本的任务之一，由于其严重的遮挡和运动模糊，在现实应用中仍然非常具有挑战性。

现有的方法大多通过基于连续帧检测的深度特征进行数据关联来解决多目标跟踪问题，这些特征只包含被检测对象的空间信息。因此，数据关联的不准确性很容易发生，特别是在严重的遮挡场景中。本节提出了一种新的多目标跟踪模型序列跟踪器（序列跟踪器）[123]，该模型结合了时间和空间特征来进行数据关联。通过训练基于视频行人重识别的序列特征提取网络，将获得的序列特征与前一帧的深度特征融合，然后实现匈牙利算法。

多目标跟踪方法的框架如图 6-2 所示，通过物体检测器在当前帧获得行人物体，然后通过 AP3D 提取每个对象的序列特征，与前一帧对象的深度特征进行加权融合，获得用于计算目标之间亲和力的特征。最后，对跟踪目标与轨迹段进行数据关联。

多目标跟踪算法的性能可能会受到检测器的性能影响。在 COCO 数据集上训练的预训练模型存在许多遗漏或错误的检测，为了解决这些问题，本节设计了一个训练框架（见图 6-3），该框架将 YOLOv4 在 COCO 数据集上实现预训练模型，以便对数据集进行初步测试。图 6-3 中的圆圈和三角形表示对行人物体的正确检测和错误检测结果。然后，基于 Resnet101 训练行人分类器并将测试结果发送到分类器中，以确定检测对象是否为行人。接下来，行人对象被保留并作为二次训练的标签，以获得适合我们数据域的高精度检测器。

基于上述设计策略，该方法可以避免对象边界框的手动标记，这在多目标跟踪的实际应用中具有重要意义。

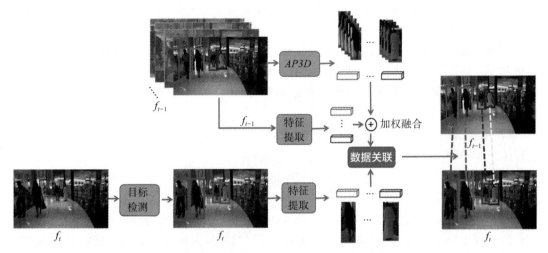

图 6-2　基于序列信息的多目标跟踪框架

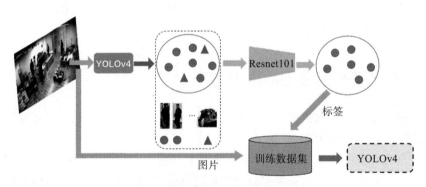

图 6-3　目标检测网络的训练过程

多目标跟踪是一项具有挑战性的图像处理任务。在多目标跟踪中，由目标检测器获得的行人检测边界框来自静态图像帧。因此，基于检测帧提取的对象特征也是静态的。直接使用这些特征计算两个图像帧之间多个对象的相似性是不完整的，得到的结果鲁棒性较差，容易被异常检测干扰。如果可以提取时间序列中对象的特征来计算当前帧中所有对象之间的相似性与轨迹集中的多个对象轨迹段之间的相似性，则可以利用时间和空间信息开发相似性分数，以提高跟踪算法的性能。

为了提取对象的序列特征，通过 AP3D 框架实现序列特征的提取，如图 6-4 所示。AP3D 的输入为行人检测序列。通过 CNN 网络提取输入序列的特征图，并作为输入张量。将输入张量的每个特征图视为中心特征图，并采样两个相邻的特征图作为对应的相邻特征图。利用 APM 模块重建相邻的特征图。然后，为了确保外观与相应的中心特征图对齐，AP3D 使用图匹配方法完成了相邻帧特征映射到中心帧特征图的配准。

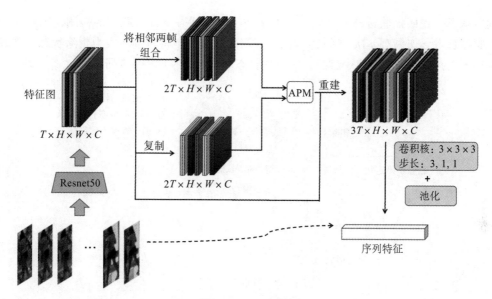

图 6-4 AP3D 框架

该框架对大小为 $3T \times H \times W \times C$ 的重构特征图进行三维卷积，并将三维卷积核的时间步长设置为其时间核大小。在池化操作完成后，可以获得对象的序列特征。为了包括具有相同外观的所有像素，重建的相邻特征图上每个位置的响应 y_i 已计算为原始相邻特征图上所有位置的特征 x_j 的加权和，即

$$y_i = \sum_j \frac{e^{f(c_i, x_j)} x_j}{\sum_j e^{f(c_i, x_j)}} \qquad (6.1)$$

其中，c_i 表示中心特征图上的特征，空间位置与 y_i 相同，$f(c_i, x_j)$ 可以表示为 c_i 和 x_j 的余弦相似性之间的尺度因子 s：

$$f(c_i, x_j) = s \frac{g(c_i) g(x_j)}{\| g(c_i) \| \| g(x_j) \|} \qquad (6.2)$$

其中 $g(\cdot)$ 是一个将特征映射到低维空间的线性变换。利用尺度因子 s 来调整余弦相似度的范围，默认值为 4。

利用一个独立于场景和相机运动中其他非行人物体的线性恒速模型来近似每个物体的帧间位移。使用 s_i^t 表示跟踪对象在时间 t 的运动状态，s_i^t 可以表示为

$$s_i^t = (x_i, y_i, \gamma, h, \dot{x}_i, \dot{y}_i, \dot{\gamma}, \dot{h}) \qquad (6.3)$$

其中，x_i、y_i 表示第 i 个对象的检测帧在时间 t 的中心坐标，γ、h 表示检测帧的长宽比和高度，$\dot{x}$、$\dot{y}$、$\dot{\gamma}$、$\dot{h}$ 分别表示 x、y、γ、h 图像坐标系中的速度信息。

根据 DeepSORT 算法，每个轨迹的状态可分为不确定状态、确定状态和删除状态三类。对于不确定状态，当轨迹初始化时就会进行分配，只有当 m (m=3) 帧连续匹配时，才会变

为确定状态，说明该轨迹是有效轨迹。如果在不确定状态下没有匹配的检测，则将其转换为已删除状态。如果对 n (n =70) 连续帧没有匹配检测，则将轨迹转换为删除状态，这表明该轨迹无效并从当前轨迹集中删除。这三种状态的变换关系如图 6-5 所示。

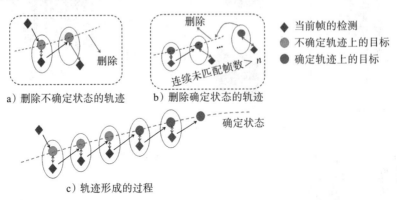

图 6-5　轨迹状态转换

数据关联过程如图 6-6 所示。对于成本矩阵，由 AP3D 从对象历史轨迹序列中提取的序列特征与从当前帧检测边界框的内容中提取的特征之间的余弦距离计算。两个对象之间的马氏比距离更新了成本矩阵。具体来说，当马氏比距离大于设置的阈值时，将成本矩阵中对应的值设置为 1e+5，说明两个对象不可能匹配。对于新的成本矩阵，采用匈牙利算法分配轨迹，对于不匹配的目标，采用 IoU 匹配方法重新匹配。然后，更新轨迹和物体的状态。

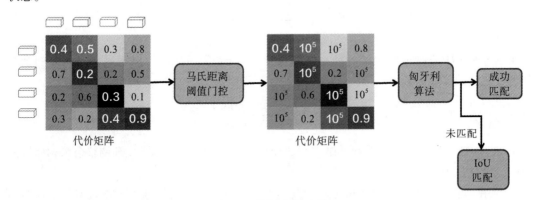

图 6-6　数据关联过程

目前，MOT 数据集是最公开、应用最广泛的多对象跟踪数据集，它涉及各种影响因素，如相机运动、遮挡和照明变化。然而，由于不同的数据域和场景，在 MOT 数据集上工作良好的多种对象跟踪算法对其他场景并不一定有效。为了探索多目标跟踪在现实场景中的应用，建立了一个带有四台相机的实验室跟踪和预警监测系统，如图 6-7 所示。该场景中有许多障碍物用掩码突出显示，在与行人交错时会形成严重的遮挡。图 6-7 中的绿色方框显示了人员的运动范围。该实验的目的是通过跟踪测试人员，为工作中的机器人或机械臂提供危险预警，从而确保测试人员的人身安全。通过 4 个固定相机共采集了 8800 帧图像，采用多目标跟踪算法进行实验。基于 MOT 数据集的评价标准，在比较实验中计算了多种跟踪算法的评价指标。虽然数据集是用四个相机收集的，但这项工作试图通过利用目标的时空信息，用单个相机实现多目标跟踪。

行人运动范围

图 6-7　严重遮挡的应用场景

1. 序列特征的提取

从图像中成功跟踪的对象的检测边界框已被裁剪并保存到相应的标识信息文件夹中。然后提取序列特征，通过 AP3D 计算成本矩阵。为了节省内存空间，缩短推理时间，我们使用当前时刻之前的 30 帧跟踪结果进行序列特征的提取。

2. 特征融合

当物体平稳移动时，t 和 $t-1$ 帧检测结果的一致性是最好的。对 $t-1$ 帧的特征和序列特征的融合处理：

$$e_i^{t-1} = \alpha \mathrm{Sq}_i + (1-\alpha)e_i^{t-1} \tag{6.4}$$

其中，e_i^{t-1} 指第 i 帧对象在 $t-1$ 时刻的外观特征，Sq_i 表示第 i 个对象的序列特征，α 是该方法中使用的值为 0.9 的比例因子。基于特征融合前后数据集的实验结果见表 6-1。一般来说，基于融合特征的数据关联方法可以改善 MOTA、MOTP、FN 和 ID 等评价指标。

表 6-1　序列特征和融合特征的实验结果

方法	MOTA ↑	MOTP ↑	IDF1 ↑	FP ↓	FN ↓	ID ↓
Sequence Features	85.2	78.5	<u>45.1</u>	<u>85</u>	335	44
Fusion Features	<u>85.6</u>	78.6	44.4	102	<u>305</u>	<u>42</u>

为了说明算法的有效性，通常将实验结果与最先进的多目标跟踪算法比较。一般来说，这些算法大多实现了数据关联跟踪目标的深度特征。例如，DeepSORT 使用在行人重识别数据集 MARS 上离线训练的特征提取网络来提取对象的特征，用于数据关联。JDE 结合了检测和特征提取两个模块。在执行行人检测时，对象的嵌入是通过学习执行数据关联来获得的。新的框架（如 CTracker）则直接输入两帧图像，用于同时检测和数据关联。表 6-2 对比了各种算法的性能。

表 6-2　多目标跟踪算法的性能指标对比

方法	MOTA ↑	MOTP ↑	IDF1 ↑	FP ↓	FN ↓	ID ↓
JDE	83.0	78.4	34.1	<u>61</u>	432	39
DeepSORT	83.3	77.1	22.0	87	381	55
CTracker	73.3	73.9	20.4	128	662	48
DeepSORT + re-YOLOv4	84.5	78.5	35.7	79	363	<u>35</u>
STracker	<u>85.6</u>	<u>78.6</u>	<u>44.4</u>	102	<u>305</u>	42

　　从表 6-2 可以看出，DeepSORT 与 re-YOLOv4 网络集成后表现出更好的性能。值得注意的是，与该方法相比，STracker 方法将 MOTA 提高了 1.1，IDF1 显著增加了 8.7。由于 IDF1 的评价指标更清楚地反映了数据关联的准确性，因此该算法具有较好的相似性评分，并提高了数据关联的精度和轨迹质量。为了生动地显示实验结果，STracker 与 DeepSORT 的可视化比较如图 6-8 所示。具体来说，图 6-8a 说明了具有相同身份轨迹的对象。结果表明，STracker 算法在行人交错场景中具有较好的鲁棒性，能够稳定地跟踪前一个目标。图 6-8b 展示了物体在通过遮挡后再次出现时跟踪器的效果，不同颜色的框指不同的行人身份。很明显，STracker 算法可以重新识别之前消失的对象，而不会将其作为新对象进行跟踪。

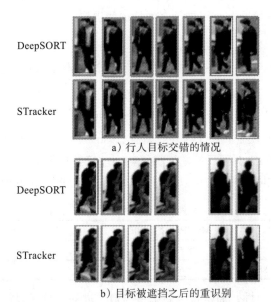

a）行人目标交错的情况

b）目标被遮挡之后的重识别

图 6-8　DeepSORT 与 STracker 方法跟踪结果对比

　　从表 6-3 可以看出，提出的跟踪器在 ID 方面略落后于其他跟踪器。一个好的多目标跟踪器应该具有自动纠错的能力，即当目标消失并重新出现或由于目标之间的交错而发生身份交换时，跟踪器可以自动调整以保持目标身份。图 6-8 还表明 STracker 序列跟踪器具有纠错能力，并且跟踪器对身份交换更敏感，从而使得 ID 略高。

表 6-3　MOT17 测试集上的跟踪结果对比

方法	MOTA ↑	MOTP ↑	IDF1 ↑	FP ↓	FN ↓	ID ↓
DMAN	48.2	75.9	<u>55.7</u>	26218	263608	<u>2194</u>
MOTDT	50.9	76.6	52.7	24069	250768	2474
DeepSORT	56.1	76.4	50.5	29259	214773	3648
STracker	<u>57.2</u>	<u>76.9</u>	50.9	<u>23430</u>	<u>213931</u>	4113

　　之前的对比实验都是基于我们的数据集。为了证明该算法在不同数据集上的通用性，我们在 MOT17 数据集上进行了比较实验。如表 6-3 所示，在 MOT 网站上提供的公共检测器结果相同的情况下，STracker 算法获得了最好的 MOTA。然而，其 IDF1 相对较低，可能有以下两个原因。

　　① MOT17 数据集上的一些视频片段的光强较暗，行人和背景之间的差异很小。对 MOT17 数据集中的三个序列进行了光强比较实验。由于光强与图像亮度呈正相关关系，通过调整图像亮度来模拟光强的变化（如图 6-9 所示）可以发现，轨迹的质量受到图像亮度的影响，每个序列都有相应的最佳图像亮度。

　　② AP3D 随着时间的推移积累了这些特征，导致网络提取的特征缺乏独特性，从而影响了轨迹的质量。

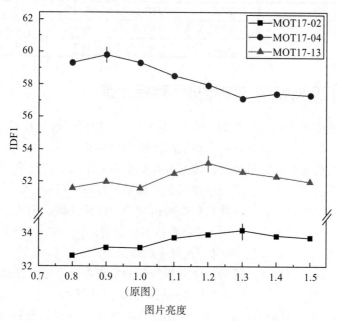

图 6-9　图片亮度与 IDF1 之间的关系

　　对设计的基于序列的目标跟踪算法进行了消融研究，以显示该方法各个模块的有效性，结果如表 6-4 所示，主要包括以下三个模型。

　　①基础方案：基线使用序列特征来计算对象的相似度，使用的检测器为在 COCO 数据集上预先训练过的 YOLOv4 检测框架。

②基础方案 + 重训练的 YOLOv4：在数据集上重新训练基础方案中的检测器。

③基础方案 + 重训练的 YOLOv4+ 融合特征：将之前提取的目标特征与序列特征合并，以匹配两帧前后对应的对象。

表 6-4　消融实验结果

方法	MOTA ↑	MOTP ↑	IDF1 ↑	FN ↓	ID ↓
基础方案	84.3	77.3	42.4	298	57
基础方案 + re-YOLOv4	85.2	78.5	45.1	335	44
基础方案 + re-YOLOv4 + 融合特征	85.6	78.6	44.4	305	42

如表 6-4 所示，基础方案的 FN 最低。在基础方案中加入 re-YOLOv4 检测器的方法显示出最好的 IDF1。第三种方法结合融合特征，获得了 MOTA、MOTP 和 ID 的最佳参数。

行人重识别任务中的边界框可能有很大的背景区域，因此有必要进行特征对齐处理。而由高性能检测器获得的边界框可能不会遇到这样的问题。为了探讨特征对齐模块 (APM) 对跟踪器性能的影响，我们进行了消融实验，实验结果如表 6-5 所示。可以看出，特征对齐模块可以有效提高跟踪器的性能。

表 6-5　APM 模块消融实验

方法	MOTA ↑	MOTP ↑	IDF1 ↑	FN ↓	ID ↓
STracker（无 APM）	84.3	73.9	39.8	373	65
STracker	85.2	78.5	45.1	335	44

6.4　基于上下文图模型的单相机多目标跟踪

团队体育比赛视频中的球员跟踪问题是体育视频分析领域最为基本的研究问题之一。然而，准确跟踪到场上所有球员且不出现跟踪身份交换并非易事。尤其是对于那些同属一个球队身穿同样颜色球衣的球员来说，跟踪过程中很容易出现身份交换问题。这主要是因为当前绝大多数多目标跟踪方法都较依赖外观特征来区分不同目标，如果将这类多目标跟踪方法直接用于球员跟踪时，极易造成球员身份交换。此外，球员跑动时的身体姿态变化也给球员外观特征的提取造成了干扰（球员检测框中除身体部位之外的部分即为干扰），因此传统多目标跟踪方法大都不适用于体育视频中的球员跟踪。

近年来，深度神经网络已经成为人体外观特征的主流表示方法。直观的方法是用一个基础 CNN 网络来提取目标检测框内的全局外观特征，这个网络一般在 ImageNet 等大型数据集上预训练，或者在 Market1501、DukeReID 等一些行人重识别数据集上进行再训练。此外，为了缓解全局特征中背景干扰的影响，还提出了局部特征表示方法来得到更为精准的特征。这类方法通常是将一个检测框划分为条状或若干格子，然后对这些局部逐一提取特征并分别进行有监督训练。如果用这类特征去区分比较两个目标，需要对各个局部特征分别对齐后再比较。因此，近年来还提出了局部对齐或姿态对齐的特征表示方法。这些方法对各局部特征加权求和或通过注意力机制来整合局部特征，与以往方法相比，所提取的外观特征更为精准。

对于团队体育比赛中的球员外观特征，其主要受两方面影响，一是球员姿态的大幅变化往往会造成全局外观特征不纯（即包含较多背景干扰）；另一方面，由于同一球队球员身穿同样颜色的球衣，使得他们有时难以用外观特征进行区分。对于前一个问题，考虑到近年来人体姿态估计技术在处理速度和精度上都有大幅提升，我们拟采用姿态对齐的外观特征表示方法，即首先提取球员检测框的全局深度特征，然后用姿态估计方法得到包含有姿态信息的热度图，并用热度图作掩模来提取球员人体关节点附近的外观特征，从而可以有效屏蔽检测框中人体部位以外的背景干扰。该特征表示方法已在行人重识别任务中得到了有效验证。而对于后一个由于外观相似造成球员之间难以区分的问题，我们拟通过引入上下文信息进一步提升球员外观特征的表示能力。在实际生活中，人们也通常采用上下文信息来区分目标，比如由于遮挡使得无法在人群中辨别某个人时，人们还可以通过识别其周边人或物来推断识别出目标人物。我们拟通过对目标球员及其周边球员建立上下文图模型来学习更强的外观特征表示，进而缓解体育视频中球员跟踪时常出现的外观相似球员之间的跟踪身份交换问题。我们方法的创新之处主要体现在：

①针对团队体育比赛中同一球队的球员外观相似而造成难以有效跟踪的问题，我们提出了一种基于上下文图模型的多球员跟踪方法，该模型可通过图卷积神经网络整合邻接球员信息（即上下文特征），并学习到比传统的基于个体特征的相似度更为鲁棒的上下文相似度，有效缓解了由于同一球队中身穿相同颜色球衣的球员之间难以区分而易造成的跟踪身份交换问题。

②我们提出了一种新型图卷积神经网络（本章称之为距离相关的图卷积，记为DistGCN），用于整合邻接上下文信息，目标球员之间的几何距离用于自适应调整邻接信息权重。对于具有相似外观的球员，改进后的上下文特征比传统个体特征的区分能力明显更强。

我们将首先介绍当前较为常见的两种多目标跟踪方式以及图卷积神经网络的基础知识，然后在此基础上详细介绍多球员跟踪方法的细节，最后通过多组定量和定性实验验证有效性。

我们拟采用的多目标跟踪方案以 Wojke 等人提出的 DeepSort 为参考框架，结合了上述基于检测与基于轨迹预测的两种跟踪方式。其主要思想是：一方面通过深度特征来匹配当前帧中的检测目标与上一帧中的跟踪目标；另一方面则利用卡尔曼滤波预测上一帧的跟踪目标在当前帧中的运动状态，并通过计算目标运动状态之间的马氏距离与目标检测框之间的交并比进一步修正上述基于深度特征的匹配。而当 DeepSort 直接用于体育视频中多个球员的跟踪时，常常发生球员跟踪身份交换的问题。这主要是因为同一球队的球员往往身穿相同颜色的球衣，其外观特征极为相似，因此在多目标跟踪的关联匹配阶段容易出现错误匹配，从而造成跟踪身份交换。对此，我们一方面通过姿态引导的方式来提取更为精确的球员外观深度特征，另一方面通过探索球员的上下文信息来进一步提升球员外观特征的表示能力。

6.4.1　图卷积神经网络的基础知识

图卷积神经网络（Graph Convolutional Network, GCN）是专门应用于图结构数据的卷积神经网络。GCN 实际上跟 CNN 的作用一样，都是一个特征提取器，只不过 GCN 的对象是图数据。GCN 巧妙地设计了一种从图数据提取特征的方法，从而利用这些特征对图结构数据进行节点分类、图分类、边预测、图嵌入表示等任务。我们利用 GCN 对于关系的建模特性，将其应用于球员上下文特征的表示学习与球员相似度的度量学习任务中。

GCN 中的核心操作图卷积本质上与 CNN 中的卷积操作类似，都是通过一个卷积核聚合周边邻居信息。只不过 CNN 中的卷积核是固定长度的（如 3×3、5×5、7×7 等），而 GCN 中的卷积核尺寸大小是可变的，以适应图结构数据中邻居节点数量不一致的情况。如图 6-10 所示，如果把图像中的每个像素点视为一个节点，一个图像就可以看作是一个非常稠密的图；图 6-10b 为非欧式结构的图。

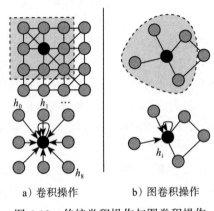

a）卷积操作　　　　b）图卷积操作

图 6-10　传统卷积操作与图卷积操作

在以图像为代表的欧式结构数据中，节点的邻居数量是固定不变的，如图 6-10a 中各节点的邻居节点数量始终是 8 个（图像边缘上的点可以做填充）。而在非欧式结构的图数据中，各节点的邻居节点数量并不固定。

图像上的传统卷积操作实际上是用固定大小的共享卷积核学习各像素点的加权和从而提取特征，然后用反向传播来优化卷积核参数就可以自动提取特征，这也是 CNN 特征提取的基石。可以用式（6.5）表示像素值 h_i 的一次卷积操作，其中 $h_i^{(l+1)}$ 表示第 $l+1$ 层像素点 i 的值，$j \in N(i)$ 表示节点 i 的邻接像素点，$\boldsymbol{W}_{(j)}^l$ 为第 l 层的可学习卷积核参数，$\sigma(\cdot)$ 表示非线性激活函数（如 ReLU、Tanh 函数等）。

$$h_i^{(l+1)} = \sigma \left(\sum_{j \in \mathcal{N}(i)} \boldsymbol{W}_j^{(l)} h_j^{(l)} \right) \qquad (6.5)$$

与之类比，图卷积操作的第 $l+1$ 层的节点 i 按式（6.6）更新其节点特征：

$$h_i^{(l+1)} = \sigma \left(h_i^{(l)} W_0^{(l)} + \sum_{j \in \mathcal{N}(i)} c_{ij} h_j^{(l)} \boldsymbol{W}_j^l \right) \qquad (6.6)$$

c_{ij} 为邻居节点特征的归一化系数。可以看出，图卷积操作本质上与传统卷积操作类似，都是整合自身节点（像素）信息与邻接节点（像素）信息的过程。式（6.6）中前一项为自身节点信息，后一项为归一化后的邻居节点信息。

自 Kipf 等人于 2017 年首次提出图卷积神经网络的概念以来，衍生出各种各样的图卷积实现方式。而任何一个图卷积层都可以写成一个非线性函数：

$$H^{(l+1)}=f(H^{(l)}, A) \tag{6.7}$$

其中，$H^{(l)}$ 与 $H^{(l+1)}$ 分别表示第 l 层与第 $l+1$ 层输出的节点特征，$H^{(0)} =X$ 为初始输入特征，$X \in R^{n \times d}$，n 为图的节点数，d 为每个节点所对应特征向量的维度，A 为邻接矩阵，$f(\cdot)$ 表示图卷积的通用实现函数，不同的图卷积所对应的 $f(\cdot)$ 不同。

最简单的图卷积实现方式可以写为

$$H^{(l+1)}= \sigma(A H^{(l)} W^{(l)}) \tag{6.8}$$

其中，$W^{(l)}$ 为第 l 层的权重参数矩阵，$\sigma(\cdot)$ 表示非线性激活函数。可以看到，每一个图卷积层将邻接矩阵 A 与节点特征 $H^{(l)}$ 做内积，即相当于将每个节点的邻接节点特征加权求和，再通过非线性激活更新为该节点的新特征，这样一来，经过多个隐含层后，每个节点就可以聚合到多阶邻居节点信息。

但这种实现方式存在两个主要问题：一是没有考虑节点自身，也就是说邻接矩阵 A 的对角线上都是 0，所以在和特征矩阵 H 相乘时，只会计算该节点的所有邻接节点特征的加权和，而该节点自身的特征信息却被忽略了；二是由于邻接矩阵 A 没有经过归一化，与特征矩阵相乘后会改变原来的分布，产生一些不可预测的问题，因此我们还需要对 A 进行归一化或标准化。

对于上述第一个问题，学者们主要通过加入自循环（用 $A+I$ 替代 A）或者引入度矩阵 D（用 $D-A$ 替代 A）的方式来解决自身节点信息的自传递问题。对于第二个问题，研究人员大都利用度矩阵的逆矩阵来对邻接矩阵进行归一化，使得归一化后的邻接矩阵的每一行和每一列之和都为 1。

6.4.2 基于上下文图模型的单相机多球员跟踪

1.多球员跟踪方法概述

给定两个连续帧和各帧中的球员坐标位置，多球员跟踪（Multiple Player Tracking, MPT）的核心问题在于如何有效解决帧间球员的匹配问题。假设在 $t-1$ 帧中有三个球员被跟踪到，而在 t 帧中有三个新检测到的目标球员。为了便于描述，我们将 $t-1$ 帧中的三个已确认身份的目标分别标记 1、2、3，而将 t 帧中的三个未知身份的球员标记为 a、b、c。多球员跟踪问题的核心问题便是将 a、b、c 与 1、2、3 一一进行匹配，使得同一球员的身份在跟踪过程中始终保持一致。对此，我们拟在提取球员的外观深度特征和运动特征的基础上获得更为准确的关联匹配结果，以缓解跟踪过程中的球员身份交换现象。

以往方法主要是通过直接计算匹配目标的外观特征相似度来进行匹配关联。但在体育视频中，同一球队的球员往往身穿相同颜色的球衣，因此其外观特征极为相似，从而使得基于球员外观特征的匹配效果不佳。近年来，研究人员观察到相比于个体特征，目标的上下文信息有助于进一步提升特征表示能力。对此，我们提出了一种基于上下文图模型的多目标跟踪方法，可有效缓解因外观相似而造成的跟踪身份易交换的问题。我们首先为每个球员及其周边球员构建一个上下文图，然后利用图卷积神经网络对关系特性的强大建模能力，将邻接球员的上下文信息整合为目标球员的新特征，我们称之为上下文特征。与传统的个体特征相比，这种整合了周边邻居信息的上下文特征在特征表示能力方面明显更强。

图 6-11 为基于上下文图模型的多球员跟踪方法总体框架图，其主要包括 4 个阶段：

①球员检测（由目标检测算法提供）。

②深度特征提取（采用一种基于姿态对齐的特征提取方法）。

③基于上下文图模型的相似度学习。

④关联匹配（采用了经典的匈牙利算法）。

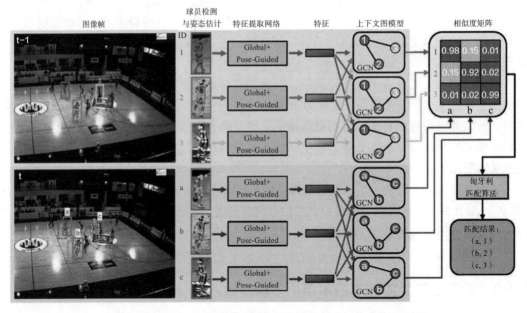

图 6-11　基于上下文图模型的多球员跟踪方法总体框架示意图

2. 基于姿态对齐的特征提取

如图 6-12 所示，对于每个球员图像块，我们首先提取其全局特征图 $M_g \in \mathbb{R}^{C \times H \times W}$ 和姿态热度图 $m_{p_i} \in \mathbb{R}^{H \times W}, i \in [1, K]$，前者是用经过 ImageNet 数据集训练后的 ResNet50 网络提取，后者则是由 CPN 姿态估计模型提取，其中 C、H 和 W 分别表示特征图的通道数、高度和宽度，K 为人体关节点数量，i 为第 i 个关节点。随后，目标球员的外观特征将被划分为两个分支：全局特征分支和姿态对齐的特征分支。

在全局特征分支中，全局特征图 M_g 经过一个简单的全局平均池化层后即可转化为一个全局特征向量，记为 $F_g \in \mathbb{R}^C$。而对于姿态对齐特征分支，我们通过将姿态热度图 $\boldsymbol{m}_{pi}$ 与全局特征图 $\boldsymbol{M}_g$ 进行点乘操作，然后同样经过平均池化操作，可以得到与人体关节点一一对应的一组子特征向量 $\{\boldsymbol{f}_{p_l} \in \mathbb{R}^C\}_{l=1}^{K}$。其中，$\boldsymbol{m}_{pi}$ 中的数值经过最大最小归一化操作后均匀分布在 $0 \sim 1$ 之间。此外，如果第 i 个关节点未能被检测到，相应的 $\boldsymbol{m}_{pi}$ 将被置为全 0。我们可以看到，这里的 $\boldsymbol{m}_{pi}$ 相当于加权系数，并可引导全局特征转换为关节点区域特征。接下来，我们进一步对上述子特征向量进行全局最大化池化并得到姿态对齐特征向量。1D–Conv 卷积层用于减小上述特征的尺寸大小。姿态对齐的特征表示方法已在行人重识别等任务中被证明是有效的。

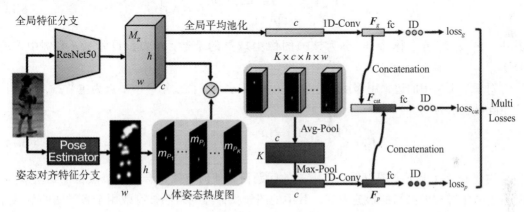

图 6-12　基于姿态对齐的特征提取流程

上述提取姿态对齐特征表示的过程为

$$F_g = \mathrm{GAP}(\boldsymbol{M}_g) \tag{6.9}$$

$$\boldsymbol{F}_p = \mathrm{GMP}(\{\boldsymbol{f}_{p_i}\}_{i=1}^{K}) = \mathrm{GMP}(\{\mathrm{GAP}(\boldsymbol{M}_g \otimes \boldsymbol{m}_{p_i})\}_{i=1}^{K}) \tag{6.10}$$

其中，$\mathrm{GMP}(\cdot)$ 和 $\mathrm{GAP}(\cdot)$ 分别表示全局最大化池化和全局平均池化。考虑到由于遮挡等因素的影响，球员的关节点有时并不能被有效检测到，因此其姿态对齐特征并不总是可靠的。因此，我们通常将全局特征 $\boldsymbol{F}_g$ 和姿态对齐特征 $\boldsymbol{F}_p$ 拼接起来使用：

$$\boldsymbol{F}_{\mathrm{cat}} = \boldsymbol{F}_g \parallel \boldsymbol{F}_p \tag{6.11}$$

在训练以上特征提取网络时，我们在上述三个特征后分别添加了一层全连接层和 softmax 层用于预测其身份 ID。因此，多个交叉熵损失函数同时用于监督学习该特征提取网络，如式（6.12）所示。训练数据集为行人重识别领域较为常见的大型数据集 Market1501。

$$\mathrm{Loss} = \mathrm{loss}_{\mathrm{cat}} + \mathrm{loss}_g + \mathrm{loss}_p \tag{6.12}$$

3. 基于上下文图模型的相似度学习

我们首先为每个目标球员及其邻近球员构建上下文图 $G=\{V, E\}$（其中 V 为 n 个节点，E 为边），然后利用图卷积神经网络学习两球员之间的相似度。在所构建的各上下文图中，目标球员被视为主节点，而其他邻近节点被当作分支节点。所有的分支节点都连接到主节点上，而分支节点之间不连接。这种设计可以使得主节点能有效整合分支节点的特征信息，从而增强目标节点的特征表示能力。

当帧间球员数量 n 发生变动时，还需要增加一些同尺寸的零向量来补偿一定数量的节点，以使得不同的球员上下文图可以共享同一个图模型参数。对于各个节点的特征，可用公式表示为

$$x_i = \begin{cases} \boldsymbol{F}_{\text{cat}} \in \mathbb{R}^d, & i \in \{1, 2, \cdots, n\} \\ \boldsymbol{0}^d, & i \in \{n+1, \cdots, N\} \end{cases} (n \leq N) \tag{6.13}$$

其中，$\boldsymbol{F}_{\text{cat}}$ 指球员个体特征，n 为该帧图像中球员的个数，N 为预设常数（本例中 N 取 15）。

对于上下文中的边，用邻接矩阵 $\boldsymbol{A} \in \mathbb{R}^{N \times N}$ 来表示。假设第一个节点为主节点，则邻接边矩阵可表示为

$$A_{i,j} = \begin{cases} \boldsymbol{1}, & i=1, j=1, i=j \\ \boldsymbol{0}, & \text{其他} \end{cases} (i, j \in \{1, 2, \cdots N\}) \tag{6.14}$$

构建好上述上下文图以后，接下来的问题便是如何有效整合邻居节点特征到主节点。随着近两年图神经网络的快速发展，其中的图卷积神经网络已被有效用于各类图的节点分类任务和图分类任务中。我们首先选用一个基础图卷积神经网络来整合邻居节点信息，然后在此基础上提出了一个与几何距离相关的图卷积神经网络。

以基础图卷积神经网络的方式来聚合各邻居特征：

$$\boldsymbol{X}^{(l+1)} \in \sigma(\tilde{\boldsymbol{A}} \boldsymbol{X}^{(l)} \boldsymbol{W}^{(l)}) \tag{6.15}$$

其中，$\tilde{\boldsymbol{A}} \in \mathbb{R}^{N \times N}$ 表示归一化后的图邻接矩阵，$\boldsymbol{X}^{(l)} \in \mathbb{R}^{N \times d_l}$ 表示第 l 层网络的输出，由该层各节点特征 $(\boldsymbol{x}_i^{(l)} \in \mathbb{R}^{d_l}, i \in \{1, 2, \cdots N\})$ 组合而成，$\boldsymbol{W}^{(l)} \in \mathbb{R}^{d_l \times d_{l+1}}$ 为可供学习的网络参数矩阵，$\sigma(\cdot)$ 为 ReLU 非线性激活函数。

为了更好地理解 GCN 模型，我们将 GCN 的信息传播过程用图 6-13 表示。图 6-13 中的每个节点都表示不同的球员，节点特征则初始化为球员外观特征或补偿而来的零向量特征 $(\boldsymbol{x}_i^{(0)})$。图 6-13 中的各边则表示节点信息的传播路线。

总的来说，图卷积操作主要包括两个步骤：信息传播与信息聚合。对于节点 x_i 来说，经过多层传播以后，所有的邻居节点特征在第 l 层重新编码为 $x_i^{(l)}$，经过多层 GCN 后并最终聚合为 $\hat{x}_i$，目标球员可以有效整合邻居节点特征而得到比个体特征具有更强表示能力的上下文特征。

然而，从图 6-13 中的归一化邻接矩阵 $\tilde{\boldsymbol{A}}$ 观察到所有邻居球员在上下文图模型中都被同等对待（连接边权重均置为 1）。我们针对邻居球员对目标球员的重要程度提出了一项假设，

即假设在两个邻居球员中，物理距离更近的那个邻居球员对目标球员更为重要。因此，邻居球员与目标球员之间的直线距离将被作为权重信息加入上下文图中，这样一来，离得越近的邻居球员与目标球员之间的连接边权重越大。我们将同等对待各邻居球员的基础图卷积神经网络（BaseGCN），而将改进后与几何距离相关的图卷积神经网络称为 DistGCN。与 BaseGCN 信息传播机制稍有不同，DistGCN 引入几何距离来修正原先的边权重，用公式表示如下：

$$X^{(l+1)} \in \sigma(\tilde{\boldsymbol{D}}^{-1}\boldsymbol{A}\boldsymbol{X}^{(l)}\boldsymbol{W}^{(l)}) \tag{6.16}$$

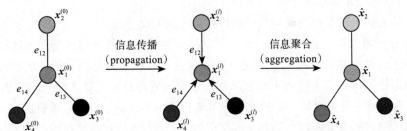

图 6-13 图卷积神经网络的节点特征更新机制

其中，$\tilde{\boldsymbol{D}}$ 表示归一化的距离矩阵，其中的每一个值表示目标球员与其邻居球员的几何距离，$\tilde{\boldsymbol{D}}^{-1}$ 则为 $\tilde{\boldsymbol{D}}$ 的逆矩阵，对距离矩阵取逆是为了保证边权重与几何距离大小的负相关关系。

我们所提出的 DistGCN 模型可以在一定程度上缓解两个外观相似球员之间难以区分的问题，而 BaseGCN 模型并不能解决这一问题。这是因为在 BaseGCN 模型中，邻居节点都被赋予同等的权重，当两个球员外观特征非常一致时，其所有邻居节点的外观特征也几乎一致。而在 DistGCN 模型中，相对几何距离的引入使得上述两个外观相似球员的邻居球员特征变得不再相同，这种处理方式也在后续实验中得到了有效验证。

对于第 $t-1$ 与第 t 帧中的每个目标球员，经过多层 GCN 后的上下文特征不仅包含了球员自身特征，而且还聚合了邻居球员的特征，因此其特征表示比原先仅有的球员自身特征具有更强的表示能力。

接下来，我们用上下文特征之间的余弦距离来表示两个球员之间的相似度，并采用真实相似度标签（1 表示相似，−1 表示不相似）和余弦损失函数（Cosine Embedding Loss）来监督学习两目标球员之间的相似度。给定两个特征向量 $(\boldsymbol{x}_1, \boldsymbol{x}_2)$ 和它们的相似度标签 (y)，相似度学习模块的损失函数计算如下（margin 取 $0 \sim 1$）：

$$\text{loss}(\boldsymbol{x}_1, \boldsymbol{x}_2, y) = \begin{cases} 1-\cos(\boldsymbol{x}_1, \boldsymbol{x}_2), & y=1 \\ \max(0, \cos(\boldsymbol{x}_1, \boldsymbol{x}_2) - \text{margin}), & y=-1 \end{cases} \tag{6.17}$$

测试时，每个球员上下文图的构建与训练过程相同，该相似度学习模块可以输出不同帧中任意两个模块的相似度得分（$0 \sim 1$）。

4. 关联匹配

基于检测的多目标跟踪的核心便是解决当前帧的检测与已有跟踪轨迹之间的关联匹配问题。为解决这一问题，我们需要获取各目标的外观特征（自身特征、上下文特征等）或运动特征（坐标位置、速度等），并以此为依据来计算匹配对象之间的相似度。前面我们已经论述了获得的可用于关联匹配的四类信息：

①基于上下文特征的相似度信息；

②基于目标个体特征的相似度信息；

③基于运动状态的马氏距离；

④基于轨迹的卡尔曼预测框与当前帧检测框之间的交并比。

如何充分利用以上信息来得到一个可靠的匹配结果并非易事，这是因为这些信息并不是绝对可靠的，尤其是在一些复杂情况下，如存在短时或长时遮挡、球员运动出现突变等情况。我们采用 Wojke 等人所提出的级联匹配策略来处理这一关联匹配问题，如图 6-14 所示。级联匹配策略首先是对每一条轨迹记录其未匹配帧数（age），如某条轨迹在 k 帧内均未找到相应的检测目标与其匹配，则其 age 值记为 k，而一条在当前帧找到匹配的轨迹 age 值则被置为 0。级联匹配优先将 age 值较小的轨迹与当前帧中的检测相匹配，也就是逐一将 age 取 0 到预设阈值的轨迹与当前帧的检测进行匹配，没有丢失过的轨迹优先匹配，丢失较为久远的轨迹靠后匹配。通过这种方式的处理，可以重新将被遮挡目标找回，降低被遮挡后再次出现的目标发生身份交换的次数。此外，匹配的主要依据是上述四类输入信息（马氏距离、交并比、上下文特征以及个体特征）。其中，马氏距离和交并比仅在 age=0 时有效，这是因为如果一条轨迹丢失一定帧数后，其轨迹预测值的可靠性较差，因此我们只对没有丢失过的轨迹进行马氏距离和交并比匹配。对于丢失过的轨迹 (age>0)，我们优先选用上下文特征来计算相似度矩阵，但丢失超过 3 帧以后，我们认为球员的上下文特征也会因为邻居球员的变动而有所变化，因此转而选用球员个体特征来匹配。

图 6-14 展示了关联匹配与轨迹管理策略示意图，我们针对不同 age 的轨迹分以下三种情况求取相似度矩阵：

①当 age=0 时，先是计算基于上下文特征的相似度矩阵，然后依次用基于马氏距离和基于交并比的相似度矩阵作为运动约束，以滤除一些因遮挡等导致的错误匹配，绝大多数的匹配都在此阶段完成。

②当 0<age<3 时，直接利用基于上下文特征的相似度矩阵进行匹配，考虑了邻接球员信息的上下文特征比球员个体特征具有更强的区分能力。

③当 age ≥ 3 时，利用基于球员个体特征的相似度矩阵进行匹配，这主要是由于球员的上下文特征并非恒定不变，而是随着不同时刻球员位置的变化而变化。

因此当需要对相隔较远的两帧中的球员进行匹配时，球员的上下文特征往往变化较大，不能再作为匹配依据，转而需要采用球员个体特征进行匹配。

最后，用 **1** 减去相似度矩阵即可得到一个代价矩阵。至此，当前帧检测与已有轨迹的关联匹配问题可转换为一个关于代价矩阵的二值分配问题，经典的匈牙利算法可以有效求解这一问题。

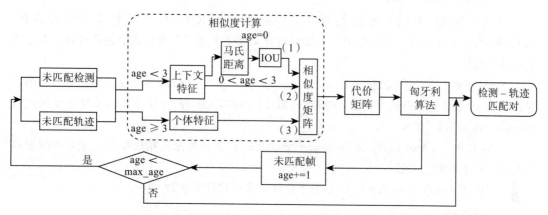

图 6-14　关联匹配与轨迹管理策略示意

6.4.3　多目标跟踪应用实践

1. 实验数据集

为验证基于上下文图模型的多球员跟踪算法的有效性，我们在 APIDIS 篮球比赛公共数据集和自行采集的数据集上分别做定量和定性测试。由于公共数据集提供了真实值，可便于相关方法的定量分析与比较。而自行采集的数据集并未进行手动标注工作，因此仅做了定性测试。APIDIS 篮球比赛公共数据集由 7 个同步相机采集而成，其中包括 5 个地面相机和 2 个鱼眼相机，每个相机都设置为 25 FPS 的帧率和 800×600 的分辨率。该数据集场景共包括 10 个待跟踪的球员，该数据集的难点在于同一球队中球员外观极为相似，且整个球场光线状况不佳。我们将相机 1 和相机 6 拍摄的两个 1500 帧长的图像帧作为测试数据，而将其他图像序列作为训练数据来训练球员的上下文图模型。除了篮球比赛数据集以外，我们还自行采集了两套室内拍摄的行人数据集，用于验证多目标跟踪方法对于智能监控、移动机器人等研究领域中跟踪问题的适用性。其中一套为固定相机拍摄的监控数据集，共包括 4 个人，但遮挡现象较为严重，总测试帧长为 500 帧；另一套为移动机器人所搭载相机拍摄得到的数据集，该数据集总共包括 5 个人，由于该移动相机主要目标在于跟随某个特定人，因此仅有 1 人长期出现在镜头中，其余多人进出镜头较为频繁，该数据集总测试帧长为 1700 帧。为了便于讨论，我们将基于固定相机和移动机器人拍摄的行人数据集分别命名为 HNU 和 HNU–MR。我们将测试用的三套数据集大致信息整理如表 6-6 所示。

表 6-6　测试用数据集基本信息

数据集	测试类型	视频场景	帧长	主要难点
APIDIS	定量测试	篮球体育比赛	3000	外观相似、光线较差
HNU	定性测试	室内监控	500	障碍物遮挡严重
HNU–MR	定性测试	移动机器人	1700	相互遮挡严重、进出镜头较为频繁

2. 多目标跟踪评价指标

多球员跟踪（MPT）评价指标与多目标跟踪（MOT）评价指标都选用经典的 CLEARMOT 评价指标，其中几个主要指标的意义如下所述（↑表示数值越高越好，而↓则表示越低越好）。

① MOTA ↑（Multi-Object Tracking Accuracy）：多目标跟踪准确度指标，综合考虑了误跟踪数（False Positive，FP↓）、漏跟踪数（False Negative，FN↓）以及身份交换次数（Identity Switches，IDS↓）。

② MOTP ↑（Multi-Object Tracking Precision）：多目标跟踪精度指标，主要评测跟踪框与真实框之间的交并比。

③ FM↓（Fragmentation）：主要用于统计轨迹碎片化的次数。

3. 基准方法

为了定量比较不同方法的球员跟踪效果，我们列出了以下几个基准方法：

① DeepSort：该方法为改进的基础框架方法，其主要通过比较球员个体特征之间的相似度来完成当前检测与已有轨迹之间的匹配。但由于体育视频中两个身穿相同颜色球衣的球员个体特征极为相似，因此其跟踪过程中易产生身份交叉的问题。与之相比，我们通过探索球员的上下文特征（即邻近球员特征）可以提升球员外观特征的表达能力，从而有效缓解了跟踪身份交叉的问题。

② PTSN：该方法是针对排球比赛中身穿相同颜色球衣的球员难以区分的问题，而提出的一种新型的基于人体姿态信息的多球员跟踪方法。其主要思路是利用球员的姿态来区分外观相似的球员，该方法分别将姿态信息融入球员外观特征、运动特征和交互特征中，并利用 LSTM 网络构建了一个基于姿态的三元网络，有效提升了排球运动员的跟踪效果。我们在 APIDIS 篮球公共数据集上复现了该方法，也取得了较好的跟踪结果。

③ BaseGCN：在 DeepSort 跟踪框架的基础上，将球员个体 ReID 特征替换为基于 BaseGCN 模型的上下文特征，进而实现单相机体育视频的球员跟踪。

④ DistGCN：与 BaseGCN 类似，这里用基于 DistGCN 模型的上下文特征来替代球员个体特征进行球员跟踪。

⑤ DistGCN+Motion：该方法在关联匹配中不仅利用了基于 DistGCN 模型的上下文特征，还利用了基于球员运动状态的马氏距离以及交并比。

4. 实验结果

由于 APIDIS 数据集中提供了球员的二维真实轨迹，因此我们在该数据集上做了定量比较实验。而自行采集的 HNU 与 HNU-MR 数据集均未提供真实轨迹，因此只做了定性的实验。以下将对实验的大致内容进行介绍。

（1）APIDIS 公共数据集上的定量实验测试

我们在 APIDIS 数据集上主要做了以下三项工作。

①根据 APIDIS 数据集上的真实球员轨迹为每个球员创建上下文图，并分别训练 BaseGCN 和 DistGCN 模型。

②利用三种不同的球员检测结果（分别由 YOLOv3、MaskRCNN 以及真实检测框提供），分别实现了基于上述两种 GCN 图模型的多球员跟踪。

③在 APIDIS 数据集上复现了两个同样基于检测的多目标跟踪方法（DeepSort 和 PTSN），其中 DeepSort 是我们改进方法的基准方法，PTSN 则是专门针对排球比赛视频中的多球员跟踪问题而提出的一种新型的基于人体姿态信息的三元网络。

表 6-7 展示了 APIDIS 数据集上各方法的定量比较结果，其中 DistGCN+Motion 方法实际上是在上下文特征匹配的基础上加上了基于马氏距离与交并比的运动约束，从而相对于 DistGCN 进一步提升了多球员跟踪的性能。

从表 6-7 中，可以清楚地看到引入上下文特征对于多球员跟踪性能有显著提升，如 BaseGCN 与 DistGCN 方法相对于已有的 DeepSort 和 PTSN 等方法都获得了更优的跟踪效果。同时，实验结果还表明，表中所列的基于检测的多目标跟踪方法都对检测结果较为敏感，检测效果越好，最终的跟踪效果也明显更好（GT>MaskR-CNN>YOLOv3）。而对于同一检测结果（以 MaskRCNN 为例），与基于个体特征的 DeepSort 方法相比，BaseGCN 模型的引入使得其 MOTA 值从 56.0 提高到 59.6，其他评价指标也得到了明显改善。而当进一步考虑邻居球员之间的几何距离后（DistGCN），MOTA 值则进一步提高到 60.4。最终，当同时考虑上下文特征和运动约束时（DistGCN+Motion），多球员跟踪的 MOTA 值达到了最大的 63.0。理想条件下，如果给定的检测框都准确无误（真实检测值），利用 DistGCN+Motion 方法将得到非常接近于真实轨迹的跟踪效果（MOTA 值高达 99.6，且身份交换次数为 0）。图 6-15 为不同检测时所对应的不同跟踪效果，可以明显地看到，基于 YOLOv3 检测值的跟踪效果最差，而基于真实检测值的跟踪效果最佳，这与表 6-7 中的定量比较结果是一致的。

表 6-7　APIDIS 数据集中各多目标跟踪方法性能比较

检测来源	跟踪方法	MOTA ↑	MOTP ↑	FP ↓	FN ↓	IDs ↓	FM ↓
YOLOv3	DeepSort	22.0	68.3	2315	3494	267	525
	PTSN	24.7	68.5	2298	3316	250	522
	BaseGCN	28.5	68.7	2164	3156	247	476
	DistGCN(Our)	30.7	68.9	2108	3070	216	468
	DistGCN+Motion(Our)	39.8	69.0	1783	2764	146	431
MaskR-CNN	DeepSort	56.0	68.0	1495	1812	129	374
	PTSN	57.7	68.0	1485	1717	103	338
	BaseGCN	59.6	68.1	1410	1659	83	324
	DistGCN(Our)	60.4	68.3	1399	1614	78	325
	DistGCN+Motion(Our)	63.0	68.3	1294	1528	61	303
真实检测值	DeepSort	96.6	92.9.	101	120	49	55
	PTSN	97.4	93.1	85	95	27	36
	BaseGCN	99.0	93.5	28	40	10	13
	DistGCN(Our)	99.6	93.7	13	22	0	7
	DistGCN+Motion(Our)	99.6	93.7	13	22	0	7

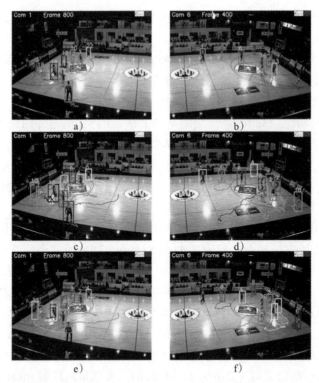

图 6-15　给定不同检测时对应的不同跟踪效果：a、b 图的检测来源于 YOLOv3，c、d 图的
检测来自 MaskRCNN，e、f 图则是基于真实检测框时的跟踪结果

（2）自行采集数据集上的定性实验测试

需要指出的是，在用这两套数据集进行定性实验测试时，所使用的上下文模型仍然是
经过 APIDIS 数据集训练后的 DistGCN 模型，而并未重新再训练。最终的实验结果也充分
体现了所提方法的适用性。

HNU 数据集中包括 4 个行人，且都身穿黑色衣服，以往基于个体特征的跟踪方法很
难有效区分他们，通常容易造成身份交换。此外，HNU 数据集中存在较多外界的遮挡（机
器人、桌子、展览牌等），也对其中行人的跟踪造成了较大的干扰。如图 6-16a 所示为
DeepSort 跟踪方法所得到的行人跟踪效果，监控视频中 4 个行人的跟踪身份变化较为频繁。
而用 DistGCN+Motion 方法进行跟踪时，行人的跟踪身份在各个时刻都能保持不变，如图
6-16b 所示。

与 HNU 数据集采用固定相机拍摄而成不同，HNU-MR 数据集则由移动机器人上搭载
的相机拍摄而成，其相机位置是可移动的。这类视频中行人的进出较为频繁，同时还产生
了较多的相互遮挡，这给跟踪的实现带来了一定的挑战。然而，实验中发现，经过适当调
参，基于行人个体特征的 DeepSort 跟踪方法与基于 DistGCN 上下文图模型的跟踪方法均可
有效应用于该类视频中行人的跟踪，而相比于 DeepSort 方法并没有太多的优势，有时甚至

 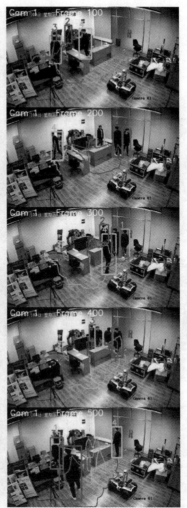

a）DeepSort 方法   b）DistGCN+Motion 方法

图 6-16　HNU 监控数据集上的行人跟踪效果

会表现得差一些。这主要是因为视频中行人外观差异非常明显，常见的很多 ReID 特征即可很好地区分行人，而上下文特征有时还会受到视频中行人数量变化的影响。因此，当视频中各目标外观差异较大时，相比于个体特征，上下文特征对多目标跟踪的改善方面并无明显优势。图 6-17 展示了 DistGCN 方法用于 HNU-MR 数据集时的行人跟踪效果。从图 6-17a 中可以看出，尽管跟踪目标数量有变化，但行人的跟踪身份都得到了很好的保持；图 6-17b 展示了 DistGCN 方法可有效应对跟踪目标之间的遮挡问题；图 6-17c 则展示了 DistGCN 方法在 1500 帧后仍能有效保持各跟踪身份的良好表现。

5. 实验结果分析

我们通过一套篮球比赛的公共数据集和两套自行采集的行人数据集对多目标跟踪算法

进行了测试。无论是公共数据集上的定量测试，还是各数据集上的定性测试，都充分表明了我们所提出方法的有效性。特别是对于视频中目标之间外观较为相似的情况，传统个体特征较难区分各目标，因此容易造成较多的身份交换现象。而我们所提出的上下文图模型可以通过整合邻近目标的特征获得更具区分性的上下文特征，从而大大缓解跟踪过程中的身份交换问题。

a）第 135～435 帧

b）第 1308～1335 帧

c）第 1531～1680 帧

图 6-17　自行采集 HNU-MR 数据集（由移动机器人搭载相机拍摄）的行人跟踪效果

从 APIDIS 篮球公共数据集上的实验可以看到，在给定相同检测值的情况下，DistGCN 方法均明显强于 DeepSort 和 PTSN，且进一步应用于监控视频和移动相机拍摄视频中的行人跟踪时，也取得了不错的跟踪效果。其中，尽管监控视频中行人外观与体育视频中同一球队中球员一样也具有相似的外观，也存在着较多的外界遮挡和相互遮挡，仍然较好地完成了 500 帧视频中 4 个人的跟踪。而在移动相机拍摄的视频中，对行人进出、相互遮挡、长时间跟踪等问题都具有较好的适应性。因此，我们所提出的单相机多球员跟踪方法不仅可用于体育视频中球员的跟踪，还可以有效解决智能监控、移动机器人等领域的多人跟踪问题。

6.5　本章小结

目标跟踪是最重要和常见的机器人视觉感知任务之一，本章概述了目标跟踪方法，详细地介绍了多目标跟踪系统的构成，并设计了基于序列特征的多目标跟踪方法和基于上下文图模型的单相机多目标跟踪方法。基于序列特征的多目标跟踪方法利用目标的时空特征进行数据关联。与现有的大多数多目标跟踪算法不同，该算法利用多目标跟踪任务的特征作为视频级任务，充分识别了时间特征的重要性。对比实验结果表明该算法有效提高了数据关联的精度和轨迹的质量。此外，在 MOT17 数据集上的实验结果验证了该算法框架的通用性。基于上下文图模型的单相机多目标跟踪方法首先依次以各目标球员为主节点，其他邻近节点为分支节点，为每个球员构建一个上下文图，然后利用图卷积神经网络整合邻接节点信息的特性来学习获得各球员的上下文特征。实验结果表明，整合了邻居球员信息的上下文特征比球员个体特征具有更强的区分能力，有助于获得更优的多目标跟踪效果。

CHAPTER 7

第 7 章

图像语义分割

图像语义分割（Semantic Segmentation）[124-125] 可以把图像分成若干有意义的区域，是计算机视觉中非常重要的任务。它的目标是为图像中的每个像素分类，如果能够高效地做图像分割，很多问题将会迎刃而解。本章先介绍传统的和基于卷积神经网络的语义分割的基本概念和方法，再以实际的典型分割应用进行图像语义分割算法的阐述。

7.1 图像语义分割概述

7.1.1 图像分割算法的定义

从对图像进行处理到对图像进行分析这一过程中，图像分割占据着关键性地位。图像分割是指依靠灰度、颜色、纹理和形状等特征的差异将数字图像划分为一些互不重叠的、含有不同特性的感兴趣区域，并让这些特性在所处的同一个区域中展现出相似性，但在不同的区域之间表现出显著的不同。

图像分割的目标是通过分割来对图像的表示形式进行简化与改变，进而使图像更易于分析与理解。边缘检测往往被用于寻找图像中的物体轮廓，而图像分割则可以被看作是对图中每一个像素分类的过程。通过图像分割，我们将具有同一视觉特性（例如颜色、亮度、纹理）的像素点集划分至同一类别的子区域中。通常情况下，每一类别所包含的像素点特征都具有一定的相同之处，而不同类别之间的特性一般差距较大，这所有的子区域（包括前景与背景）构成了整个图像的分割结果。

7.1.2 传统的图像分割算法

在深度学习所引领的图像语义分割出现之前，图像分割方法主要分为基于阈值的分割方法、基于边缘的分割方法、基于区域的分割方法、基于图论的分割方法和基于泛函的分割方法等。这些方法通常都基于各自设计的图像模型，结合图像各自的不同特性实现分割的目的。每一种方法都有一定的适用范围和优缺点，很难在这些传统的分割方法中找到一种普遍适用的方法。

1. 基于阈值的分割方法

图像分割旨在将图像中的各像素进行分类，分类的依据通常为像素的灰度值、颜色、多谱特性、空间特性和纹理特性等。基于阈值的分割方法是一种基于图中各区域的图像分割算法，它通过对一类具有相似灰度特性的图像设置对应的阈值，对图像中的像素点进行划分。基于阈值分割的方法是数字图像处理中出现频率最高的分割方法，其原理简单，执行速度快，但使用时有比较大的局限性，只有当图像中各个物体的灰度值差别较大时才能取得较好的结果。相关的主要方法有：p– 分位数法、迭代选取阈值法、直方图凹面分析法和最大类间方差法。如图 7-1 所示，当灰度直方图中出现明显的波峰或波谷时，我们可以设定阈值为波谷之间的某一点即可较好地分割前景和背景。

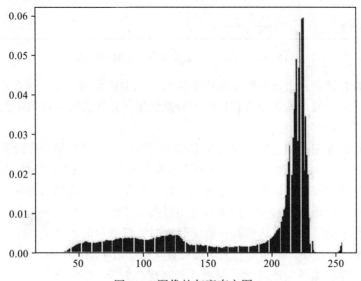

图 7-1　图像的灰度直方图

2. 基于边缘的分割方法

边缘是图像识别中重要的图像特征之一，其蕴含了丰富的图像信息，如方向、阶跃性质、形状等。边缘的定义为在数字图像中的不同物体分界处连续像素点所构成的集合，它反映图像中的局部特征所具备的不连续性，在图像中体现于颜色、灰度以及纹理等特征的变化。通常来说，这一类方法都泛指基于灰度值的边缘检测，其原理是通过图像中物体轮廓部分的灰度值有较大差异并呈现阶梯形变化特性（见图 7-2），通过各种微分算子检测具有灰度值突变的连续像素点，从而确定物体边缘。

在数字图像处理中，最常使用的一阶微分算子为 Roberts、Prewitt、Sobel 等，而常用二阶微分算子为 Laplace 及 Kirsch 等。在实际处理操作中常用模板矩阵 kernel 与图像像素矩阵做卷积从而实现微分运算。

3. 基于区域的分割方法

本方法的思路是把图像依据相似性法则分为若干区域，主要有区域分裂合并法、分水岭法以及种子区域生长法等。

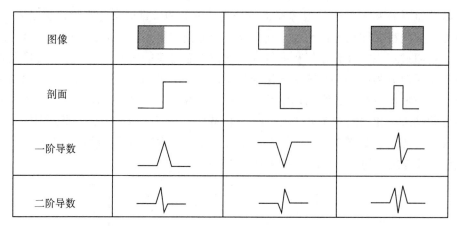

图像			
剖面			
一阶导数			
二阶导数			

图 7-2 不同的边缘类型和其导数的曲线

区域分裂合并法首先将数字图像随机分为几个互不重叠的区域,接着依照一定规则对以上区域做合并或分裂运算从而得到最终的分割结果。这些方法也适用于纹理图像与灰度图像的分割。

分水岭法是根据拓扑理论发展来的形态学分割算法,它将图像看作地质学中的拓扑地貌,如图 7-3 所示,即将图像中每一点所拥有的灰度数值作为该点所处的"海拔",将每个局部的极小值和其周围的领域称为作集水盆,这个集水盆所包含的边缘称为分水岭。漫水法可以看作洪水浸没低谷的过程,洪水首先淹没图像中的"海拔"最低点,然后慢慢淹没低谷。而当低谷中的"水位"达到某一特定高度时,低谷中的水将会漫出,此时在发生溢水位置处修建相应的堤坝,不断重复上述过程直至整个数字图像中的像素点全都被水淹没。分水岭法在应对含有微弱边缘的物体时有比较理想的效果,然而当数字图像含有较大噪声时,可能会使得图像被过度分割。

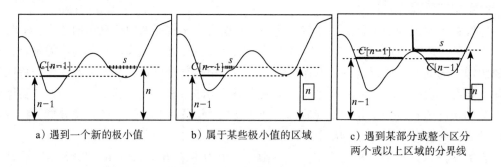

a) 遇到一个新的极小值　　　b) 属于某些极小值的区域　　　c) 遇到某部分或整个区分
　　　　　　　　　　　　　　　　　　　　　　　　　　　　两个或以上区域的分界线

图 7-3 分水岭算法示意图

种子区域生长法首先会在图像中构建一系列表示不同区域的种子像素,然后将这些种子像素相邻区域里满足某一前提的像素点加入目前种子像素代表的区域,并把新加入的像素点看作全新的种子像素进行继续合并,一直到没有满足特定前提的新像素点时停止。种子区域生长法的重心在于如何选择正确的初始像素点并制定契合的生长规则。

4. 基于图论的分割方法

本方法的主要思想是通过消除某些特定边缘，将图像划分成系列子图进而达到分割的目的。其主要方法有 GraphCut、GrabCut 和 Random Walk 等。

2004 年微软的剑桥研究院提出 GrabCut 这一影响深远的人机交互式的图像语义分割算法。和 N-Cut 相同，GrabCut 也是基于图论的分割，并可看作迭代式的语义分割算法。GrabCut 利用数字图像中的各种特征信息（如纹理、颜色以及边界差距），再结合少量与用户之间的交互操作就可以得到较为精准的前景和背景分割结果。

在 GrabCut 中，RGB 图像的前景和背景分别用一个高斯混合模型（Gaussian Mixture Model，GMM）来建模。这两个 GMM 模型分别用于描述某一像素点属于前景以及背景的可能性。然后，根据吉布斯能量方程（Gibbs Energy Function）对整张数字图像进行划分，接着进行迭代运算并求出能够使能量方程得到最优解的参数，并将这些参数设定为以上两个 GMM 的参数。当 GMM 模型及其参数被确定之后，图像中某一像素点是否属于背景或前景的概率也就同样确定了下来。

在人机交互过程中，GrabCut 为用户提供了两种不同的交互模式：一种以边界框为辅助信息，另一种以涂写的线条（Scribbled Line）作为辅助信息。用户在程序开始时为算法提供对应目标的边界框，GrabCut 将默认用户所提供的边界框中包含着主要的待检测物体，算法经过对图迭代并进行划分，然后返回所取出的物体掩模。GrabCut 由于其较强的鲁棒性，在对复杂图像进行分割时仍能取得较好的结果，这使得很长一段时间内，GrabCut 都被公认为效果最好的图像分割方法。

然而，当处理某些复杂图像时，GrabCut 分割的效果就不如之前那么理想，如图 7-4 所示。在这种情况下，需要进行额外的人为操作以提供更加详细的补充信息。如依靠红色线条或点对背景进行标注，再用白色的线条手工标注前景中的部分关键性区域。建立在以上人为辅助标注的基础上，用户再次使用 GrabCut 算法进行最优解的求取，即可得到效果优良的分割结果。然而 GrabCut 虽然效果不错，但其缺陷也十分明显，一是它只能进行两类的语义分割，二是它的优良特性是建立在人机交互的基础上的，这

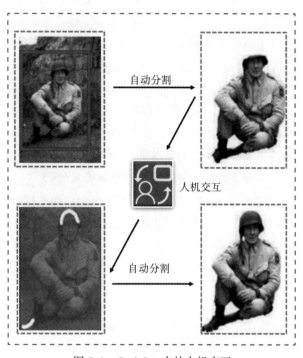

图 7-4　GrabCut 中的人机交互

并不能实现自动化的语义分割。

不难看出，传统的图像分割工作大多是通过挖掘图像中像素所包含的低级的视觉信息（Low-level Visual Cues），从而进行语义分割。然而，由于它没有训练学习，计算量与复杂度都较低，因此其鲁棒性较差，在复杂的图像分割上的效果（当不进行人机交互时）差强人意。

5. 基于泛函的分割方法

这一类方法的主要由活动轮廓模型（Active Contour Model）和建立于它的基础上的算法所组成。它通过连续曲线的方式来对目标的边缘进行表述，同时制定能量泛函（该能量泛函的自变量中包含边缘曲线）。所以，基于泛函的图像分割步骤也可以看作对于能量泛函的最优化问题，即通过解该模型所对应函数的欧拉（Euler Lagrange）方程，达到被优化函数的最小值，则此时曲线的对应位置即为待检测目标的轮廓。根据模型中不同曲线的不同表达形式，我们一般将活动轮廓模型分为以下两种：几何式活动轮廓模型（Geometric Active Contour Model）与参数式活动轮廓模型（Parametric Active Contour Model）。前者中曲线运动的方式取决于该条曲线所含的几何参数，故适用于求解多变的拓扑结构，其中，以水平集（Level Set）为代表方法的提出使得几何式活动轮廓模型发展迅速。后者通常将曲线参数化来描述曲线，在早期医学图像分割中取得了较好的结果，但它的分割结果通常受初始的轮廓设置所影响，在曲线拓扑结构变化时很难处理，其中以 Kasset 于 1987 年提出的 Snake 模型为典型代表。

7.1.3 基于卷积神经网络的图像语义分割算法

传统图像的分割一般是依据图像的一些特征，如纹理、颜色等进行区域的分割，而图像语义分割的机制是通过很多语义单元，比如将猫、狗等目标从图像中分割出来，如果含有不止一个目标，当使用传统图像分割时通常得到多个区域。图像语义分割是根据图像本身的纹理、特征、色彩与场景等得出图像所包含的信息。随着硬件设备计算能力的不断提升，深度学习开始在计算机视觉领域大放异彩，其中以全卷积神经网络（Fully Convolutional Network，FCN）和生成式对抗网络（Generative Adversarial Network，GAN）为代表的一系列基于卷积神经网络图像语义分割相继出现。

1. 基于全卷积神经网络的图像语义分割

CNN 的卓越表现在于其多层级的结构可以自主学习一些特征，并能够通过对底层特征组合的方式学习更高层次的特征：位于网络浅层的卷积层所具有的感受野较小，只能学习部分区域的局部特征，处于较深层的卷积层所拥有的感受野较广，可以学习更加抽象的特征。其中，这部分抽象的特征对于物体大小、方向和位置等敏感性更低，从而有助于识别性能的提高。

抽象特征对于分类工作很有益处，它使得模型能够正确地判定图中所含的物体种类，但是由于它会丢失掉物体的一些细节，所以无法精确得到前景的详细轮廓边缘，因此对于高精度的分割任务其表现不是很理想。

在对某一像素进行分类时，基于 CNN 的分割一般会使用该像素点领域的图块作为 CNN 网络的输入，并进行训练及预测任务。这种做法有以下几处不足：一是占据储存空间大。如当我们设定图像中每一像素所取的图块大小为 15×15 像素级，那么所消耗的储存空间就会变为原图的 225 倍。二是计算效率低。两两相邻之间的图块大部分都是相同的，当以此方式对每个像素点逐个卷积时，会造成一定程度上的二次计算。第三点是图块的大小限制了感受野的区域。一般来说，图块的大小与整幅图像相比小了很多，因此仅仅能够提取局部特征，进而影响分类的效果。

FCN 使用卷积层替换传统 CNN 的全连接层。如图 7-5 所示，在普通的 CNN 构架中，位于前面的是卷积层，位于后边的是一维的全连接层。FCN 将后边的三层变为卷积层，其中卷积核的尺寸（分别代表通道数目、宽度、高度）为（4096, 1, 1）、（4096, 1, 1）、（1000, 1, 1）。此时，由于网络中不存在全连接层，所有层都为卷积层，所以将这种网络称为全卷积神经网络。

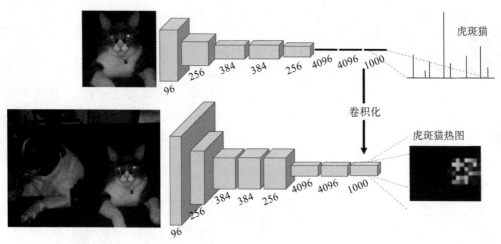

图 7-5 全卷积神经网络结构概览

经过多次卷积与池化后，特征图像的尺寸不断变小，分辨率不断降低，为了将分辨率粗略还原至原图的大小，FCN 包含了上采样步骤。如经过 5 次池化后，特征图的尺寸分别缩减为原来的 1/2、1/4、1/8、1/16 和 1/32。在 FCN 中，我们对网络最后一层的输出放大 32 倍（即上采样），目的是得到与原图相同的大小。

上采样是通过反卷积（Deconvolution）实现的。然而在研究中表明，仅仅对网络的输出进行（32 倍放大）反卷积至原图尺寸，取得的结果仍不够准确，而且某些细节根本无法重建。因此对第四层以及第三层的输出也分别进行反卷积，依次进行 16 倍及 8 倍的上采样放大，这一操作使得结果更加精细化，图 7-6 是卷积和反卷积上采样的过程。

2. 基于生成式对抗网络的图像语义分割

在 FCN 的基础上，UCLA DeepLab 的研究者[126] 在得到像素分类结果后使用了全连接的条件随机场（Fully Connected Conditional Random Field），它考虑了图像中所包含的空间信息，因此它的输出更加精准，且含有空间上的一致性。生成式对抗网络受博弈论中的二人博弈（Two-player Game）启发。在 GAN 模型中，两位博弈方分别由生成式模型（Generative Model）和判别式模型（Discriminative Model）充当。生成式模型 G 负责对数据样本的分布进行捕捉，通过使用某一服从特定分布（如均匀分布或高斯分布等）的噪声 z 产生一个近似于真实的训练样本，其中，生成的样本与真实的样本相似度越高越好。判别式模型 D 为一个简单的二元分类器，用于评价输入样本究竟是来自训练数据还是生成器所生成的数据。若当前样本属于真实的数据，则 D 输出一个较大的概率；相反，D 输出较小的概率。如图 7-7 所示，生成网络 G 如同造假组织，主要工作是仿造真品，而判别式网络 D 如同打假部门，主要检测市面上产品的真假，G 通过不断学习，尽可能地制造出以假乱真的赝品，从而让 D 判别错误，而 D 的目标是想尽办法找出 G 所制造的劣质产品。国内的一些学者也对 GAN 在图像方面的潜力进行了研究与分析，并将其应用在多种场景之中。

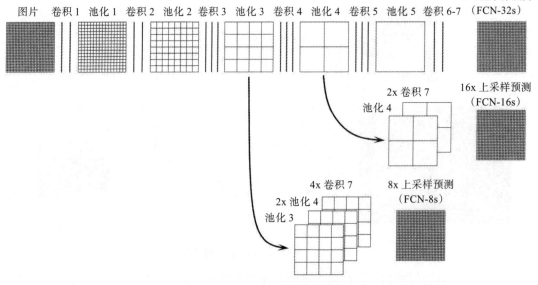

图 7-6　FCN 中的卷积与反卷积

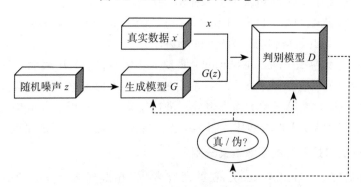

图 7-7　生成式对抗网络结构

对于对抗网络，其输入通常分为两种，一种是初始图像与金标准图像，二是初始图像和分割结果。其输出为一个具体的数值（其中 1 表示判别器认为输入为前者，0 表示判别器认为输入为后者）。代价函数定义为

$$l(\theta_s,\theta_a) = \sum_{n=1}^{N} l_{mse}(s(x_n),y_n) - \gamma[l_{bce}(a(x_n,y_n),l) + l_{bce}(a(x_n,s(x_n),0)] \qquad (7.1)$$

其中，θ_s、θ_a 分别为分割模型以及对抗模型的参数，为金标准 (GroundTruth)，$s(x_n)$ 为分割结果。式（7.1）中的第一项为常用分割模型的损失函数，如概率的负对数——交叉熵 (Cross Entropy)。第二项为生成式对抗模型的损失函数，因为我们希望模型最好难以区分 y_n 和 $s(x_n)$，其含有一个权重 $-\gamma$。我们训练的最终目的是使得 y_n 和 $s(x_n)$ 在像素级上最为接近，进而让判别器无法轻松地区分它们。

3. 基于 U-Net 的图像语义分割

在医学图像分割任务中，U-Net 是最成功的方法之一。U-Net 与 FCN 十分相似，与FCN相比，U-Net 的不同之处在于编码器部分和跳跃连接部分。U-Net 的网络结构是完全对称的，左边与右边是类似的结构。此外，U-Net 在跳跃连接部分完全将解码器部分提取到的特征传递到编码器，同时采用拼接操作对特征进行合并。U-Net 的架构如图 7-8 所示。

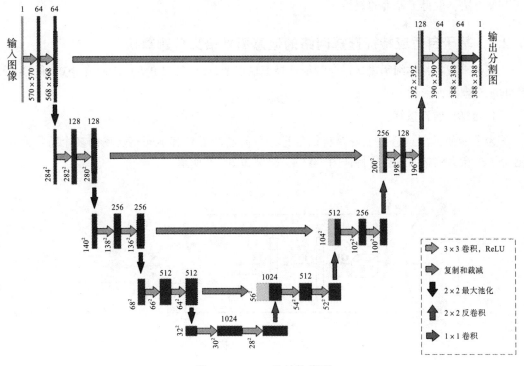

图 7-8　U-Net 的结构模型

U-Net 能够在医学图像分割领域获得广泛应用的原因在于：①使用少量数据即可对U-Net 进行训练并能够获得不错的效果。②网络结构的有效性。首先，在编码器部分能够获

取图像的细节信息和轮廓信息。然后，通过跳跃连接阶段将提取到的特征传递至解码器部分。最后，由解码器部分结合多个尺度的特征进行特征恢复。

7.2 基于自适应特征选择网络的遥感影像语义分割

语义分割在遥感领域细分中具有广泛的应用价值。目前遥感影像语义分割的主要方法是使用多比例策略来提高采集网络的性能。然而高分辨率航空遥感图像中比例不确定的地面物体很难用常规模型进行分割。为了解决这个问题，我们设计了一个自适应特征选择模块，其注意力模块能够学习到不同尺度下每个特征块的权重贡献，实验结果和综合分析验证了所提方法在遥感影像语义分割中的效率和实用性[127]。主要创新为以下几个方面：

①提出一种用于遥感影像语义分割的新型自适应特征选择（AFS）模块。AFS可以通过使用softmax注意力有效地选择重要的特征信息。

②我们提出的方法能很好地应用于U-Net、PSPNet和DeepLab，以更少的参数来提高模型的分割性能。

③经过大量的实验，我们提出的网络在Vaihingen数据集和WHU Building数据集上优于其他方法，取得了显著的效果。

7.2.1 基于自适应特征选择网络的遥感影像语义分割算法

接下来我们将详细阐述自适应特征选择模块以及AFS在PSPNet、DeepLabV3和U-Net中的应用细节。

1. 自适应特征选择

为了能使模型自适应地选择特征信息，我们设计了具有不同感受场的多个特征图块，融合了注意力机制的自适应特征图（AFS）模块如图7-9所示。

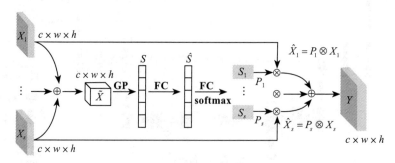

图 7-9　AFS 结构

对于任何给定的特征映射块 $X=\{X_i, i \in [1,s]\}$，$X_i \in \mathbf{R}^{c \times w \times h}$，其中 c 是输入通道的数量，h 和 w 表示空间大小，s 是具有不同接受域的多个特征映射块的数量，首先进行逐个元素的求和操作：

$$\tilde{X} = \sum_{i=1}^{s} X_i \tag{7.2}$$

再使用全局平均池化嵌入全局特征信息，生成按通道统计 S，这里 $S \in \mathbf{R}^{c \times 1}$：

$$S = \mathrm{GP}(\tilde{X}) \tag{7.3}$$

即 GP 表示全局平均池化操作。默认情况下，使用完全连接（FC）层，然后进行批量归一化（BN）和 ReLU 函数进行激活 σ，进行自动选择。可以得到：

$$\hat{S} = \sigma(\mathrm{BN}(\mathrm{FC}(S))) \tag{7.4}$$

为了提高效率，降低第一个 FC 层的输出维数，通过使用没有 BN 和 ReLU 的第二个 FC 层来转换维数以匹配多个特征图块的数量。

考虑到防止具有不同感受野的多个特征图的干扰，我们使用跨通道的软注意力，通过 softmax 注意力自适应地生成多个权重：

$$P_i = \frac{S_i}{\sum_{i}^{s} S_i} \tag{7.5}$$

其中，P_i 是第 i 个特征图块的注意力权重。需要注意的是 $P_i \in \mathbf{R}^{s \times 1 \times 1}$ 且 $\sum_{i=1}^{s} P_i = 1$ 在下一个步骤中，使用矩阵 $\hat{X}$ 乘法变换获得新的特征图块，使得这些特征图块具有各种接受域的注意力权重。计算公式为

$$\hat{X} = \{X_i \cdot P_i, i \in [1, s]\} \tag{7.6}$$

这样神经元可以通过学习注意力权重来实现自动特征选择。最后，对元素求和完成特征选择

$$Y = \sum_{i=1}^{s} \hat{X}_i \tag{7.7}$$

其中，Y 表示 AFS 模块的输出，$Y \in \mathbf{R}^{c \times w \times h}$。

经过 AFS 模块的特征选择，注意力模块学习到每个具有不同感受野特征块的权重贡献。最后一个特征图 Y 集成了多个特征图信息，有效减少了冗余特征，实现自适应特征选择。与 SENet 通过渠道重要性自适应地重新校准渠道特征响应的门控机制不同的是，我们所提方法采用注意力机制关注不同分支的权重贡献。

2. PSPNet-AFS

我们以 PSPNet 和 ResNet50 为编码网络验证 AFS 模块的有效性，如图 7-10 所示。PSPNet 是一种基于金字塔池化层的场景分割模型，能够为像素级场景解析和提取层次信息提供有效的全局上下文先验。其多像素级在提高网络性能方面发挥着重要作用。PSPNet 使用四级特征图，大小分别为 1×1、2×2、3×3 和 6×6。实验表明 PPL 在几个常见数据集上是有效的，通过实验发现，基于 AFS 的 PSPNet 与基于四级的 PSPNet 相比，效果要更好。

图 7-10a 描述了 AFS 模块在 PSPNet 中的位置。我们提出的 PSPNet-AFS 模型由

PSPNet 和 AFS 模块两部分组成，用四个以上层次的感知场来分割遥感图像，以获得更有效的表示。特征图块使用比例从 1 到 32。我们以深度监督对学习过程进行优化，即用额外的监督作为辅助分支损失，并设置 0.2 的权重平衡辅助损失

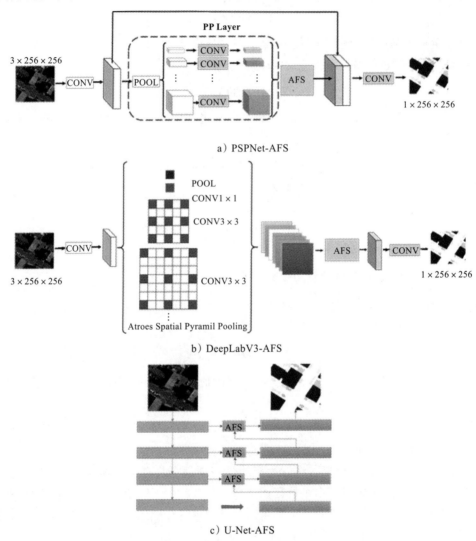

a）PSPNet-AFS

b）DeepLabV3-AFS

c）U-Net-AFS

图 7-10　基于 AFS 的语义分割网络的体系结构

3. DeepLabV3-AFS

我们以 DeepLabV3 作为基准进一步验证所提模块的通用性。图 7-10b 是基于 AFS 的 DeepLabV3 模型。作为高分辨率航空遥感图像的一个热点，在分割物体时的多尺度问题可以通过使用具有多个空洞率的卷积来处理。我们使用 AFS 模块实现对不同空洞率的自动选择，能有效地扩大过滤器的感受野，以获取高分辨率航空遥感图像的多尺度背景。AFS 模块采用多种空洞率从特征图中获得丰富有效的感受野。我们的最大空洞卷积核为 8、16 和

32，步长分别为 1、2 和 4。在训练过程中，使用了权重为 0.2 的辅助分支损失。

4. U-Net-AFS

图 7-10c 是 U-Net-AFS 的结构。PSPNet 和 DeepLabV3 使用多尺度特征图（>2）来学习语义信息。相比之下，U-Net 采用跳过连接方式融合上下文信息，将浅层的高分辨率特征与上采样层相结合，以增强特征图中的信息内容。我们提出的模块能从缩减采样和上采样层中自适应地选择上下文信息。

7.2.2　基于自适应特征选择网络的遥感影像分割应用实践

1. 实验基本设置

（1）数据集

Vaihingen 数据集包含 33 张高分辨率航空遥感图像（大小各异，平均大小约为 2500×2000）。每个图像都有愤怒、红色和绿色三个波段。在数据集中，16 张标注数据用于训练，其余用于测试。标注数据包含 5 个类：不透水面、建筑物、低矮植被、树木和汽车。我们只使用具有多光谱信息的 IRRG 图像，而没有 DSM 信息。我们将训练数据拆分为训练集和验证集以进行实验，所有的训练数据都用于测试阶段的训练。 为进一步评估基于 AFS 模型的性能，我们用到的 Satellite Dataset I（global cities）数据集包含 204 张图像（512×512 像素，分辨率在 0.3m ～ 2.5m 之间）。

（2）细节

由于 GPU 的内存有限，我们使用重叠 50 像素的滑动窗口策略，裁剪大小为 256×256 的原始图像。为增大数据的多样性，以水平、垂直反射翻转和以 90°、180°、270° 旋转进行数据增强。实验以每类精度、平均交并比（MIoU）、平均 F1 值（F1）和整体精度（OA）来评估所提出方法的性能。实验硬件平台为 Intel Core 6 i7-7820X CPU 3.6 GHz，RTX 2080Ti GPU (11 G)。所有模型训练 70 轮，初始学习速率 0.01，每 20 轮训练后动态降低 1/10，动量和权重衰减分别设置为 0.9 和 5e-4，批次大小为 16。

2. 在 Vaihingen 数据集上的实验结果

为评估我们所提方法的有效性，通过实验对比我们所提方法与目前流行的分割网络。表 7-1 列出 Vaihingen 测试数据集的实验结果。所有模型都使用相同的策略进行训练。显然，我们提出的基于 AFS 的模型与基准模型相比结果更好。尤其是与 DeepLabV3 相比，DeepLabV3-AFS（32，4）MIoU 得到了更明显的改进，提升 1.09%，而且参数更少。此外，值得注意的是，小物体"汽车"可以实现约 4.3% 的大幅提升，这表明 AFS 模块可以实现自适应和有效地从多个感受野选择特征信息。同时，我们还注意到 PSPNet-AFS 得到了有效的改进，而 PSPNet-AFS(32,4) 获得的 MIoU、F1 值和总体精度分别增加了 0.44%、0.27% 和 0.24%。这一有竞争的实验结果进一步表明了我们方法的有效性和泛化性能。此外，与 PSPNet-AFS(8,1) 相比，我们用 8 个尺度的 PSPNet 来验证特征图数量的影响。我们所提

表 7-1　Vaihingen 数据集的五个类别的结果

Networks	#Param	Impervious surfaces	Buildings	Low vegetation	Trees	Cars	MIoU	F1	OA
U-Net	40.96 M	88.51%	92.62%	77.97%	87.49%	78.81%	74.56%	85.21%	86.90%
U-Net-AFS	33.84 M	88.93%	92.71%	78.99%	87.82%	79.59%	75.32%	85.74%	87.33%
PSPNet	29.81 M	88.80%	92.78%	77.92%	88.79%	78.91%	75.41%	85.80%	87.31%
PSPNet(8,1)	35.05 M	87.78%	93.48%	79.46%	87.71%	77.76%	75.24%	85.69%	87.27%
PSPNet-AFS(8,1)	34.93 M	88.54%	92.95%	81.06%	86.97%	79.00%	75.84%	86.06%	87.55%
PSPNet-AFS(16,2)	34.93 M	88.11%	93.32%	80.66%	88.29%	79.74%	75.84%	86.07%	87.52%
PSPNet-AFS(32,4)	34.93 M	88.36%	93.26%	80.60%	87.25%	79.46%	75.85%	86.07%	87.55%
DeepLabV3	55.24 M	88.38%	92.75%	78.45%	87.69%	76.80%	74.61%	85.24%	87.02%
DeepLabV3-AFS(8,1)	27.77 M	88.21%	92.87%	79.98%	87.34%	80.79%	75.55%	85.86%	87.31%
DeepLabV3-AFS(16,2)	27.77 M	88.34%	93.33%	79.67%	86.95%	80.41%	75.56%	85.88%	87.30%
DeepLabV3-AFS(32,4)	27.77 M	88.07%	93.13%	79.94%	87.61%	81.10%	75.70%	85.96%	87.39%

的方法不是用比以前更多的尺度特征来提高网络性能，不出所料，我们的方法比 PSPNet 有
0.4% 的 MIoU 改善，F1 值和总体精度分别提高了 0.37% 和 0.28%，这进一步证明了在航
空遥感图像中自适应特征选择模块的效率。此外，我们还进行了实验，进一步验证了基于
AFS 的模型的泛化性能。通过在 Vaihingen 数据集上使用 U-Net-AFS 的实验结果，可以发
现基于 AFS 的 U-Net 比传统的 U-Net 表现得更好。我们的方法将 MIoU 提高了 0.76%，F1
值提升 0.53%。

　　为了进一步证明结果的合理性，我们在表 7-2 中列出了目前最好的几个结果。我们所提
出的方法优于大多数最先进的网络。与 Lin 等人利用 ResNet101 作为编码主干网络相比，我
们的方法将 MIoU 和 F1 值分别提升约 4.6% 和 3.4%，这表明了基于 AFS 模型的显著性能。

表 7-2　在不同模型的测试性能　　　　　　　　　　　　　　　　（%）

Networks	MIoU	F1	OA
SANet-ResNet101	71.29	82.67	86.47
HSN + OI + WBP	×	83.41	85.39
SegNet	×	81.40	84.07
DenseU-Net	×	84.95	85.63
FPL	×	78.56	83.69
DeepLabV3-AFS(32,4)	75.70	85.96	87.39
PSPNet-AFS(32,4)	75.85	86.07	87.55

3. 在 WHU Building 数据集的实验结果

　　为了更好地验证基于 AFS 模型的性能，我们在 Satellite Dataset I (global cities) 数据集
上进行了实验。这里所有的模型都使用 ResNet18 主干编码进行预先训练。表 7-3 显示了在
WHU Building 数据集上不同尺度的分割模型的性能。从实验结果来看，一般的 PSPNet 和
DeepLabV3 在相同数量的尺度下得到的结果相对较差，这也进一步证明了我们方法的有效
性。此外，可以观察到，受到不同数据集的影响得到不同尺度的实验结果。也就是说，因
为我们的方法可以在不同的目标分割任务中基于多尺度的特征图自适应地提取有用信息，
所以采用自适应特征选择方法的分割模型比一般的模型表现更好。表 7-4 描述了模型中使
用不同注意力机制的比较。而在相同尺度下，PSPNet-AFS 通过使用 SE 模块比 PSPNet 取
得了更好的结果。尽管我们提出的模块与其他方法相比并没有显著提升，但在自适应特征
选择策略下，分割模型可以用更少的参数取得更好的性能，并有更强的泛化能力。

表 7-3　Satellite Dataset I (global cities) 数据集上不同尺度的实验结果

Networks	#Param	MIoU	F1	OA
U-Net	12.28 M	75.00%	85.22%	89.03%
U-Net-AFS	11.85 M	75.65%	85.66%	89.44%
PSPNet	30.34 M	72.07%	83.08%	87.82%
PSPNet(8,1)	37.16 M	72.26%	83.25%	87.81%
PSPNet(16,2)	37.16 M	71.98%	83.04%	87.61%
PSPNet-AFS	29.36 M	72.17%	83.15%	87.88%

（续）

Networks	#Param	MIoU	F1	OA
PSPNet-AFS(8,1)	29.19 M	72.37%	83.34%	87.72%
PSPNet-AFS(16,2)	29.19 M	72.25%	83.28%	87.50%
DeepLabV3	15.64 M	74.75%	85.03%	88.98%
DeepLabV3(32,4)	22.36 M	74.59%	84.94%	88.79%
DeepLabV3-AFS	15.24 M	75.23%	85.41%	89.04%
DeepLabV3-AFS(32,4)	21.47 M	75.05%	85.27%	88.96%

表 7-4　Satellite Dataset I（global cities）数据集上不同注意力机制的比较

Networks	#Param	MIoU	F1	OA
PSPNet-SE	30.34 M	72.18%	83.17%	87.80%
PSPNet(16,2)-SE	37.16 M	71.94%	83.01%	87.59%
PSPNet-AFS-SE	29.39 M	72.44%	83.34%	88.07%
PSPNet-AFS(16,2)-SE	29.20 M	72.26%	83.25%	87.70%
DeepLabV3-SE	18.85 M	74.85%	85.12%	88.94%
DeepLabV3(32,4)-SE	22.75 M	74.78%	85.05%	89.01%
DeepLabV3-AFS-SE	15.25 M	74.87%	85.14%	88.96%
DeepLabV3-AFS(32,4)-SE	21.48 M	75.06%	85.26%	89.10%

4. 可视化分析

如上所述，我们进行了大量的实验来验证我们所提出的方法的性能，我们的模型相对基准和现有的网络，以更少的参数获得更优的性能。为了更好地描述我方法的有效性，以 DeepLabV3-AFS、PSPNet-AFS、U-Net-AFS 及其基准在 Vaihingen 测试集上得到的预测结果进行可视化。

如图 7-11 所示，我们可以看到 DeepLabV3-AFS、PSPNet-AFS 和 U-Net-AFS 显著提高了预测结果。在图 7-11 的第一个样本中，传统的 PSPNet 和 DeepLabV3 无法有效地分割出线框中的阴影区域。而在图 7-11 的第二个样本中，可以看出测试集中有一些错误的标签数据。显然我们提出的 AFS 模块取得了比其他方法更好的结果。从图 7-11 中可见，由于训练集的错误标记数据问题，其他网络很难从图像中分类出"低矮植被"和"树木"，但我们的方法仍然完成相对较好的分割任务。

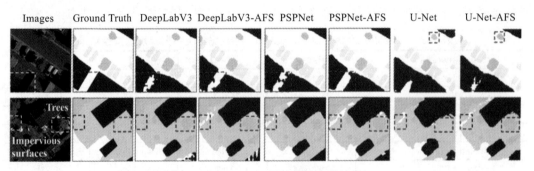

图 7-11　Vaihingen 测试集的视觉结果

7.3 基于 SU-SWA 的区域分割

我们首先介绍区域分割任务，对现行区域分割框架进行介绍与分析，最后详细地介绍改进的全卷积网络区域分割方法——基于动态权重平均策略的可分离卷积 UNet[128]（Separable-UNet with Stochastic Weights Averaging，SU-SWA）。

7.3.1 基于 SU-SWA 的区域分割任务分析

区域分割是指将图像中的特定区域（如病变区域）与正常区域进行像素级别的分类。区域分割任务的主要目的就是精确分割和定位，以便于后续的机器人控制或操作。

传统分割方法首先进行图像预处理来消除噪声（包括毛发、水泡等），以及增强目标（前景）与背景的对比度，以便进行后续的分割。然后进行人工特征选择，再通过图块、阈值以及聚类等方法进行分割。或者使用基于传统机器学习模型的方法对这些特征进行学习后再分割。传统分割方法需要人工设置很多参数进行特征提取，主观影响很大。

基于 FCN 的分割框架主要就是使用 FCN 模型进行端到端的训练与预测。FCN 总体可以分为以下两个部分。

①编码部分：使用卷积层和池化层等操作将图像映射成一个语义特征向量。

②解码部分：使用卷积层与上采样层等操作将语义特征向量映射成一个分割结果。

但是，现行的 FCN 模型在区域分割的精度上还是受到了一些限制，主要是 FCN 模型容易出现因为容易样本主导（Easy Example Dominant）的问题，从而出现过拟合现象。

7.3.2 基于 SU-SWA 的区域分割方法

接下来我们将详细讲述改进的全卷积网络区域分割方法——基于动态权重平均策略的可分离卷积 UNet。首先，我们介绍提出的可分离卷积 UNet。然后，介绍动态权重平均策略。最后，我们通过实验结果对提出的模型进行分析，并与其他分割方法进行比较。

我们提出的区域分割框架的主要步骤如图 7-12 所示，使用单个可分离卷积 UNet 模型分割病变区域。首先，对图像进行缩放，使用双线性插值法将图像缩小为 $192 \times 256 \times 3$。然后，使用训练后的模型将缩放后的图像转换为概率图。最后，使用后处理方法（缩放、阈值选择等）来获得分割结果。图 7-12 中虚线内的图像展示了可分离卷积 UNet 结构。256×2 代表通道数为 256 的解码器重复两次。CenterBlock 具有与 DecoderBlock 相同的结构，但是输入不同。

1. 可分离卷积 UNet

结合深度可分离卷积（Depthwise Separable Convolution，DSC）与 UNet 结构，我们提出了应用于区域分割的可分离卷积 UNet 模型。其中，DSC 结构如图 7-13 所示，包括 DSC 层、BN 层 (Batch-Normalization Layer) 以及激活函数层。首先，DSC 使用大小为 1×1 的卷积核来映射跨通道信息的相关性（Cross-Channel Correlation），此结构具有捕获上下文特征通道相关性的能力。其中的 BN 层可以加快模型收敛。激活函数 ReLU 可以赋予模型非线性映射能力。

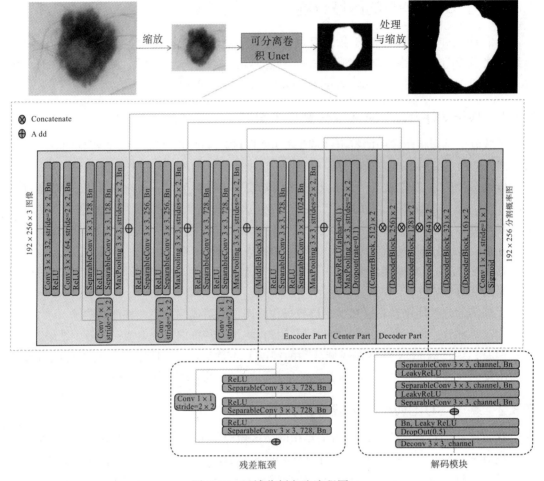

图 7-12　区域分割方法流程图

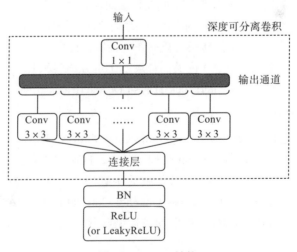

图 7-13　DSC 结构

DSC 结构相比于普通卷积结构，可以极大地减少计算量。模型的参数量与图像输入大小无关，层之间的输入与输出通道数和卷积核有关。假设有一层输入通道数为 10，输出通道数为 20，卷积核为 3×3，如使用正常卷积，忽略偏置带来的参数，这层的参数计算量为 $10 \times 3 \times 3 \times 20 = 1800$。因为输入数据被 20 个不同的 $10 \times 3 \times 3$ 大小的卷积核进行遍历操作。而在 DSC 里面参数计算量则为 $10 \times 3 \times 3 + 20 \times (10 \times 1 \times 1) = 290$，其中与 10 相乘的 1 是卷积核大小为 1 的卷积操作的参数量。因为，输入数据被 10 个不一样的 3×3 的卷积核遍历 1 次，然后生成 10 个特征图。最后 10 个特征图被 20 个 $8 \times 1 \times 1$ 卷积核遍历，生成 20 个特征图。UNet 结构主要是通过跳跃连接与对称结构连接浅层特征与深层特征，对特征信息进行重复利用，因此在数据量较少的图像分割任务中实现了不错的效果。

可分离卷积 UNet 结构总体分为 3 个部分：编码部分、中心部分、解码部分。首先，微调 Xception 网络的骨干结构让其作为编码部分，其中使用 DSC 模块作为基本卷积模块，每个 DSC 通过残差瓶颈（Residual Bottleneck）的方式进行互相连接。编码部分通过 DSC 和最大池化操作帮助模型获取更有语义信息的特征，并将 RGB 三通道图像转换为具有代表性的特征向量。然后，解码器的基础模块是解码模块（或称为解码器），如图 7-12 右下半部分所示。

解码模块使用低级位置信息和高级语义信息作为输入。解码模块使用 DSC 与上采样层逐渐将特征向量转换为分割概率图。中心部分的基础模块为中心块，其余解码器有着相同的结构，但只使用编码部分的输出作为输入。中心部分作为编码部分与解码部分的一个连接，其调整编码器输出的特征向量，使用编码部分与解码部分形成一个对称的结构，从而促进低级位置信息与深层语义信息之间的融合。图 7-13 中展示了每个层操作的卷积核大小、步长以及输出特征的通道数等详细信息。

2.动态权重平均（Stochastic Weights Averaging，SWA）

FCN模型常用的学习训练方案是划分数据集为训练集与验证集，选择在训练过程中验证集上性能最好的权重。这种学习方案在数据量较少的图像分割任务中会使得 FCN 模型出现过拟合现象，会对简单样本进行偏向。快速集成方法与快速几何集成（Fast Geometric Ensemble，FGE）都能缓解该问题，但是这些方法都需要更多的计算量。而 SWA 策略没有这个问题，研究者发现在训练周期结束时，模型的损失函数最小值将积累在损失较小表面的边缘。通过对每一轮训练周期结束时的几个点的权重进行平均，可以获得全局更优的权重。此方法通常以两种方法在模型中进行工作：

① 模型使用循环周期学习率（Cycle Leanring Rate）训练，然后对每个周期结束的权重进行动态平均，因为每个周期结束时的点是被视为局部最小值的点。因此，对多个不同的局部最小值的权重进行平均能够得到更好的全局最优性能。

② 模型使用一个非常小的常数作为学习率，进行训练最后几个周期，然后对这些权重进行平均。因为在进入收敛状态后，每一步都是一个局部最小点的值。如图 7-14 所示，此概念图将模型训练学习过程比作梯度下降法中经典的"下山问题"，展示了标准学习与 SWA 学习过程之间的差异。相比标准学习，使用循环学习率的 SWA 学习比使用常数学习率的 SWA 学习方法的性能更优。

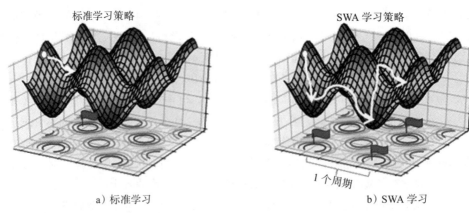

a) 标准学习   b) SWA 学习

图 7-14 标准学习与 SWA 学习的概念图

图 7-14a 为标准学习的随机梯度下降法（SGD）示意图，可以看出模型在训练结束后会收敛在一个局部最优点。图 7-14b 是 SWA 的 SGD 示意图，可以看出模型在训练中访问了多个局部最优点。图中的旗代表局部最优点。

3. 训练与测试细节

使用的标准学习方法、循环学习的 SWA 方法与常数学习率的 SWA 方法的不同，图 7-15 展示了这些学习策略的细节。标准学习通常将数据集划分为训练集和验证集。验证集用于监督模型每一轮训练完的性能，并在发现模型过拟合时停止训练过程。在实验过程中，标准学习需要训练 50 轮，将所有数据集遍历一次算一轮。我们用余弦退火的学习率策略来训练模型，最后保留在验证集上性能最优的权重。SWA 策略不需要用验证集来监督模型，而是通过将多个局部最优点的权重平均来避免过拟合情况。SWA 使用余弦退火先训练 25 轮，然后到达相对稳定的收敛状态。循环学习的 SWA 使用 5 个循环周期学习率将模型训练 5 个周期，每个周期为 5 轮，并在每个周期结束时平均权重。而常数学习率的 SWA 则使用 1e-4 的学习速率训练模型最后 5 轮，然后平均最后 5 轮的权重。

$$\partial(t) = \frac{\partial(0)}{2}\left(\cos\left(\frac{\pi \bmod(t-1, T//M)}{T//M}\right) + 1\right) \tag{7.8}$$

其中，$\partial(t)$ 是在 t 时刻的学习率，t 是轮次数量。T 是公共的训练迭代轮次，M 是周期数，$\partial(0)$ 是初试学习率，我们将其设定为 0.01。

我们使用批次大小为 16 的 NSGD 优化器来优化可分离卷积 UNet，训练 50 轮。所有图像都缩小至 $192 \times 256 \times 3$，由于图像数据集比较少，我们使用迁移学习策略，使用在 ImageNet 上训练过的 Xception 模型权重在训练开始时用作初始权重。图像增强方法使用了随机垂直翻转、水平翻转、旋转、平移以及网格扭曲等进行数据扩充。Bce_Dice_Loss 函数优化模型由二进制交叉熵损失函数（Bce）与筛子系数（Dice）函数构成。BCE 损失函数由 L_{BCE} 表示，Dice 损失函数由 L_D 表示，Bce_Dice_Loss 用 L 表示，可以得到如下定义：

$$L = L_D + L_{BCE} \tag{7.9}$$

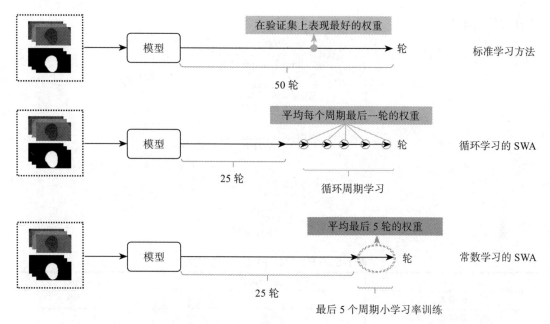

图 7-15 标准学习的 SWA、循环学习的 SWA 以及常数学习率的 SWA 学习的流程图

$$L_{\text{BCE}} = \sum\nolimits_{i,j} [t_{ij} \ln(p_{ij}) + (1 - t_{ij})(\ln(1 - p_{ij}))] \qquad (7.10)$$

$$L_{\text{D}} = \frac{2 \sum\nolimits_{i,j} t_{ij} p_{ij}}{\sum\nolimits_{i,j} t_{ij} + \sum\nolimits_{i,j} p_{ij}} \qquad (7.11)$$

其中，t_{ij} 是分割标记，$t_{ij}=1$ 是病变区域像素，$t_{ij}=0$ 是背景像素。p_{ij} 是 FCN 模型的预测。关于训练时间，因为缩放操作是在训练前完成的，所以训练过程中可以消除这样的重复操作，节省时间。在单个 12 GB NVIDIA GEFORCE 1080Ti GPU 的硬件状况下，对于 ISIC 2016 区域分割数据集训练时间仅需要 1.5 小时。对于 ISIC 2017 数据集仅需要 3 小时。在测试阶段，流程如图 7-12 所示。图像被缩放为 $192 \times 256 \times 3$，然后将调整大小后的图像输入可分离卷积 UNet。最后，采取阈值选择与补洞算法对结果进行优化，将分割结果调整为输入图像大小来产生最终的分割结果。

7.3.3 基于 SU-SWA 的区域分割应用实践

1. 性能评估指标

我们使用的指标是在 ISIC 2016 与 ISIC 2017 挑战赛中的建议指标，包括像素级别的精度（Accuracy，ACC）、灵敏度（Sensitivity，SEN）、特异性（Specificity，SPE）、骰子系数（Dice Coefficient，DIC）和杰卡德系数（Jaccard Index，JAI），都用于比较模型之间的性能。TP、TN、FP、FN 分别指真阳、真阴、假阳以及假阴，其中含义如表 7-5 所示。更多的评价指标如 AUC（Area Under the Curve）与 PR（Precision-Recall）等也用于评估我们的模型。

指标的公式如下：

$$ACC = \frac{TP+TN}{TP+TN+FP+FN}$$ （7.12）

$$SEN = \frac{TP}{TP+FN}$$ （7.13）

$$SPE = \frac{TN}{TN+FP}$$ （7.14）

$$DIC = \frac{2TP}{2TP+FN+FP}$$ （7.15）

$$JAI = \frac{TP}{TP+FN+FP}$$ （7.16）

表 7-5　TP、TN、FP、FN 的定义

	标注像素 = 前景	标注像素 = 背景
分割结果像素 = 前景	TP	FP
分割结果像素 = 背景	FN	TN

在 ISIC 2016 与 ISIC 2017 分割数据集上进行实验，使用官方测试集验证。由于 PH2 数据集的收集者没有划分训练集和测试集，因此，我们使用 5 折交叉验证法（5-Fold Cross Validation）实现模型在 PH2 数据集上的公平和方便的验证。K 折交叉验证法已经广泛应用于分割数据集的评估中，例如 STARE 视网膜血管分割数据集的评估。具体来说，将数据集拆分为 5 个未重叠的子数据集，并评估模型 5 次。每次评估都是用其中 4 个子数据集训练模型，剩下的数据集用于测试。

2. SU-SWA 消融实验结果

为验证各个关键模块的有效性，对提出的 SU-SWA 的关键组件部分，即网络结构、学习策略和后处理算法进行消融实验。在每个比较实验中，仅一个组件被替代，而其他组件保持不变。消融实验在 ISIC 2017 的区域分割数据集上进行，因为其是现行最具有挑战性的公开数据集。评价指标包括 ACC、SEN、SPE、SIC 以及 JAI。

（1）网络结构消融实验

我们比较了 3 个不同网络模型的分割性能，UNet 使用普通卷积模块的 SU-SWA（Separable-UNet with Common Convolution Block，SU-SWA-CCB）和我们提出的 SU-SWA (Separable-UNet with Depthwise Separable Convolution Block，为了体现出与 SU-SWA-CCB 的区别，将其简称为 SU-SWA-DSCB）。同时，因为 SU-SWA-DSCB 可以使用 ImageNet 预训练权重（因为在这个结构里面，使用的 Xception 结构预训练权重已经被 Keras 框架提供），而 SU-SWA-CCB 没有预训练权重。因此，还比较了没有使用预训练权重的 SU-SWA-DSCB 的性能。如表 7-6 所示，相比于 SU-SWA-CCB，SU-SWA-DSCB 的 DIC 与 JAI 值分别从 0.843 7 与 0.762 1 提高到 0.853 3 与 0.772 7。这个结果表明了 DSCB 比 CCB 更适合区域

分割任务。以上比较还说明，使用预训练权重的 SU-SWA-DSCB 比没有使用预训练权重的 SU-SWA-DSCB 的分割性能更优，这可以归因于迁移学习使模型更具有泛化性能。

表 7-6　不同网络结构的比较结果

网络结构	ACC	DIC	JAI	SEN	SPE
UNet	0.899 3	0.803 4	0.722 4	0.780 0	0.943 0
SU-SWA-CCB	0.930 7	0.843 7	0.762 1	0.845 8	0.965 6
SU-SWA-DSCB	0.933 9	0.853 3	0.772 7	0.863 1	0.953 4
SU-SWA-DSCB（预训练）	0.943 1	0.869 3	0.792 6	0.895 3	0.963 7

图 7-16 和图 7-17 是不同模型得出的分割结果对比。图 7-17 是不同模型在容易样本上的分割结果，其中在处理容易样本时，不同模型的分割性能都比较不错。图 7-18 所示的是在数据集中难例样本的分割结果，其中可以明显看出 SU-SWA-DSCB（预训练）明显在难例样本中的分割效果更好。故表 7-6 中的 SU-SWA-DSCB（预训练）相比其他模型的提升，主要是在难例样本分割中的表现更好。图 7-18 为模型中不同层的类激活映射图，其展示的结果与 CCB 相比，DSCB 对难例有着更强的语义特征获取能力。从图 7-18 可以看出，底部

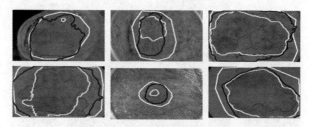

图 7-16　ISIC 2017 分割数据集上难例样本的分割结果

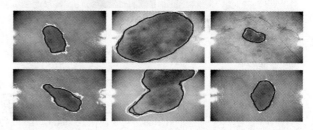

图 7-17　ISIC 2017 分割数据集上容易样本的分割结果

Decoderblock（256）可以提供模型大部分语义与位置信息，Decoderblock（32）则能帮助模型分割病灶边缘。

（2）学习策略消融实验

我们比较了前面提到的 3 种学习策略，包括标准学习策略、使用循环学习的 SWA 策略、使用常数学习率的 SWA 策略。使用标准学习策略训练模型需要验证集来监督模型，因此我们随机将 ISIC 2017 分割数据集中 2000 张官方训练集划分为训练集与验证集。

表 7-7 展示了与使用标准学习策略的相应模型相比，SWA 训练策略能够使模型获得更高的分割性能。具体来说，使用常数学习率的 SWA 策略比使用循环学习的 SWA 策略的性能更优。

图 7-19 中展示了 SU 模型使用此 3 个不同学习策略时的可视化效果，可以看出，具有标准学习策略的模型在背景下对高对比度区域进行了过度拟合，而具有持续学习策略的 SWA 使模型对区域分割有着更好的泛化性能。如图 7-19a 所示，使用标准学习策略时，模型容易对与区域特别相似的地方产生过拟合现象，而使用 SWA 策略时，则能分割出敏感区

域与背景。

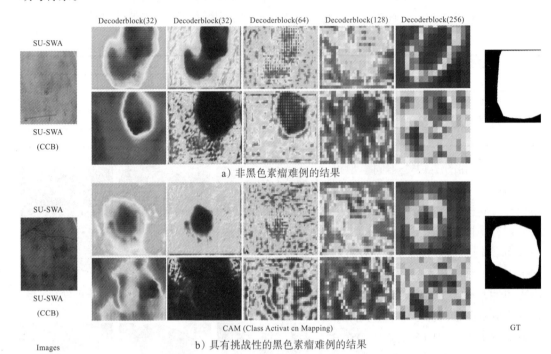

图 7-18 SU-SWA 和 SU-SWA-CCB 不同层的 CAM(类激活映射) 结果的可视化

表 7-7   不同网络结构的比较结果

学习策略	网络结构	ACC	DIC	JAI	SEN	SPE
标准学习	UNet	0.894 3	0.797 3	0.701 8	0.762 0	0.942 1
	SU-CCB	0.926 1	0.821 6	0.732 6	0.771 3	0.982 7
	SU	0.927 5	0.835 8	0.748 5	0.806 5	0.978 1
	SU（预训练）	0.935 9	0.854 1	0.773 0	0.848 9	0.966 3
循环学习的 SWA 策略	UNet	0.897 9	0.800 1	0.712 4	0.772 0	0.939 6
	SU-CCB	0.927 4	0.835 9	0.747 4	0.851 0	0.954 6
	SU	0.932 9	0.847 1	0.764 5	0.840 8	0.966 9
	SU（预训练）	0.938 9	0.860 0	0.782 1	0.856 7	0.967 8
常数学习率的 SWA 策略	UNet	0.899 3	0.803 4	0.722 4	0.780 0	0.943 0
	SU-CCB	0.930 7	0.843 7	0.762 1	0.845 8	0.965 6
	SU	0.933 9	0.853 3	0.772 7	0.863 1	0.953 4
	SU（预训练）	0.943 1	0.869 3	0.792 6	0.895 3	0.963 2

（3）后处理算法消融实验

对两种常用于处理 SU-SWA 输出的后处理算法进行比较，包括填洞法（Filling In The Hole，FITH）与膨胀操作。FITH 操作是为了填充病灶二值图像中的孔洞。膨胀操作则是用于扩大前景的一种形态学操作，膨胀操作核决定输入图像的效果。在此处使用的膨胀操作核形状如图 7-20 中的结构元素 A（Structural Element A）所示。

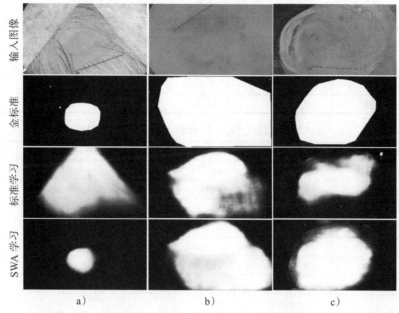

图 7-19　不同学习方案产生的一些具有挑战性的分割结果

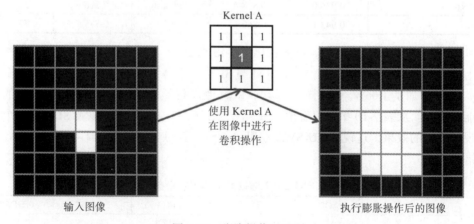

图 7-20　膨胀操作过程图

后处理操作性能比较结果如表 7-8 所示，用填洞操作能够得到最好的分割性能，其实现了 0.943 1 的 ACC 值、0.869 3 的 DIC 值以及 0.792 6 的 JAI 值。而当使用膨胀操作时，与不使用后处理操作的分割结果相比，ACC 值减少了 0.32%，DIC 值减少了 0.53%，JAI 值减少了 1.14%。

3. 在 ISIC 2017 数据集上的性能对比

我们对 ISIC 2017 分割挑战赛的前五名的方法，与其他已经发表了的方法进行了比较。表 7-9、表 7-10 以及表 7-11 分别比较了不同方法在所有样本、黑色素瘤样本以及非黑色素瘤样本中的性能对比。

表 7-8   使用不同后处理方法的比较结果

后处理操作	ACC	DIC	JAI	SEN	SPE
不使用处理操作	0.941 9	0.862 1	0.783 0	0.880 8	0.961 2
填洞操作	0.943 1	0.869 3	0.792 6	0.895 3	0.963 2
膨胀操作	0.938 7	0.856 8	0.771 6	0.902 3	0.954 4
填洞 + 膨胀操作	0.939 7	0.860 3	0.772 9	0.901 2	0.956 3

表 7-9   在 ISIC 2017 数据集上所有样本的比较

方法	ACC	DIC	JAI	SEN	SPE
Team-Mt.Sinal（第一名）	0.934 0	0.849 0	0.765 0	0.825 0	0.975 0
Team-NLP LOGIX（第二名）	0.932 0	0.847 0	0.762 0	0.820 0	0.978 0
Team-BMIT（第三名）	0.934 0	0.844 0	0.760 0	0.802 8	0.985 0
Team-BMIT（第四名）	0.934 0	0.842 0	0.758 0	0.801 0	0.984 0
Team-RECOD（第五名）	0.931 0	0.839 0	0.754 0	0.817 0	0.970 0
MSCA	0.831 2	0.587 1	0.479 3	0.545 9	0.926 9
SSLS	0.839 2	0.574 9	0.447 7	0.462 9	0.994 0
FRCN	0.940 3	0.870 8	0.771 1	0.854 0	0.966 9
DCL-PSI	0.940 8	0.856 6	0.777 3	0.862 0	0.967 1
SLS-Deep	0.936 0	0.878 0	0.782 0	0.816 0	0.983 0
SU-SWA	0.943 1	0.869 3	0.792 6	0.895 3	0.863 2

从表 7-9 可以看出，与 SLS-Deep 相比（在 ISIC 2017 分割挑战赛上，是以 JAI 值进行排名），我们提出的 SU-SWA 在 ACC、JAI 与 SEN 这几个指标上是更高的，ACC 提高了0.71%，JAI 增加了 1.06%。特别可以看出，SEN 值提高了 7.93%，这说明我们提出的方法分割能力更好。从表 7-10 中可以看出，SU-SWA 在 ACC、DIC、JAI 以及 SEN 这几个指标上实现了最好的效果，这说明 SU-SWA 在黑色素瘤案例与非黑色素瘤样本中的分割效果都是不错的。

表 7-10   在 ISIC 2017 数据集上非黑色素瘤样本的比较

方法	ACC	DIC	JAI	SEN	SPE
Team-Mt.Sinal（第一名）	0.941 8	0.858 1	0.777 8	0.838 5	0.976 9
Team-NLP LOGIX（第二名）	0.942 3	0.860 7	0.780 2	0.839 9	0.979 3
Team-BMIT（第三名）	0.943 4	0.855 0	0.776 0	0.818 5	0.985 7
Team-BMIT（第四名）	0.943 1	0.853 8	0.774 5	0.818 1	0.985 4
Team-RECOD（第五名）	0.940 2	0.851 1	0.770 0	0.834 6	0.970 4
MSCA	0.854 2	0.591 7	0.465 4	0.481 7	0.993 7
SSLS	0.839 2	0.574 9	0.447 7	0.462 9	0.994 0
DCL-PSI	0.950 5	0.866 3	0.790 7	0.875 4	0.973 5
SU-SWA	0.950 7	0.876 0	0.798 6	0.906 1	0.968 0

表 7-11 在 ISIC 2017 数据集黑色素瘤样本的比较

方法	ACC	DIC	JAI	SEN	SPE
Team-Mt.Sinal（第一名）	0.899 6	0.810 4	0.712 0	0.769 9	0.968 8
Team-NLP LOGIX（第二名）	0.890 3	0.790 7	0.688 2	0.737 5	0.975 2
Team-BMIT（第三名）	0.896 4	0.796 2	0.692 8	0.734 0	0.979 9
Team-BMIT（第四名）	0.895 6	0.794 8	0.690 6	0.732 6	0.979 7
Team-RECOD（第五名）	0.893 7	0.790 8	0.687 8	0.743 5	0.966 6
MSCA	0.787 0	0.514 9	0.404 6	0.442 7	0.942 7
SSLS	0.777 3	0.505 5	0.374 3	0.385 8	0.995 2
FRCN	0.907 8	0.840 2	0.724 4	0.789 1	0.960 4
DCL-PSI	0.900 8	0.816 5	0.721 8	0.806 7	0.940 7
SU-SWA	0.913 7	0.842 4	0.754 5	0.844 0	0.963 7

4. 在 ISIC 2016 数据集上的性能对比

我们展示了在 ISIC 2016 分割数据集上的性能比较，包括了在 ISIC 2016 分割挑战赛上前五名的方法以及其他发表在文献上的方法。表 7-12、表 7-13、表 7-14 分别展示了在所有样本、黑色素瘤样本以及非黑色素瘤样本的比较。

表 7-12 在 ISIC 2016 数据集所有样本的比较

方法	ACC	DIC	JAI	SEN	SPE
Team-EXB（第一名）	0.953 0	0.910 0	0.843 0	0.910 0	0.965 0
Team-CUMED（第二名）	0.949 0	0.897 0	0.829 0	0.911 0	0.957 0
Team-Rahman（第三名）	0.952 0	0.895 0	0.822 2	0.880 0	0.969 0
Team-SFU（第四名）	0.944 0	0.885 0	0.811 1	0.915 0	0.955 0
Team-TMU（第五名）	0.946 0	0.888 0	0.811 0	0.832 0	0.987 0
MSCA	0.856 8	0.758 8	0.661 9	0.783 0	0.913 1
FCN	0.941 3	0.886 4	0.813 7	0.917 0	0.949 0
MFCN	0.955 1	0.911 8	0.846 4	0.921 7	0.965 4
J-FCN	0.955 0	0.912 0	0.847 0	0.918 0	0.966 0
DCL-PSI	0.957 8	0.917 7	0.859 2	0.931 1	0.960 5
SLS-Deep	0.984 0	0.955 0	0.913 0	0.945 0	0.992 0
SU-SWA	0.971 6	0.930 3	0.892 5	0.947 0	0.956 0

从表 7-13、表 7-14 可以看出，我们提出的 SU-SWA 在黑色素瘤与非黑色素瘤样本中与其他算法相比，非黑色素瘤的样本的 JAI 增加了约 3.04%，黑色素瘤样本的 JAI 增加了 0.93%。从表 7-11 可以看出，SU-SWA 的 SEN 值是最高的，其他的指标均排名第二，仅次于 SLS-Deep 方法。

表 7-13　在 ISIC 2016 数据集黑色素瘤样本的比较

方法	ACC	DIC	JAI	SEN	SPE
Team-EXB（第一名）	0.932 3	0.901 1	0.829 4	0.905 7	0.938 4
Team-CUMED（第二名）	0.932 1	0.899 8	0.829 0	0.924 7	0.923 4
Team-Rahman（第三名）	0.932 2	0.899 3	0.826 5	0.887 2	0.944 4
Team-SFU（第四名）	0.921 9	0.894 4	0.818 8	0.911 6	0.941 3
Team-TMU（第五名）	0.934 3	0.896 8	0.823 1	0.846 2	0.974 8
MSCA	0.850 2	0.790 0	0.686 8	0.771 2	0.920 1
SSLS	0.786 7	0.665 5	0.525 9	0.585 8	0.979 4
FCN	0.923 9	0.885 6	0.813 3	0.938 3	0.909 8
MFCN	0.947 0	0.920 3	0.858 4	0.943 4	0.938 9
DCL-PSI	0.942 9	0.917 2	0.856 2	0.937 7	0.930 5
SU-SWA	0.954 4	0.925 5	0.865 5	0.959 0	0.923 4

表 7-14　在 ISIC 2016 数据集非黑色素瘤样本的比较

方法	ACC	DIC	JAI	SEN	SPE
Team-EXB（第一名）	0.957 8	0.911 8	0.846 4	0.911 2	0.972 2
Team-CUMED（第二名）	0.953 0	0.896 8	0.829 5	0.908 2	0.965 5
Team-Rahman（第三名）	0.957 0	0.894 4	0.820 4	0.878 4	0.975 1
Team-SFU（第四名）	0.949 3	0.883 2	0.808 8	0.915 5	0.958 2
Team-TMU（第五名）	0.948 7	0.885 8	0.807 3	0.828 9	0.990 4
MSCA	0.858 4	0.751 1	0.655 7	0.785 9	0.911 4
SSLS	0.861 5	0.708 1	0.583 4	0.728 7	0.971 5
FCN	0.945 5	0.886 6	0.813 8	0.971 7	0.958 7
MFCN	0.957 1	0.909 7	0.843 4	0.916 3	0.972 0
DCL-PSI	0.961 5	0.917 8	0.856 0	0.929 5	0.967 9
SU-SWA	0.975 5	0.936 3	0.896 4	0.941 0	0.965 1

5. 在 PH2 数据集上的性能对比

我们展示了在 PH2 分割数据集上的性能比较，包括在 PH2 验证过的现行分割性能很好的方法。表 7-15、表 7-16、表 7-17 分别展示了在所有样本、黑色素瘤样本、非黑色素瘤样本上与其他方法比较的结果。可以看出，相比于第二优的模型，SU-SWA 在 PH2 数据集所有样本中的 JAI 值增加了约 3.5%，非黑色素瘤样本中的 JAI 值增加了约 3.83%，黑色素瘤样本中的 JAI 值增加了约 2.35%。

表 7-15　在 PH2 数据集所有样本的比较

方法	ACC	DIC	JAI	SEN	SPE
SCDRR	—	0.860 0	0.760 0	—	—
DT	0.896 6	—	—	0.802 4	0.972 2
JCLMM	—	0.828 5	—	—	—
MSCA	0.887 5	0.815 7	0.723 3	0.798 7	0.955 7

（续）

方法	ACC	DIC	JAI	SEN	SPE
SSLS	0.848 5	0.783 8	0.681 6	0.753 2	0.981 8
FCN	0.934 8	0.893 8	0.821 5	0.931 4	0.930 0
MFCN	0.942 4	0.906 6	0.839 9	0.948 9	0.939 8
J-FCN	—	0.915 0	—	—	—
FRCN	0.950 8	0.917 7	0.847 9	0.937 2	0.950 5
DCL-PSI	0.953 0	0.921 0	0.859 0	0.962 3	0.945 2
SU-SWA	0.966 9	0.941 3	0.894 0	0.965 1	0.952 6

表 7-16　在 PH2 数据集黑色素瘤样本的比较

方法	ACC	DIC	JAI	SEN	SPE
DT	0.661 5	—	—	0.540 4	0.959 7
MSCA	0.683 1	0.657 7	0.541 3	0.562 5	0.924 9
SSLS	0.571 6	0.530 0	0.387 3	0.407 4	0.986 7
FCN	0.882 5	0.898 1	0.827 2	0.913 9	0.881 6
MFCN	0.887 8	0.902 5	0.833 5	0.918 8	0.894 2
FRCN	0.946 4	0.929 2	0.867 7	0.915 7	0.965 8
DCL-PSI	0.900 5	0.914 4	0.853 3	0.927 0	0.891 9
SU-SWA	0.930 7	0.937 2	0.876 8	0.966 5	0.861 9

表 7-17　在 PH2 数据集非黑色素瘤样本的比较

方法	ACC	DIC	JAI	SEN	SPE
DT	0.937 4	—	—	0.867 9	0.974 7
MSCA	0.938 6	0.855 2	0.768 8	0.857 8	0.963 3
SSLS	0.817 7	0.847 2	0.755 2	0.839 6	0.980 5
FCN	0.947 9	0.892 7	0.820 1	0.948 3	0.942 2
MFCN	0.956 1	0.907 7	0.841 5	0.951 2	0.956 1
FRCN	0.952 0	0.913 8	0.841 3	0.944 8	0.954 6
DCL-PSI	0.966 1	0.922 6	0.860 5	0.971 1	0.958 5
SU-SWA	0.976 0	0.942 3	0.898 8	0.964 7	0.975 2

6. 单张图像分割速度对比

接下来我们对比分割速度。使用 ISIC 2016 数据集的平均单张测试速度作为对比指标。整个单张图像分割过程的平均时间通过以下公式获取：

$$T_{avg} = (T_{prep} + T_{pred} + T_{posp}) / num \tag{7.17}$$

其中，T_{avg} 是平均单张图像分割时间，T_{prep} 是总共的图像处理时间，包括图像读取、缩放以及其他操作。T_{pred} 是指模型总共的推断时间。T_{posp} 是总共的后处理时间，包括图像记录、缩放和其他操作，num 是总共的图片数量。表 7-18 结果说明，我们提出的 SU-SWA 比 J-FCN 与 SLS-Deep 等深度学习模型要快，我们将其归因于更少的后处理方法与更小的图像输入。SU-SWA 比 SU-SWA-CCB 要快则归因于模型参数更少。

表 7-18 单张图像分割速度的比较

方法	时间	后处理	图像大小	模型参数	配置
J-FCN	2 秒	多项后处理操作	$192 \times 256 \times 3$	-	Inter(R) i7-6700 3.4 GHz CPU NVIDIA GeForce GTX 1060
SLS-Deep	1.132 秒	5 个尺度的预测	$384 \times 384 \times 3$	4.67×10^{7}	Inter(R) i7-6800 3.4 GHz CPU NVIDIA GeForce GTX 1080TI
SU-SWA-CCB	0.071 秒	填洞操作	$192 \times 256 \times 3$	1.57×10^{8}	
SU-SWA	0.044 秒	填洞操作	$192 \times 256 \times 3$	1.94×10^{7}	

7. 讨论与结果分析

从以上的实验结果说明，SU-SWA 在三个公共数据集中实现了最先进的分割性能。这归因于两个原因：

① SU 结构强大，其中的深度可分离卷积单元可以从图像中获取更多关于特征通道关联的信息。

② 动态权重平均策略能够使基于深度学习的区域分割模型有更好的泛化性能。此外，在单张图像分割速度方面，SU-SWA 与其他基于深度学习方法相比速度更快，平均 0.05 秒每张。这是因为其提出的框架中只需要较小的图像、更少的后处理步骤、轻量级的模型以及更好的硬件配置（如表 7-18 所示）。

传统分割方法（如 MSCA、SSLS、JCLMM 与 DT）在区域分割中有很大的限制，尤其是对黑色素瘤病例的分割性能极差。在表 7-16 中，对于非黑色素瘤样本的分割精度 ACC 超过了 80%，大部分达到了 90%；而在表 7-17 中，对于黑色素瘤样本的分割精度 ACC 少于 65%。其归因于这些方法只使用了浅层的外观特征信息，导致对不同的数据集通用性能差。

而基于深度学习或说基于 FCN 的方法（如 J-FCN 与 M-FCN）比传统方法性能更好。因为 FCN 框架可以从图像中学习到更多的高级语义信息，并且能够充分利用高级语义信息与低级的位置信息。我们提出的 SU-SWA 在 ISIC 2016 与 ISIC 2017 数据集上的分割性能比这些方法效果更好，我们将其归因于这些方法没有很好地解决深度学习方法在有限的数据集中的过拟合问题。

DCL-PSI 和 SLS-Deep 在三个公共数据集中实现的性能与我们提出的 SU-SWA 方法性能相近。DCL-PSI 模型的作者通过观察认为基于深度学习的模型很容易对非黑色素瘤图像产生过拟合现象，进而对所有的图像产生一个次优的性能。因此，他们提出了一种方法，即采用三个基于 FCN 的模型来分别学习和预测非黑色素瘤、黑色素瘤与所有图像。然后使用逐像素级别的融合策略产生最后的分割结果，SLS-Deep 的作者则是通过设计一个强大的 FCN 模型，使用膨胀卷积和金字塔池化模块组成，然后通过多尺度预测对区域进行分割。与这两个方法不同，我们提出的方法认为过拟合的问题是模型陷入了局部最优的困境，所以提出强大的模型与动态权重平均的方法来解决它。SU 通过 DSCB 可以捕获特征上下文通道之间的关联性，然后通过在训练中对多个局部最优点进行平均来帮助模型获得更好的泛化能力。SLS-Deep 在 ISIC 2016 数据集上获得了最佳的性能（见表 7-9），而在 ISIC 2017

数据集上却比我们提出的 SU-SWA 方法分割性能更差。这说明了，SLS-Deep 在更具有挑战性的 ISIC 2017 数据集上的鲁棒性不强。而我们的方法则优于 ISIC 2017 数据集上其他的方法，而且在 3 个数据集上的稳定表现说明，SU-SWA 具有很强的鲁棒性。

根据实验结果发现，如果使用 0.5 作为阈值来生成最后的二值图像会导致分割结果不足。因此，我们选择使用较低的阈值。同时，膨胀操作会让 SU-SWA 的分割性能略有下降，我们将其归因于 SU-SWA 模型已经足够强壮，能够获得很精细的边界分割效果，而膨胀操作只能起到一起优化边界的效果。所以，膨胀操作会导致大多数图像过度分割。因此，SU-SWA 除了填洞与缩放操作之外，不适用其他后处理操作。通过简化后处理方法，降低了整体的计算复杂性。

此外，除了 ISIC 挑战赛官方建议的指标 ACC、DIC 与 JAI 值外，我们还提供了 AUC 与 PR 值等指标，方便其他方法与我们提出的 SU-SWA 方法进行比较。如图 7-21 所示，SU-SWA 在这三个公共数据集的不同样本中都能达到 93% 以上的性能。

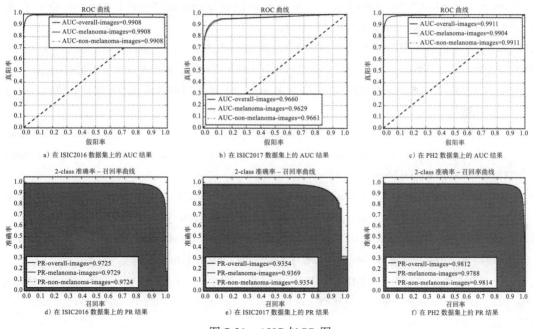

图 7-21　AUC 与 PR 图

7.4　本章小结

本章概述了基于深度学习的图像分割算法，主要对我们提出的 SU-SWA 方法进行了详细介绍，包括网络结构和学习策略等主要内容。然后通过消融实验对提出的不同策略的有效性进行了验证。最后通过与其他方法的对比说明了 SU-SWA 的有效性与优越性。

参 考 文 献

[1] LECUN Y, BOTTOU L, BENGIO Y, et al. Gradient-based learning applied to document recognition[J]. Proceedings of the IEEE, 1998, 86(11): 2278-2324.

[2] KRIZHEVSKY A, SUTSKEVER I, HINTON G E. ImageNet classification with deep convolutional neural networks[C]//Proceedings of the International Conference on Neural Information Processing Systems, Lake Tahoe. 2012, 1(12):1097-1105.

[3] 葛俏. 基于轻量化网络与嵌入式平台的喷码识别系统研究 [D]. 长沙：湖南大学, 2021.

[4] 彭建忠. 基于深度学习的饮品包装喷码字符缺陷检测研究 [D]. 长沙：湖南大学, 2021.

[5] 艾梦琴, 陶青川. 基于 MobileNet 模型的钢材表面字符检测识别算法 [J]. 现代计算机, 2020 (3):73-78.

[6] SINGH C K, GANGWAR V K, SINGH H V, et al. Deep capsule network based automatic batch code identification pipeline for a real-life industrial application[C]//Proceedings of the International Joint Conference on Neural Networks, Budapest. 2019:1-9.

[7] LI H, WANG P SHEN C H. Toward end-to-end car license plate detection and recognition with deep neural networks[J]. IEEE transactions on intelligent transportation systems, 2019, 20(3):1126-1136.

[8] HAN S, MAO H, DALLY W J. Deep compression: compressing deep neural networks with pruning, trained quantization and Huffman coding[J]. Fiber, 2015, 56(4):3-7.

[9] REDMON J, DIVVALA S, GIRSHICK R, et al. You Only Look Once: uznified real-time object detection[C]// Proceedings of the IEEE Conference on Computer Vision and Pattern Recognition, Las Vegas. 2016:779-788.

[10] SAMANTA D, CHAUDHURY P P, GHOSH A. Scab diseases detection of potato using image processing[J]. International journal of computer trends and technology, 2012, 3(1): 109-113.

[11] 赵川源, 何东健, 乔永亮. 基于多光谱图像和数据挖掘的多特征杂草识别方法 [J]. 农业工程学报, 2013, 29(2): 192-198.

[12] 张建华, 孔繁涛, 吴建寨, 等. 基于改进 VGG 卷积神经网络的棉花病害识别模型 [J]. 中国农业大学学报, 2018, 23(11): 161-171.

[13] 尹晔, 尚媛园, 邵珠宏, 等. 基于迁移学习的甜菜褐斑病识别方法 [J]. 计算机工程与设计, 2018, 39(9): 2748-2752.

[14] 张雪芹, 陈嘉豪, 诸葛晶晶, 等. 基于深度学习的快速植物图像识别 [J]. 华东理工大学学报 (自然科学版), 2018, 44(6): 887-895.

[15] HU J, CHEN Z, YANG M, et al. A multiscale fusion convolutional neural network for plant leaf recognition[J]. IEEE signal processing letters, 2018, 25(6): 853-857.

[16] 项韶. 基于多模型融合的计算机辅助植物病害诊断研究 [D]. 长沙：湖南大学 , 2020.

[17] IOFFE S, SZEGEDY C. Batch normalization: accelerating deep network training by reducing internal covariate shift[C]//International Conference on Machine Learning, PMLR. 2015: 448-456.

[18] NEUMANN L, MATAS J. A method for text localization and recognition in real-world images[C]// Asian Conference on Computer Vision. Berlin: Springer, 2010: 770-783.

[19] NEUMANN L, MATAS J. Real-time scene text localization and recognition[C]//2012 IEEE Conference on Computer Vision and Pattern Recognition. New York: IEEE, 2012: 3538-3545.

[20] YIN X C, YIN X, HUANG K, et al. Robust text detection in natural scene images[J]. IEEE transactions on pattern analysis and machine intelligence, 2013, 36(5): 970-983.

[21] SUN L, HUO Q. A component-tree based method for user-intention guided text extraction[C]// Proceedings of the 21st International Conference on Pattern Recognition. 2012.

[22] EPSHTEIN B, OFEK E, WEXLER Y. Detecting text in natural scenes with stroke width transform[C]//2010 IEEE Computer Society Conference on Computer Vision and Pattern Recognition. New York: IEEE, 2010: 2963-2970.

[23] KIM K I, JUNG K, KIM J H. Texture-based approach for text detection in images using support vector machines and continuously adaptive mean shift algorithm[J]. IEEE transactions on pattern analysis and machine intelligence, 2003, 25(12): 1631-1639.

[24] YE J, HUANG L L, HAO X L. Neural network based text detection in videos using local binary patterns[C]//2009 Chinese Conference on Pattern Recognition. New York: IEEE, 2009: 1-5.

[25] LEE J J, LEE P H, LEE S W, et al. Adaboost for text detection in natural scene[C]//2011 International Conference on Document Analysis and Recognition. New York: IEEE, 2011: 429-434.

[26] SHI B, WANG X, LYU P, et al. Robust scene text recognition with automatic rectification[C]// Proceedings of the IEEE Conference on Computer Vision and Pattern Recognition. New York: IEEE, 2016: 4168-4176.

[27] ZHANG C, LIANG B, HUANG Z, et al. Look more than once: an accurate detector for text of arbitrary shapes[C]//Proceedings of the IEEE/CVF Conference on Computer Vision and Pattern Recognition. New York: IEEE, 2019: 10552-10561.

[28] CHEN X, YUILLE A L. Detecting and reading text in natural scenes[C]//Proceedings of the 2004 IEEE Computer Society Conference on Computer Vision and Pattern Recognition. New York: IEEE, 2004, 2: I-II.

[29] LECUN Y, BOTTOU L, BENGIO Y, et al. Gradient-based learning applied to document recognition[J]. Proceedings of the IEEE, 1998, 86(11): 2278-2324.

[30]   JADERBERG M, VEDALDI A, ZISSERMAN A. Deep features for text spotting[C]//European Conference on Computer Vision. Cham: Springer, 2014: 512-528.

[31]   SU B, LU S. Accurate scene text recognition based on recurrent neural network[C]//Asian Conference on Computer Vision. Cham: Springer, 2014: 35-48.

[32]   SHI B, BAI X, BELONGIE S. Detecting oriented text in natural images by linking segments[C]// Proceedings of the IEEE Conference on Computer Vision And Pattern Recognition. New York: IEEE, 2017: 2550-2558.

[33]   YIN F, WU Y C, ZHANG X Y, et al. Scene text recognition with sliding convolutional character models[EB]. arXiv preprint arXiv, 2017:1709.01727.

[34]   SHI B G, BAI X, YAO C. An end-to-end trainable neural network for image-based sequence recognition and its application to scene text recognition[J]. IEEE transactions on pattern analysis and machine intelligence, 2017, 39(11):2298-2304.

[35]   金晶. 自然场景下基于分割的文本检测与文本序列识别 [D]. 长沙：湖南大学 , 2020.

[36]   TIAN Z, HUANG WL, HE T, et al. Detecting text in natural image with connectionist text proposal network[C]//Proceedings of the european conference on computer vision, amsterdam. 2016:56-72.

[37]   王斌 , 宋树祥 , 王宜瑜 , 等 . 基于 Qt 与 Arm NN 的嵌入式喷码检测系统设计与实现 [J]. 计算技术与自动化 , 2020, 39(1):54-60.

[38]   WU J X, CAI N, LI F Y, et al. Automatic detonator code recognition via deep neural network[J]. Expert systems with applications, 2020, 145:113121.

[39]   王炳琪 . 基于 OCR 技术的啤酒瓶盖喷码字符自动识别算法研究 [D]. 青岛：青岛理工大学 , 2020.

[40]   王浩楠 , 张晓青 , 郭阳宽 , 等 . 基于机器视觉的轮胎胶料表面字符识别 [J]. 电子测量与仪器学报 ,2021,35(1):191-199.

[41]   GIRSHICK R, DONAHUE J, DARRELL T, et al. Rich feature hierarchies for accurate object detection and semantic segmentation[C]//Proceedings of the IEEE Conference on Computer Vision and Pattern Recognition. New York: IEEE, 2014: 580-587.

[42]   GIRSHICK R. Fast R-CNN[C]//Proceedings of the IEEE International Conference on Computer Vision. New York: IEEE, 2015: 1440-1448.

[43]   REN S Q, HE K M, GIRSHICK R, et al. Faster R-CNN: towards real-time object detection with region proposal networks[J]. IEEE transactions on pattern analysis and machine intelligence, 2017, 39(6):1137-1149.

[44]   TIAN Y, CHEN X, HUANG Q, et al. 3D localization of moving object by high-speed four-camera vision system[M]//Future intelligent information systems. Berlin: Springer, 2011: 425-434.

[45]   CHEN H T, CHEN H S, HSIAO M H, et al. A trajectory-based ball tracking framework with visual enrichment for broadcast baseball videos[J]. Journal of information science & engineering, 2008.

[46]   HALBINGER J, METZLER J. Video-based soccer ball detection in difficult situations[C]// International congress on sports science research and technology support. Cham: Springer, 2013:

17-24.

[47] QAZI T, MUKHERJEE P, SRIVASTAVA S, et al. Automated ball tracking in tennis videos[C]//2015 Third International Conference on Image Information Processing (ICIIP). New York: IEEE, 2015: 236-240.

[48] MAKSAI A, WANG X, FUA P. What players do with the ball: a physically constrained interaction modeling[C]//Proceedings of the IEEE Conference on Computer Vision and Pattern Recognition. New York: IEEE, 2016: 972-981.

[49] ZHAO Y, WU J, ZHU Y, et al. A learning framework towards real-time detection and localization of a ball for robotic table tennis system[C]//2017 IEEE International Conference on Real-time Computing and Robotics (RCAR). New York: IEEE, 2017: 97-102.

[50] 崔国栋, 柴林燕, 于明. 基于帧间差分的足球球员检测算法 [J]. 计算机工程与设计, 2010 (7): 1536-1539.

[51] LU W L, TING J A, MURPHY K P, et al. Identifying players in broadcast sports videos using conditional random fields[C]//CVPR 2011. New York: IEEE, 2011: 3249-3256.

[52] 闫军, 孟朝晖. 基于 SIFT 的足球运动员检测和跟踪 [J]. 信息技术, 2016, 40(5): 195-198.

[53] 张斌, 刘昊, 张涛. 篮球视频中基于 AdaBoost 分类器的运动员检测方法 [J]. 湘潭大学自然科学学报, 2016, 38(4): 85-89.

[54] 梅丽. 篮球比赛场景中球与球员检测方法研究. [D]. 长沙：湖南大学. 2020.

[55] HORN B K P, SCHUNCK B G. Determining optical flow[J]. Artificial intelligence, 1981, 17(1-3): 185-203.

[56] BISHOP G, WELCH G. An introduction to the Kalman filter [C]// Proc of SIGGRAPH 2021 Course. 2001, 8(27599-23175): 41.

[57] NUMMIARO K, KOLLER-MEIER E, VAN G L. Object tracking with an adaptive color-based particle filter [C]// Joint Pattern Recognition Symposium. 2002: 353-360.

[58] COMANICIU D, RAMESH V, MEER P. Real-time tracking of non-rigid objects using mean shift [C]// Proceedings IEEE Conference on Computer Vision and Pattern Recognition CVPR 2000 (Cat No PR00662). 2000: 142-149.

[59] EXNER D, BRUNS E, KURZ D, et al. Fast and robust CAMShift tracking[C]// 2010 IEEE Computer Society Conference on Computer Vision and Pattern Recognition-Workshops. 2010: 9-16.

[60] BOLME D S, BEVERIDGE J R, DRAPER B A, et al. Visual object tracking using adaptive correlation filters [C]// 2010 IEEE Computer Society Conference on Computer Vision and Pattern Recognition. 2010: 2544-2550.

[61] DANELLJAN M, HÄGER G, KHAN F, et al. Accurate scale estimation for robust visual tracking[C]// British Machine Vision Conference, Nottingham, September 1-5, 2014. 2014.

[62] LI Y, ZHU J. A scale adaptive kernel correlation filter tracker with feature integration [C]// European Conference on Computer Vision. 2014: 254-265.

[63] GRABNER H, LEISTNER C, BISCHOF H. Semi-supervised on-line boosting for robust tracking [C]// European Conference on Computer Vision. 2008: 234-247.

[64] AVIDAN S. Support vector tracking [J]. IEEE transactions on pattern analysis and machine intelligence, 2004, 26(8): 1064-1072.

[65] BABENKO B, YANG M-H, BELONGIE S. Robust object tracking with online multiple instance learning [J]. IEEE transactions on pattern analysis and machine intelligence, 2010, 33(8): 1619-1632.

[66] KALAL Z, MIKOLAJCZYK K, MATAS J. Tracking-learning-detection[J]. IEEE transactions on pattern analysis and machine intelligence, 2011, 34(7): 1409-1422.

[67] DANELLJAN M, SHAHBAZ KHAN F, FELSBERG M, et al. Adaptive color attributes for real-time visual tracking [C]//Proceedings of the IEEE Conference on Computer Vision and Pattern Recognition. 2014: 1090-1097.

[68] DANELLJAN M, HAGER G, SHAHBAZ K F, et al. Learning spatially regularized correlation filters for visual tracking[C]// Proceedings of the IEEE International Conference on Computer Vision. New York: IEEE, 2015: 4310-4318.

[69] KIANI GALOOGAHI H, SIM T, LUCEY S. Correlation filters with limited boundaries [C]// Proceedings of the IEEE Conference on Computer Vision and Pattern Recognition. 2015: 4630-4638.

[70] WANG N, YEUNG DY. Learning a deep compact image representation for visual tracking [C]// Advances In neural Information Processing Systems. 2013: 809-817.

[71] DANELLJAN M, HAGER G, SHAHBAZ K F, et al. Convolutional features for correlation filter based visual tracking[C]// Proceedings of the IEEE International Conference on Computer Vision Workshops. 2015: 58-66.

[72] DANELLJAN M, ROBINSON A, KHAN F S, et al. Beyond correlation filters: learning continuous convolution operators for visual tracking[C]// European Conference on Computer Vision. 2016: 472-488.

[73] DANELLJAN M, BHAT G, SHAHBAZ K F, et al. ECO: efficient convolution operators for tracking[C]// Proceedings of the IEEE Conference on Computer Vision and Pattern Recognition. 2017: 6638-6646.

[74] NAM H, HAN B. Learning multi-domain convolutional neural networks for visual tracking [C]// Proceedings of the IEEE Conference on Computer Vision and Pattern Recognition. 2016: 4293-4302.

[75] YOON K, SONG Y M, JEON M. Multiple hypothesis tracking algorithm for multi-target multi-camera tracking with disjoint views[J]. IET Image Processing, 2018, 12(7): 1175-1184.

[76] TAO R, GAVVES E, SMEULDERS A W. Siamese instance search for tracking[C]// Proceedings of the IEEE Conference on Computer Vision and Pattern Recognition. 2016:1420-1429.

[77] BERTINETTO L, VALMADRE J, HENRIQUES J F, et al. Fully-convolutional siamese networks for object tracking[C]//European Conference on Computer Vision. 2016: 850-865.

[78] LI B, YAN J, WU W, et al. High performance visual tracking with siamese region proposal network [C]// Proceedings of the IEEE Conference on Computer Vision and Pattern Recognition. 2018: 8971-8980.

[79] ZHU Z, WANG Q, LI B, et al. Distractor-aware siamese networks for visual object tracking [C]// Proceedings of the European Conference on Computer Vision (ECCV). 2018:101-117.

[80] LI B, WU W, WANG Q, et al. SiamRPN++: evolution of siamese visual tracking with very deep networks [C]// Proceedings of the IEEE Conference on Computer Vision and Pattern Recognition. 2019: 4282-4291.

[81] REID D. An algorithm for tracking multiple targets[J]. IEEE transactions on automatic control, 1979, 24(6): 843-854.

[82] BLACKMAN S S. Multiple hypothesis tracking for multiple target tracking[J]. IEEE aerospace and electronic systems magazine, 2004, 19(1): 5-18.

[83] KIM C, LI F, CIPTADI A, et al. Multiple hypothesis tracking revisited [C]// Proceedings of the IEEE International Conference on Computer Vision. 2015: 4696-4704.

[84] KIM C, LI F, REHG J M. Multi-object tracking with neural gating using bilinear LSTM [C]// Proceedings of the European Conference on Computer Vision (ECCV). 2018:200-215.

[85] PIRSIAVASH H, RAMANAN D, FOWLKES C C. Globally-optimal greedy algorithms for tracking a variable number of objects [C]// CVPR 2011.2011: 1201-1208.

[86] KUHN H W. The Hungarian method for the assignment problem [J]. Naval research logistics quarterly, 1955, 2(1 - 2): 83-97.

[87] BEWLEY A, GE Z, OTT L, et al. Simple online and realtime tracking [C]// 2016 IEEE International Conference on Image Processing (ICIP). 2016:3464-3468.

[88] WOJKE N, BEWLEY A, PAULUS D. Simple online and realtime tracking with a deep association metric [C]// 2017 IEEE international conference on image processing (ICIP). New York: IEEE, 2017: 3645-3649.

[89] LUO W, XING J, MILAN A, et al. Multiple object tracking: a literature review [EB]. arXiv preprint arXiv, 2014.

[90] CASTANON D A. Efficient algorithms for finding the K best paths through a trellis [J]. IEEE transactions on aerospace and electronic systems, 1990, 26(2): 405-410.

[91] ZHANG L, LI Y, NEVATIA R. Global data association for multi-object tracking using network flows [C]// 2008 IEEE Conference on Computer Vision and Pattern Recognition. New York: IEEE. 2008: 1-8.

[92] CHARI V, LACOSTE J S, LAPTEV I, et al. On pairwise costs for network flow multi-object tracking [C]//Proceedings of the IEEE Conference on Computer Vision and Pattern Recognition.

2015: 5537-5545.

[93]   DEHGHAN A, TIAN Y, TORR P H, et al. Target identity-aware network flow for online multiple target tracking [C]// Proceedings of the IEEE Conference on Computer Vision and Pattern Recognition. 2015:1146-1154.

[94]   SCHULTER S, VERNAZA P, CHOI W, et al. Deep network flow for multi-object tracking [C]// Proceedings of the IEEE Conference on Computer Vision and Pattern Recognition. New York :IEEE, 2017:6951-6960.

[95]   WANG L, PHAM N T, NG T-T, et al. Learning deep features for multiple object tracking by using a multi-task learning strategy [C]// 2014 IEEE International Conference on Image Processing (ICIP). New York :IEEE, 2014:838-842.

[96]   MAKSAI A, FUA P. Eliminating exposure bias and loss-evaluation mismatch in multiple object tracking [EB]. arXiv preprint arXiv, 2018:10984.

[97]   LEALT L, CANTONF C, SCHINDLER K. Learning by tracking: siamese CNN for robust target association [C]// Proceedings of the IEEE Conference on Computer Vision and Pattern Recognition Workshops. 2016: 33-40.

[98]   KIM M, ALLETTO S, RIGAZIO L. Similarity mapping with enhanced siamese network for multi-object tracking [EB]. arXiv preprint arXiv, 2016:09156.

[99]   WANG B, WANG L, SHUAI B, et al. Joint learning of convolutional neural networks and temporally constrained metrics for tracklet association[C]// Proceedings of the IEEE Conference on Computer Vision and Pattern Recognition Workshops. 2016:1-8.

[100] SON J, BAEK M, CHO M, et al. Multi-object tracking with quadruplet convolutional neural networks [C]//Proceedings of the IEEE Conference on Computer Vision and Pattern Recognition. 2017:5620-5629.

[101] MILAN A, REZATOFIGHI S H, DICK A, et al. Online multi-target tracking using recurrent neural networks [EB]. arXiv preprint arXiv, 2016:03635.

[102] SADEGHIAN A, ALAHI A, SAVARESE S. Tracking the untrackable: learning to track multiple cues with long-term dependencies [C]// Proceedings of the IEEE International Conference on Computer Vision. New York: IEEE, 2017: 300-311.

[103] RAN N, KONG L, WANG Y, et al. A robust multi-athlete tracking algorithm by exploiting discriminant features and long-term dependencies [C]// International Conference on Multimedia Modeling. 2019: 411-423.

[104] FEICHTENHOFER C, PINZ A, ZISSERMAN A. Detect to track and track to detect [C]// Proceedings of the IEEE International Conference on Computer Vision. New York: IEEE, 2017: 3038-3046.

[105] YI M, ZHANG S, XU H. Real-time online multi-object tracking: a joint detection and tracking framework [C]// Proceedings of the 2019 3rd International Conference on Computer Science and

Artificial Intelligence. 2019: 289-293.

[106] WANG Z, ZHENG L, LIU Y, et al. Towards real-time multi-object tracking [Z]. 2019.

[107] BERGMANN P, MEINHARDT T, LEAL-TAIXE L. Tracking without bells and whistles [C]// Proceedings of the IEEE International Conference on Computer Vision. 2019: 941-951.

[108] JIANG X, LI P, LI Y, et al. Graph neural based end-to-end data association framework for online multiple-object tracking [EB]. arXiv preprint arXiv, 2019:05315.

[109] LI J, GAO X, JIANG T. Graph networks for multiple object tracking [C]// The IEEE winter conference on Applications of Computer Vision. 2020, 719-728.

[110] WANG Y, WENG X, KITANI K. Joint detection and multi-object tracking with graph neural networks [EB]. arXiv preprint arXiv, 2020:13164.

[111] FLEURET F, BERCLAZ J, LENGAGNE R, et al. Multicamera people tracking with a probabilistic occupancy map[J]. IEEE transactions on pattern analysis and machine intelligence, 2007, 30(2): 267-282.

[112] BERCLAZ J, FLEURET F, TURETKEN E, et al. Multiple object tracking using k-shortest paths optimization[J]. IEEE transactions on pattern analysis and machine intelligence, 2011, 33(9): 1806-1819.

[113] WU Z, KUNZ T H, BETKE M. Efficient track linking methods for track graphs using network-flow and set-cover techniques [C] // CVPR 2011. 2011:1185-1192.

[114] WU Z, HRISTOV N I, KUNZ T H, et al. Tracking-reconstruction or reconstruction-tracking? Comparison of two multiple hypothesis tracking approaches to interpret 3D object motion from several camera views [C]// 2009 Workshop on Motion and Video Computing (WMVC). 2009: 1-8.

[115] LEAL-TAIXE L, PONSM G, ROSENHAHN B. Branch-and-price global optimization for multi-view multi-target tracking [C]// 2012 IEEE Conference on Computer Vision and Pattern Recognition. New York: IEEE, 2012: 1987-1994.

[116] WEN L, LEI Z, CHANG M-C, et al. Multi-camera multi-target tracking with space-time-view hyper-graph[J]. International Journal of Computer Vision, 2017, 122(2): 313-333.

[117] HU W, HU M, ZHOU X, et al. Principal axis-based correspondence between multiple cameras for people tracking [J]. IEEE transactions on pattern analysis and machine intelligence, 2006, 28(4): 663-671.

[118] ESHEL R, MOSES Y. Homography based multiple camera detection and tracking of people in a dense crowd [C]// 2008 IEEE Conference on Computer Vision and Pattern Recognition. New York: IEEE, 2008:1-8.

[119] XU Y, LIU X, LIU Y, et al. Multi-view people tracking via hierarchical trajectory composition [C]// Proceedings of the IEEE Conference on Computer Vision and Pattern Recognition. New York: IEEE, 2016: 4256-4265.

[120] BREDERECK M, JIANG X, KÖRNER M, et al. Data association for multi-object tracking-by-

detection in multi-camera networks [C]// 2012 Sixth International Conference on Distributed Smart Cameras (ICDSC). 2012:1-6.

[121] XU Y, LIU X, QIN L, et al. Cross-view people tracking by scene-centered spatio-temporal parsing [C]// AAAI. 2017: 4299-4305.

[122] HE Y, WEI X, HONG X, et al. Multi-target multi-camera tracking by tracklet-to-target Assignment [J]. IEEE transactions on image processing, 2020, 29: 5191-5205.

[123] 伍万能. 多相机体育视频的运动目标跟踪方法研究. [D]. 长沙：湖南大学. 2020.

[124] 南洋. 基于深度学习的粗标记胃癌病理切片图像分割算法 [D]. 长沙：湖南大学，2018.

[125] 汤鹏. 基于 SU-SWA 与深度集成模型的皮肤病变分割与分类算法 [D]. 长沙：湖南大学, 2020.

[126] CHEN L C, PAPANDREOU G, KOKKINOS I, et al. Deeplab: semantic image segmentation with deep convolutional nets, atrous convolution, and fully connected CRFS[J]. IEEE transactions on pattern analysis and machine intelligence, 2017, 40(4): 834-848.

[127] XIANG S, XIE Q, WANG M. Semantic segmentation for remote sensing images based on adaptive feature selection network[J]. IEEE geoscience and remote sensing letters, 2021, 19: 1-5.

[128] TANG P, LIANG Q, YAN X, et al. Efficient skin lesion segmentation using separable-Unet with stochastic weight averaging[J]. Computer methods and programs in biomedicine, 2019, 178: 289-301.

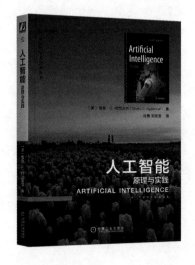 

人工智能：原理与实践

作者：（美）查鲁·C. 阿加沃尔 译者：杜博 刘友发 ISBN：978-7-111-71067-7

本书特色

本书介绍了经典人工智能（逻辑或演绎推理）和现代人工智能（归纳学习和神经网络），分别阐述了三类方法：

基于演绎推理的方法，从预先定义的假设开始，用其进行推理，以得出合乎逻辑的结论。底层方法包括搜索和基于逻辑的方法。

基于归纳学习的方法，从示例开始，并使用统计方法得出假设。主要内容包括回归建模、支持向量机、神经网络、强化学习、无监督学习和概率图模型。

基于演绎推理与归纳学习的方法，包括知识图谱和神经符号人工智能的使用。

神经网络与深度学习

作者：邱锡鹏 ISBN：978-7-111-64968-7

本书是深度学习领域的入门教材，系统地整理了深度学习的知识体系，并由浅入深地阐述了深度学习的原理、模型以及方法，使得读者能全面地掌握深度学习的相关知识，并提高以深度学习技术来解决实际问题的能力。本书可作为高等院校人工智能、计算机、自动化、电子和通信等相关专业的研究生或本科生教材，也可供相关领域的研究人员和工程技术人员参考。

推 荐 阅 读

模式识别

作者：吴建鑫 著 书号：978-7-111-64389-0 定价：99.00元

模式识别是从输入数据中自动提取有用的模式并将其用于决策的过程，一直以来都是计算机科学、人工智能及相关领域的重要研究内容之一。本书是南京大学吴建鑫教授多年深耕学术研究和教学实践的潜心力作，系统阐述了模式识别中的基础知识、主要模型及热门应用，并给出了近年来该领域一些新的成果和观点，是高等院校人工智能、计算机、自动化、电子和通信等相关专业模式识别课程的优秀教材。

自然语言处理基础教程

作者：王刚 郭蕴 王晨 编著 书号：978-7-111-69259-1 定价：69.00元

本书面向初学者介绍了自然语言处理的基础知识，包括词法分析、句法分析、基于机器学习的文本分析、深度学习与神经网络、词嵌入与词向量以及自然语言处理与卷积神经网络、循环神经网络技术及应用。本书深入浅出，案例丰富，可作为高校人工智能、大数据、计算机及相关专业本科生的教材，也可供对自然语言处理有兴趣的技术人员作为参考书。

深度学习基础教程

作者：赵宏 主编 于刚 吴美学 张浩然 屈芳瑜 王鹏 参编 ISBN：978-7-111-68732-0 定价：59.00元

深度学习是当前的人工智能领域的技术热点。本书面向高等院校理工科专业学生的需求，介绍深度学习相关概念，培养学生研究、利用基于各类深度学习架构的人工智能算法来分析和解决相关专业问题的能力。本书内容包括深度学习概述、人工神经网络基础、卷积神经网络和循环神经网络、生成对抗网络和深度强化学习、计算机视觉以及自然语言处理。本书适合作为高校理工科相关专业深度学习、人工智能相关课程的教材，也适合作为技术人员的参考书或自学读物。